催化剂工业应用最新进展译丛

催化剂工程技术
基础与应用

〔比利时〕让·W. L. 比克曼 著
(Jean W. L. Beeckman)

中国石化催化剂有限公司 译

中国石化出版社

图书在版编目(CIP)数据

催化剂工程技术：基础与应用/(比)让·W. L. 比克曼(Jean W. L. Beeckman)著；中国石化催化剂有限公司译. —北京：中国石化出版社，2023. 4

书名原文：Catalyst Engineering Technology：Fundamentals and Applications

ISBN 978-7-5114-7005-8

Ⅰ. ①催… Ⅱ. ①让… ②中… Ⅲ. ①催化剂-研究 Ⅳ. ①O643. 36

中国国家版本馆 CIP 数据核字(2023)第 054048 号

中国石化出版社出版发行

地址:北京市东城区安定门外大街 58 号

邮编:100011 电话:(010)57512500

发行部电话:(010)57512575

http://www. sinopec-press. com

E-mail:press@ sinopec. com

北京科信印刷有限公司印刷

全国各地新华书店经销

*

710×1000 毫米 16 开本 14. 25 印张 252 千字

2023 年 4 月第 1 版　2023 年 4 月第 1 次印刷

定价:98. 00 元

编译委员会

译者序

催化技术在现代化学工业中占有极其重要的地位，许多重要的炼油、化工、环保等过程都离不开催化技术。据统计，约有90%的化工生产过程使用催化剂。催化技术使人类获得许多过去无法获得的化学品，如合成氨，让人类历史进入了化学品时代。

催化剂是石油化工行业的核心技术，被称为化学工业的“芯片”，催化剂制备工程技术对催化剂的生产及使用性能具有重要影响：一方面，催化剂的制备涉及混料、搅拌、过滤、捏合、成型、浸渍、干燥、焙烧等环节，流程长而复杂，催化剂生产的复杂性限制了其科学描述的难度；另一方面，催化剂的保密性也限制了其技术公开的程度。因此，催化剂的生产主要依靠经验及“技艺”。到目前为止，催化剂制备工程技术还未形成完整的科学体系。催化剂制备工程涉及催化科学、化学工程、化学工艺及机械等众多学科，是一门不同学科间相互渗透、相互影响的综合性交叉学科，主要目的是解决催化剂工业化生产中的工艺设计、设备选型、自动(智能)控制等问题。催化科学的发展为催化剂制备技术的发展提供了理论基础，催化剂制备工程技术的发展将使实验室开发的催化剂转化为高质量、低成本及环境友好的催化剂产品。

为促进催化剂制备工程技术理论的传播与发展，提高催化剂制备技术水平，中国石化催化剂有限公司与中国石化出版社合作，引进了*Catalyst Engineering Technology: Fundamentals and Applications*一书，由中国石化催化剂有限公司组织翻译，中国石化出版社出版发行。相信本书的出版，将为国内催化领域的广大工程技术人员提供最新学术成果，促进国内催化剂制备工程研究不断走向深入。

参与本书翻译的都是催化领域的专业技术人员，但由于催化剂工程技术涉及的技术领域复杂，翻译过程并没有想象中那么顺利。为使译文更加准确，译者团队查阅了大量相关资料，进行了大量的讨论，使译者团队也获益匪浅。

本书在编译委员会领导下，由任靖博士牵头组织，崔凯、韩帅、胡海强、李柯志、刘安鼐、魏国玉、杨柳、杨振钰、赵保槐等9位博士执笔翻译，克服了疫情带来的诸多不便，较好地完成了编译工作，全书由任靖统稿、审校。在本书的翻译过程中，中国石化高级专家曹光伟教授、中国石化催化剂有限公司首席专家石勤智教授、中国石化大连石油化工研究院徐友明教授和刘昶教授给予无私的帮助和指导，在此表示衷心的感谢！

限于译者的学识，疏漏之处在所难免，敬请读者批评指正。

译者

2023年3月

关于作者<<<

让·威廉·洛德维克·比克曼(Jean Willem Lodewijk Beeckman)在比利时 Zottegem 的 Koninklijk Atheneum 上高中，他于 1975 年获得化学工程学士学位，随后在荣誉教授 Gilbert F. Froment 的指导下，于 1979 年在比利时的根特大学获得博士学位。Beeckman 的职业生涯始于比利时安特卫普的 Esso 炼油厂，曾担任 Gofiner 装置和真空管道蒸馏釜的技术联络工程师。随后，他开始在位于美国得克萨斯州贝城的埃克森美孚公司从事煤炭气化方面的临时海外任务，然后在安特卫普炼油厂担任化学品协调员。此后，他在位于马里兰州哥伦比亚市格雷斯公司的企业研究实验室工作了十多年。1997 年，Beeckman 加入位于新泽西州保罗斯伯勒的美孚石油公司。自 2001 年以来，Beeckman 一直就职于新泽西州安南代尔的埃克森美孚研究与工程公司的工艺催化剂技术部，他的整个职业生涯都在催化剂开发、催化剂制造和数学建模领域开展研究。2020 年 2 月 1 日，Beeckman 退休并居住在马里兰州哥伦比亚市，可以通过电子邮件联系作者：jeanwlbeeckman@ gmail. com。

致谢

我很荣幸也很高兴地向本领域的同事表示感谢，衷心地感谢 Theodore Datz、Natalie Fassbender、Eric Jezek、Nicole Vanderzee、Dana Mazzaro、Majosefina Cunningham、Patrick Hill、Glenn Sweeten 和 Michael Hryniszak 在实验数据收集方面的帮助，感谢 Michael Pluchinsky 在高速摄影工作中的帮助，感谢 Joe Gatt 在收集商业工厂数据方面的帮助，这些数据是验证挤出物断裂理论方法所必需的，感谢 Robert Mangene 关于实验室设备和中试设备的许多有益建议，感谢 Machteld Mertens 在分析技术、抽样程序和抽样缺陷方面提供的专业帮助和建议，感谢 Yohannes Soulages 和 Jaishankar Aditya 关于挤出泥料流变学的有益讨论，感谢 Arash Fathi 对随机微分方程的讨论，感谢 Bello Laz 对这个项目的帮助。还要特别感谢 Cheryl Grimes 和 Charmaine Cooper Hussain，感谢他们在打字、编辑和修改稿件方面的帮助。感谢 Melody Schottle 在版权许可方面的建议，感谢已故的 Jianxin (Jason) Wu 关于挤出物碰撞断裂工作给予最友好的评论。此外，我想向 José Santiesteban、Chris Wright、J. J. Thiart、Kathy Keville、Beau Waldrup、Ivy Johnson、Marc Schreier、Ken del Rossi，还有 Vijay Swarup 表示感谢，感谢他们审阅这项工作，并允许我将此项研究纳入公开文献。我最衷心地感谢荣誉教授 Emeritus Thomas F. Degnan，Jr. 分享他在催化、催化剂建模和催化剂制造方面的丰富经验和宝贵见解。感谢已故的罗格斯催化剂制造联盟的创始人之一的 Art Chester，还有 Ben Glasser、Fernando Muzzio 和 Johannes Khinast 教授对推动催化剂制造技术成为一门独立学科的无限热情和动力（http：//cbe. rutgers. edu/catalyst）。我还要感谢 Ben Glasser 和 Yangyang Shen 收集并允许我使用来自联盟研究的研究文章，感谢荣誉教授 Gilbert F. Froment 教我化学反应工程这门课程，感谢他在这个领域不断改进、提高和探索下一步的努力。

我将这本书献给我已故的父母和祖父母以及 Barbara McKenna，感谢他们对我研究的无条件支持，我也衷心感谢我的四个兄弟 Germain、Dirk、Renaat 和 Marc Beeckman，感谢他们默默地支持。我要特别感谢 Germain 的摄影作品，感谢 Chris Van Malderghem、Els Beeckman、Brenda、Gerd、Lena 和 Ine Beeckman-Struyf 的鼎力支持。感谢 Gerd 与我们进行的许多有趣的网络讨论——他显然也被同样的错误所困扰，但他的工作方式如此巧妙，以至于他的叔叔现在很难跟上。

最后，我要感谢 Boris，它带我走了很多路，让我可以思考当下的问题。

最后，我对本书中可能出现的任何错误承担全部责任。

前言

催化剂的研究和制造是化学工业的重要组成部分，也是工艺研究和工艺商业化的基础。催化剂是一个快速发展的行业，在该行业中，为了保持竞争力，为新催化剂申请专利和将新催化剂推向市场是非常重要的。全球催化剂业务是一个价值数十亿美元的行业，据 De Jong[1]报道，2004 年固体多相催化剂的年销售额为 120 亿美元，预计催化剂销售额的年均增长率约为 5%。催化剂行业得到了全球范围内的学术研究机构、众多公司以及制造基地的支持。

几十年来，催化剂的化学成分、多孔结构和数学建模是许多优秀著作和学术论文的主题。然而，仅提及这些现有的智慧之珠中的一部分，并不能对迄今为止的大量工作和理论知识给予应有的尊重。催化剂挤出成型的研究和开发是催化剂专有技术的一部分，该领域通常涉及专利和商业秘密，很难在公开文献中获得有关信息。

催化剂是具有一定形状的多孔材料，通常由黏合剂将活性组分黏合在一起。催化剂通常以挤出物的形式出现，有些以整体形出现，有些以球形出现，有些则通过压片获得。大多数挤出催化剂和颗粒形催化剂都是毫米级的，而整体形催化剂则处在厘米级到米级之间，一些小的整体形催化剂是毫米级的，有时被称为迷你整体形催化剂。一旦成型，催化剂将承受它们在制造和工厂使用过程中遇到的典型应力。催化剂通常必须能够再生，卸载、再生和重新装填过程中的应力对催化剂形状和平均粒度的完整性起着重要作用。在商业工厂中，这些应力是由处理催化剂的各种方式引起的。

本书的第 1 章将介绍在实验室和商业中制备催化剂的各种不同方法的有关背景知识，制备方法通常取决于工厂中可用的设备和工厂的架构。在制备过程中，催化剂可能会破碎，这称为自然断裂。由于它会影响生产速度，因此工厂通常会尽量减少这种断裂。有时，催化剂不能通过自然断裂进行破碎，需对它们的尺寸进行调整。这种调整催化剂尺寸的方式称为强制断裂。催化剂的断裂取决于催化剂的机械强度和处理过程的严重程度。催化剂的机械强度是本书的一个重要内容，本书将展示如何将物理机械原理应用于断裂方面。

第 2 章将提供有关挤出技术和目前应用的模型的背景知识。公开文献中关于塑料挤出的信息较多，但关于陶瓷挤出的信息较少。有关化学和石化催化剂的挤出技术在公开文献中的记载更是少之又少。

第 3 章深入研究了挤出成型催化剂因碰撞而发生的断裂以及在固定床应力作用下的断裂。结果表明，在对碰撞和应力引起的断裂进行数学建模时，挤出物的弯曲强度，尤其是弯曲模式下的断裂应力是挤出物的主要强度特征。本章详细介绍了催化剂强度的实验室测量方法，基于有限差分法建立了碰撞断裂的数学模型，应用该模型可以量化预测工厂中的催化剂的断裂。基于催化剂强度和固定床应力之间的机械力平衡在固定床中建立断裂模型，然后通过催化剂整体抗压强度测试模拟了这种现象，之后推导出一个数学模型，可以成功地预测催化剂的断裂。

第 4 章将讨论催化剂多孔结构的数学模型，从互连节点的集合的角度来表示，其中结合了一级反应的质量流量求解整个网络，满足每个节点中的所有物料平衡。参数空间包括网络结构、传质速率和反应速率。由于点与点之间的互连性和节点属性的突变，整个网络架构被视为“白噪声”。参数空间是三重的——结构、扩散率和反应性，而且一般来说基本上没有规范。将此参数空间局限于深层网络和节点中的扰动式反应打破了虚拟僵局，并得到了大量直接适用于实际催化剂的理论结果。通过对参数空间的这种特殊处理，我们将其称为 VDNP 或极深网络扰动，将表明任意网络具有与周期网络或规则网络相同的特性。这些特性也适用于单独的传质或传质与化学反应的结合。对于 VDNP，将证明随机有限差分矩阵方程的解收敛于催化剂中反应和扩散的经典解。

参考文献

1de Jong，K.（2009）. Synthesis of Solid Catalysts. Wiley-VCH Verlag GmbH & Co. KGaA.

目录

1 催化剂制备技术与设备

1.1 简介

催化剂是由一种或多种活性相与一种或多种黏合剂组合而成的物质。催化剂的初始组分是松散粉末，需要使用其他的粉末作为黏合剂使各组分结合在一起形成具有一定形状的颗粒。Stiles[1]和 Le Page[2]的著作中涵盖了制造催化剂的所有过程，并展示了催化剂商业制造过程中广泛使用的设备、方法和材料。通过浸渍或通过与金属溶液进行离子交换，然后经过适当的干燥和焙烧程序，便可在颗粒内添加催化活性组分。

许多优秀的论文描述了浸渍、干燥和焙烧过程的技术和经验，关于这三个过程，本书引用了 Neimark[3]、Derouane[4]、Marceau[5]、Lekhal[6,7]和 de Jong[8]等的研究内容。Benjamin Glasser 教授领导的罗格斯催化剂制造联盟在过去的 20 多年里一直在研究催化剂的制造原理，他们发表的诸多成果为催化剂制造的应用方法和数值模型奠定了坚实的基础。

在催化剂浸渍领域，本书引用 Chester[9,10]、Liu[11]、Shen[12]、Romanski[13-15]和 Koynov[16]等的研究内容。关于催化剂颗粒中金属组分的分布，本书将提到 Kresge[17]和 Liu[18-20]等的研究内容。对于回转焙烧，本书将引用 Chaudhuri[21,22]、Gao[23]、Paredes[24]、Emady[25]和 Yohannes[26,27]等的研究内容。特别需要关注的是，本书还引用了 Davis 和 Hettinger[28]关于多相催化领域的有趣观点。

催化剂共性的结构特性包括比表面积、孔隙率、孔径分布、颗粒形状和粒度，Thomas[29]编写了一本关于这方面的非常不错的书。

催化剂制备技术部分包括提高催化剂机械强度，这方面有时会被忽视，但不应被理所当然地低估或忘记。在机械强度不足的情况下，需要改变或调整配方以满足催化剂制备过程和后续使用所需的强度，在生产制备过程的后期更改配方会给催化剂活性带来不可预见的风险。

催化剂有多种形状，其制造工艺包括挤出、喷雾干燥、滴球、造粒盘造粒、流化床造粒、滚球和压片。化学和石化工业中的使用过程决定了催化剂的尺寸和形状，而制造成本通常决定了催化剂制造过程的选择。Masters[30]认为，当需要大量催化剂时，例如在石化行业，挤出和喷雾干燥通常是最经济的催化剂制造方案。

在汽车工业，整体式挤出催化剂因其低压降和优异的水热稳定性而广受好评。整体式挤出制造工艺已在公开文献中进行了描述，可在 Cybulski 和 Moulijn[31]以及 Satterfield[32]编写的书中找到。

在催化剂整个制备流程中，除成型过程外，还需要更多的操作。例如成型后通过干燥、高温焙烧等过程产生强度塑造催化剂基体。此后还可能需要将金属组分引入催化剂结构中，然后再次进行干燥和焙烧。

金属的浸渍、干燥和焙烧会导致催化剂挤出物的进一步断裂，并会造成催化剂和催化剂性能的损失，达到最佳配方可能需要消耗数千磅的材料和宝贵的工厂制造时间。

催化剂制造工厂需考虑不同生产设备的组合而进行建造，工艺流程的布局和设计需要考虑保证和控制产品质量。通常，新工厂是根据现有工厂的经验而设计的，往往缺乏基于碰撞或催化剂固定床应力断裂现象的科学的第一性原理方法的指导。通常，在一台设备中对参比催化剂进行测试并根据测试结果，之后再决定继续使用该设备还是更换。在设计新工厂或现有工厂改造时，具有催化剂制造行业多年工作经验的工程师和化学家是最宝贵的资源。

1.1.1 什么是催化剂

催化剂是具有多孔结构的固体，允许反应原料和产物自由出入。这种可进入性使流体与催化体内部的巨大表面和众多活性位点接触，大的表面积和可进入性的最大化始终是催化剂设计制造的目标之一，但为了得到商业化的催化剂产品，必须在该目标与催化剂的机械强度和催化剂成本之间取得平衡。

催化剂有各种形状和尺寸，从微米级的流化床催化裂化催化剂到毫米级的加氢催化剂，再到燃煤和燃气净化应用中的米级的整体式或涂层式催化剂。催化剂被装载在固定床或移动床反应器中，或者分散在大量流体中并随其移动。在选择催化剂时，需要重点考虑反应器的工艺压降。

绝大多数催化剂都会随着时间的推移而失活，根据其具体的应用环境，其寿命周期从零点几秒到几年不等。催化剂失活会导致转化率和/或选择性的降低，并且还会影响产量，这需要更换催化剂或对催化剂进行原位再生。

催化剂磨损和消耗也是直接影响其实用性和经济性的因素。

出于对床层压降的考虑，催化剂床层结垢现象也需要相关的解决方案。

1.1.2 催化剂的组成

催化剂将原料转化为产品，催化剂的活性决定转化的速率。让产物容易地从催化剂中逸出而不发生二次反应，从而提高催化剂的选择性，这通常是我们的目标之一。众所周知，催化剂的配方受到专利和商业机密的严密保护。本书只提到了催化剂的通用组成，但 Stiles [33] 和 Satterfield [32] 所编写的书中对催化剂组成的许多可能性给出了丰富的说明。

催化剂可由一种或多种活性相和一种或多种黏合剂组成，活性相通常是 γ-氧化铝(氧化铝)，因为它具有稳定性、比表面积大和孔隙率高等优点，其他活性相包括二氧化硅或沸石(氧化硅或结晶的硅铝氧化物)，黏合剂可以是很多样的，通常可以是氧化铝或二氧化硅。活性金属包括钴、镍、钼等，至于贵金属催化剂，活性金属通常包括铂或钯等。

1.2 催化剂的制备

1.2.1 挤出成型催化剂

1.2.1.1 典型材料

催化剂的标准配方通常为需要在活性材料中加入适量的黏合剂和适量的液体(通常是水)，添加组分的顺序对于某些催化剂来说可能是一个重要因素。

1.2.1.2 混合、研磨、造粒和捏合

在对粉体进行挤出之前，需要对其进行混合、研磨、造粒和捏合。对粉体进行混合并采用液体(通常是水)“加工”它们，使它们达到所需的流变稠度，更有利于后续的挤出过程。这些配方是临时的，很难预测哪种组合会成功。准备挤出物料时，经常使用的术语是在研磨过程中投入每批次物料的“工作量”。由于这句话有不同的意思，它可能会导致工作人员或团队之间的沟通不畅。这个过程与所谓的每批次物料的“胶溶”相结合，在判断每批次物料是否达到可以进行后续挤出过程时，需要同时对两者进行考量。

不同批次中催化剂混合物的外观和反应会因技术的不同而不同，碾轮处理催化剂的前驱体基本上会经历以下阶段：混合和研磨，然后是造粒和捏合。混合既指干粉的混合，又指液体的混合。研磨是将较大的干燥颗粒尺寸减小到合适的尺寸。

造粒发生在混合过程的早期，并从产生不同尺寸的球状物开始。随着时间的推移，这种尺寸分布会越来越宽。一旦团块的大小增加到厘米级，“捏合”这个

术语能更真实地描述物料正在发生的变化。

在捏合阶段，当碾轮不断碾压并不断重组团块时，会引起大量的剪切。如果不及时地取出这些团块，它们将增加到无法再将其运输到下游设备的大小。显而易见，及时抓住这个阶段，不要让它们继续变大非常重要。

处理混合物的时间从几分钟到几十分钟不等，前期的技术交接对于提醒和建议工厂的操作时间至关重要。通常在大型的固定桶中对粉末进行混合，垂直旋转的碾轮一圈圈地碾压物料，同时桶内的刮刀会将物料刮下以促进混合。刮刀通常是一个组合，其中一个刮刀会将碾轮上的物料刮下，而其他刮刀则将桶底和桶壁上的物料刮下。可以使用干燥结块的颗粒来代替粉末进行催化剂原料的混合。如果有足够的时间，旋转的碾轮很容易打碎结块的颗粒。碾轮重达数百千克，宽约30cm，因此会对混合物产生很大的剪切力。

在催化剂制造厂，碾轮不是唯一的选择。制造商可能会使用由大型旋转桶组成的混合器，粉末和液体被装入其中。这种混合器有一个快速旋转的带钉柱，垂直安装在桶体侧面，在混合过程中为混合物提供大量动能，这种动能体现在混合物温度逐渐提高。最后，依靠旋转臂的螺旋混合器也可使混合物达到可挤出状态。

这些设备(和其他催化剂生产设备)附近，实施“最佳的安全措施和程序”是至关重要的，并必须始终遵守现场安全制度。这些设备通常看起来缓慢而迟钝，但人无法与它的力量或速度匹敌。务必时常检查是否穿有可能被夹住的宽松衣服，因为设备大部分都有旋转部件。始终注意设备紧急停车装置的位置，在需要的情况下使用系统联锁。

有时，粉末的颜色可能非常相似(通常是白色)，完全混合后很难进行视觉评估。罗格斯催化剂制造联盟的研究人员使用一种有效的统计方法，通过统计和测量化学成分、水含量或物理属性如颜色(如果适用)来判断混合程度。本书第3章末尾的第3.8节涉及了这些统计方法。

判断一批物料是否准备好进入挤出环节至关重要，经验丰富的操作员和工厂工程师在这方面发挥着重要作用。混合和研磨后，操作员通常必须对混合物进行微调，最好通过添加更多液体并进一步加工混合物直到最终获得合适的流变状态。这里说“最好”，是因为如果在进行微调时物料过湿，则必须添加干粉，这更加依赖人力且难以测量，不如在微调前将物料调整在略微缺水的状态。此外，如果通过添加干粉进行微调，在最后将这些额外添加的干粉均匀混合到物料中是一个挑战。

当加工混合物时，由于混合物趋向于颗粒状，通常混合物外观和设备的声音会发生明显变化。最初，物料形成小的颗粒(非常小的球)。这些颗粒倾向于相互黏附和/或附着到更大的颗粒上结块生长，这种现象会使混合物的外观模糊。

随着颗粒材料变大，它可能会形成拳头大小甚至更大的大团块。这种混合物通常会变热，甚至摸起来可能会很烫。监测混合物的温度很重要，如果必要可以添加水分以防止混合物变干，如果混合物变干，那么这些物料成分将偏离配方，可能导致难以使用。

随着团块变大，带钉柱的桶式搅拌机很难分散添加到团块中的水分，而碾轮由于其重量，很容易碾碎团块使添加的水分均匀混合。这很难确定混合物何时适合挤出。如果没有在早期试验中获得认识，基本上不可能确定这一点。建议可以准备少量混合物并使用商业挤出机进行试挤，因为当挤出性测试失败时，过早地制备出大量的混合物料需要耗费大量人力再进行处理，而且必须要对单元设备进行清理和回收原料。

“做功”和“胶溶”是量化颗粒剪切的术语，颗粒在混炼过程中研磨得足够细，使准备好的物料顺利运输到挤出机的螺杆中，在螺杆中脱气，在模面上产生稳定的压力，最后通过模具孔道挤出。

需要添加到物料中的水量取决于材料本身。孔隙率高和比表面积大的材料比孔隙率小的材料需要更多的水。通过在实验室中进行吸水测试，获得所需水量的估计值。然后将挤出物料润湿至结块点以下。水的吸附测试只需几分钟，并能得到关于添加液体的定量信息。当使用水以外的液体时，需注意液体密度差异。在生产初始阶段时，要避免添加过多的水，要保持水量低于结块点5%～10%。颗粒吸收液体是因其多孔结构(可用的孔体积)，因此直到最后的结块状态之前混合物通常看起来都非常干燥且可自由流动，这可能会对加水量产生误导作用。

在“做功”和“胶溶”阶段，颗粒由于外表面的破碎或磨损而失去一定比例的可吸水结构，产生的细粉随后成为混合物的一部分。剪切过程中发生的材料结构损失很小，但即使不加水，也会提高水与可用孔体积的比例。随着这个比例的增加，混合物可能会变成所谓的“过度加工”或“过度操作”物料，可能会使其形成一种浆液，此时所有材料都变成液体状，甚至可以被倒出。这时需要再添加少量粉末降低其流动性，以使得混合物能够在后续工序中继续被使用。

粉末混合物的剪切是配方的一部分，它是一种自然现象，在研磨和捏合过程中都会发生。在挤出过程中，挤出机可能会对物料产生剪切作用。有时挤出机中的过度剪切是意外发生的，在这种情况下，需要减少物料中的水分，以使其能够适合挤出。

1.2.1.3 挤出

挤出是一种非常经济的生产催化剂的方法(或加入金属等催化成分后会变成催化剂)，挤出物的典型尺寸为直径1～4mm，横截面恒定，但其长度各不相同。

挤出物可以是实心或空心的，小直径挤出物通常被制成实心固体，因为它们的扩散路径短，不需要额外的通道来促进反应物的扩散。大直径挤出物通常被制成中空的，以实现足够的扩散和更大的几何表面积。形状、尺寸和床层装填方式在催化剂床层的工艺压降中起着关键作用，是选择催化剂的决定性因素。

挤出孔横截面通常是不变的，但是由于摩擦会改变挤出孔的横截面。当磨损程度超出催化剂直径的可接受范围或当催化剂横截面形状受损时，就需要更换模具。图 1.1 所示为典型的催化剂横截面。

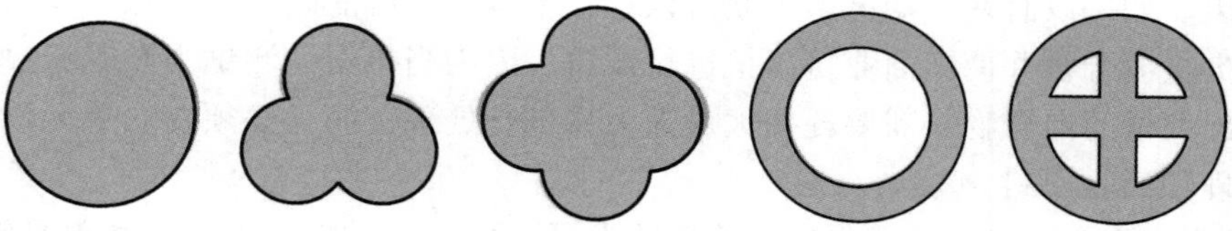

图 1.1　典型的挤出物横截面形状

挤出机模头端面的挤出物将被挤出成条，根据模头和挤出机设备的尺寸，通常同时挤出数十条或数百条长条。长度从几厘米到几十厘米不等的挤出条通过传送带输送到干燥设备，然后均匀地分布在干燥带或振动干燥机上。在干燥过程中，挤出条失去了在上游制备工序中加入的水分(通常是在研磨过程中添加的水分)，在一定程度上获得了机械强度。干燥机出口处的挤出条可能仍然较长，能够达到几厘米长。

如上所述，挤出物的长度各不相同，但某些挤出物长度是通过在挤出机的模头端面切割挤出物而产生的，它们的长度通常要均匀得多。在模头端面对挤出物进行切割时，需要挤出体生坯具有足够的强度，以使得在进行切割时不变形。在模头端面对挤出物进行切割通常是通过某种旋转刀片或金属丝来完成的。

催化剂挤出物离开干燥器并通过传送带、斗式提升机、重力下降装置或其他方式运送到工厂的其他装置。在成为商业催化剂之前，可能需要更多的步骤，例如分级、筛分、浸渍或离子交换。在所有这些处理过程中，催化剂以自然方式或强制方式变成较短的挤出物，并成为最终产品的一部分。本书将在第 3 章中有关催化剂放大和催化剂制造基础知识中介绍催化剂断裂过程。

1.2.1.4　挤出速率

在大规模生产之前，催化剂配方在实验室或中试过程中进行试验。材料的挤出速率是催化剂产品行业竞争力的一个重要组成部分，因为挤出速率对催化剂制造成本的影响最大。在中试或生产商业产品试验期间获取数据对于预测挤出速率是必要的。预测可挤出性仍然是非常复杂的问题，没有其他可靠的方法，试错法和现场协助仍然是获取信息的最有效方式。

这里有两种基本方法有助于理解和量化挤出过程中的一些步骤。

第一是更多地了解与挤出速率有关的挤出物料的流变行为，了解混合物的滑移行为很重要，这是指在正常工作应力下的混合物在剪切应力下开始滑移的点。当应力增加时，应力下的混合物的线性扭矩增加。然而，在一定的应力下，物料与螺杆之间的摩擦力会消失，扭矩会急剧下降。在工业环境中，挤出速率急剧下降，由于滑移行为造成生产率的损失通常被误解为是由于模具堵塞造成的。可以使用测量扭矩与应变率的流变仪预先研究混合物行为，从而设置操作窗口。

第二是了解挤出的基础知识，以及机筒内螺杆的转速如何转化为特定的挤出速率。在本书的第 2 章中将会详细地讨论这两方面的内容。

1.2.2 球形催化剂

1.2.2.1 喷雾干燥

制造直径范围为 30～120μm 的球形催化剂，尤其是 50～80μm 的催化剂时，喷雾干燥催化剂浆料以得到球形催化剂是最佳方法，可以调整喷雾干燥装置的操作条件和浆料黏度以获得合适的催化剂尺寸。球形催化剂由于扩散路径较短，具有形状优势。

Masters[30]的书中介绍了该技术的许多变量和操作选项，物料被制备成具有适当黏度的浆液后，用泵输送到在一定压力下运行的喷嘴或每分钟几千转运行的喷雾盘。当黏度增加(例如通过增加浆料中的固体)以及喷嘴压力或喷雾盘的转速下降时，喷雾干燥会产生较大的颗粒。浆料液滴与注入喷雾干燥装置的热气接触，通过水分蒸发，从而获得机械强度。较大的水滴通常需要很长时间才能干燥，到达干燥器壁时仍含有水分。当大液滴接触器壁时，它们会像泥一样黏附在器壁上，可能会导致喷雾干燥装置停机。

小液滴具有非常高的比表面积与体积比，因此它们受气体的阻力导致小液滴快速减速。较大的液滴受到的阻力较小，因此减速较小，它们将穿透移动较慢、尺寸较小的液滴形成的“云”。较大和较小液滴之间的接触会导致颗粒团聚。降低浆料进料速度并创建密度较低的颗粒云有助于减少这种现象。

干燥的材料汇集在喷雾干燥塔的主室中，而小颗粒汇集在旋风分离器中，通常与主室产品混合以将最终产品的产量最大化。较小的颗粒通常会增强催化剂整体的流化性能。喷雾干燥过程中的细粉通常被收集在布袋除尘器中，然后丢弃或重新用于制浆，具体取决于尺寸和细粉的纯度。

1.2.2.2 滴球

在热油柱中或在具有合适化学性质的介质中滴入适当黏度的浆液，制备球形催化剂，其尺寸范围大约在 0.8～1.5mm。浆液与油或其他介质的不混溶性非常重要。由于浆液与介质的不混溶性，以及浆液的黏度和表面张力，可以形成真正的球状物，球状物沿其表面快速硬化获得强度，并通过在热油柱中干燥或通过凝胶化进行化学硬化来进一步硬化并保持球形。

在一些成型过程中，存在第二个介质层，通过施加更强烈的条件来强化球状物。在它们穿过柱子之后，球状物被收集并与介质流体分离。在具有适当化学性质的水性流体中（由操作员控制），球形颗粒具有足够的强度并且可以在带式干燥器上干燥。用来滴球的装置需要浆液的黏度处于合适的范围，浆液的黏度过高往往会堵塞滴球装置，浆液的黏度过低则会产生拖尾，形成非球形颗粒。

随着浆液形成液滴，必须将它们从介质中干净地分离出来，其中表面张力和黏度起着关键作用。确定操作窗口需要实验室小试或中试试验，以确定滴球装置长时间操作的浆料特性。不幸的是，浆料制备后，黏度不是常数。浆液黏度会因时间变化而变化，黏度缓慢地变高，导致滴球过程无法继续。

因此，随着时间的推移分析浆液的黏度变化情况是必要的。有时可以通过剪切稀释来实现浆液的稀化。临时增加搅拌速度可以使黏度回到适当的操作窗口。另一个减缓黏度变大的技术是对浆液的容器机进行冷却。浆液通常通过研磨由沉淀法制备得到的原始颗粒进行制备。研磨往往会略微升高浆液温度，温度升高会增强浆料老化并提高黏度。通过外部或内部方式将浆料混合物冷却 5～20℉可以显著减缓浆液的老化。

在干燥过程中，由于所有浆液（主要是水）在边界的初始固化，浆液决定了球的直径，因此颗粒会发生收缩。这种显著的收缩使干燥过程变得至关重要。由于配方的不同，采用标准和规范的测试可能无法揭示微裂纹的形成。在下游设备（如旋转焙烧炉）中的进一步处理会固化基质并将球形颗粒转化为具有适当性能的催化剂载体。最终使用之前对球形颗粒进行测试非常重要，因为在其最终使用过程中这些裂纹缺陷由于化学诱导会导致高于预期的磨损。与挤出相比，滴球成本高且劳动强度大，尤其是因为滴球装置容易堵塞并且需要手动清理，这也降低了生产率。

1.2.2.3 盘式造粒

盘式造粒也用于制造球形催化剂，商业造粒盘直径约 1～3m，它们以大约 5～20r/min 的速度旋转，并处于倾斜操作状态。催化剂材料与液体一起加入盘中，球体开始形成并聚集在盘底部。球体大小不一，较小的球体往往会积聚在较大的球体下方。随着越来越多的球形成，物料顶部的较大球从造粒盘的边缘落到传送带上。成型后，球形颗粒经过标准的干燥和焙烧方法去除水分并在焙烧过程中对基质进行固化处理，最终成为成品催化剂载体。

造粒盘所产生的球形颗粒的球形度不如滴球法所产生的球形颗粒，然而，尽管造粒盘制备出的球形颗粒有更粗糙的表面，但仍然可以被很好地成型。该种球形颗粒可用于固定床，由于磨损率较高不适用于移动床。

1.2.2.4 流化床造粒

流化床造粒实质上是将催化剂载体球、浆料、涂覆液或颗粒从上方喷出，同时使其被热气流流化。此操作在球形颗粒上形成涂层并使它们逐渐变大。

不同尺寸颗粒在流化床中会发生有趣的现象。通常认为大直径球形颗粒不可能被流化，因为与较小球形颗粒相比，它们具有更高的最小流化速度。然而，这是基于气体流化和气体动量传递的论证。在 100μm 的小颗粒的流化床中，其流化速度远低于 1~2mm 直径的颗粒，较大的颗粒仍然可以被流化。大颗粒的流化实际上是基于小颗粒的动量传递，小颗粒的密度比流化气体大得多，因此小颗粒可以使大颗粒流化。然而，流化床中大颗粒的浓度存在一个阈值，高于该阈值时，大颗粒聚集和积累在床层的底部。这个阈值浓度可以相当大，根据条件在 5%~20%，甚至更高。

1.2.2.5 滚圆

制备球形颗粒的一种有趣方法是将其挤出成直径大致为球形颗粒所需直径大小的圆柱体，然后将挤出条散落到表面粗糙的快速旋转平台上，条状物被破碎并抛圆转变成球形，之后送入干燥机和焙烧炉。

1.2.3 压片成型催化剂

采用压片成型的方法可以制备出外形精美的颗粒，但由于产量低，因此制造成本高。这种方法在制药行业中很流行。

1.2.4 蜂窝形催化剂

挤出法制备的整体形催化剂具有非常复杂的形状，大规模生产更像是一门艺术。整体形催化剂的大小从毫米到米不等。在毫米尺度上，它们通常被称为微石（Pereira[34]）。较大规格的整体形催化剂通常用于汽车工业（Kubsh[35]）和燃煤电厂选择性催化还原催化反应器（Beeckman 和 Hegedus[36]）。经过多年的发展，基于反复试验得到的切割、干燥和焙烧方法，可以生产出高质量的蜂窝形催化剂。

1.3 浸渍和干燥

浸渍过程是使催化剂的活性组分附着到催化剂载体的表面上，制备含有所需浓度的金属离子溶液，并将该溶液喷洒到催化剂载体上。由于只能喷洒在催化剂载体料层表面，因此必须使催化剂载体翻转，让料层表面的催化剂载体和料层内部的催化剂载体交换位置。这种翻转可以通过翻转容器来实现。溶液喷洒太快会将部分载体变得过度润湿并粘在一起，导致载体结块，需要很长时间的翻动才能使液体重新分布均匀。为了使溶液与整个催化剂床层良好接触，较为合适的喷洒时间为 10~20min。对于容积较大的容器，最好有多个喷嘴，以获得良好、均匀的活性组分分布。为了使活性组分覆盖催化剂的整个表面，必须将催化剂的孔内填满液体。为了防止湿催化剂黏附在容器壁上，从而导致无法混合均匀，建议液体体积保持在低于吸液率的几个百分点的范围。当浸渍液的实际用量略低于理论最大值时载体颗粒还能保持自由流动，这是另一个优点。

在某些应用中，由于催化剂的活性很高，其传质能力受到极大限制。因此，避免在催化剂活性位点上发生二次反应是非常必要的。在这种情况下，根据 Bai[37]的研究成果，他提供了一个通过使用超声波喷嘴在催化剂表面沉积活性金属薄涂层的方法。

另一种浸渍方法是过量浸渍，操作者将催化剂浸入过量的液体中一段时间。催化剂吸附活性金属组分，然后与废液分离并在篮子中干燥。这种方法保证了催化剂在液体中完全浸泡，而不会移动催化剂(因此避免了破损)。然而，该方法是劳动密集型的，并且需要检查每批次产品中金属分布的均匀性。对不易吸附到催化剂表面上的金属使用这种方法可能不太理想，因为金属会随着废液流失而产生大量的损失。

在很多情况下，干燥浸渍过的催化剂是一门艺术。Liu 等[18-20]在干燥直径为 1~2mm 的商业催化剂方面取得了重大进展。在整体形催化剂的干燥过程中，需要仔细控制干燥设备中的湿度，控制干燥工程中的湿度是获得均匀活性分布的关键。

1.4 回转焙烧

1.4.1 简介

在旋转的圆桶设备中干燥和焙烧催化剂是催化剂工业生产中的常见做法，回转焙烧炉多采用金属管或陶瓷管作为炉管，它们几乎是水平旋转的，只有一个稍微向下倾斜的出口或排放口。回转焙烧炉以很低的转速(每分钟数转)运行，并且通常在驱动端的管子外侧有一个凸轮环。凸轮环通过连接到驱动机构的链条使炉管旋转。一组支撑滚在两端支撑着炉管，一组在 90°方向旋转的支撑滚防止炉管沿其轴线移动。

回转焙烧炉允许催化剂在特定气氛中、在特定温度下进行特定时间的热处理，加热、干燥和焙烧程序是在实验室或中试工厂开发的。本文所说的时间和温度曲线是指催化剂挤出物经历加热升温后，在某个恒定温度下的时间段，然后是冷却时间段。

回转焙烧中可能有一个恒温区，有时也有两个恒温区，在双恒温区的情况下，每个区都处于单独的温度。然而，如果需要，双恒温区基本上受到限制，因为一般的回转焙烧炉的长度和停留时间有限。对于空炉管，停留时间为 10～30min。回转焙烧炉内增加挡板会迫使催化剂在加热区停留更多的时间，催化剂在回转焙烧炉中的停留时间可以增加到 1～3h，这取决于挡板的具体高度。

挡板是一个钢制环，催化剂在流出之前积聚在其背面。放置和拆除挡板是一个漫长的过程，因此挡板一旦就位就很少改变。一些挡板采用分体式设计，允许双向操作，可以方便地改变炉管的旋转方向。炉管的斜率很小，只有炉管水平距离的 0.5%～2%。具体来说，对于一个 5m 长的炉管，当其坡度为 1%时，炉管出口与入口之间的高度差为 5cm，出口位于较低的一侧。

回转焙烧炉的坡度是根据重力场计算出的真实坡度，坡度可以用一根充满水的透明软管从回转炉管的一端延伸到另一端来测量。软管两端的水位完全水平，从水位到两端回转炉管的垂直距离的差就可以计算出坡度。也可以使用激光测量的方法来测量炉管坡度。此外，随着炉管长时间旋转，支撑轴承会磨损，也会轻微影响回转焙烧炉中的坡度和停留时间。这种变化通常不大，因为轴承在入口和出口处的磨损一般较均匀，对停留时间的影响很小。尽管如此，当在工业或中试工厂使用回转焙烧炉时，需要正确的倾斜度，以便计算回转焙烧炉中的停留时间。因此，在可能的情况下，通过测量确定的炉管斜率是必要的。此外，必须考虑并说明工厂或实验室地面的潜在坡度。

当炉管在高温下旋转时保持笔直状态，相反，如果炉管不旋转，在高温下炉管将下垂出现故障。如果在加热过程中电源发生故障，必须启动备用电源，或者手动盘车避免炉管下垂。回转焙烧炉中的高温可能会有所不同。陶瓷管可以承受高达 1200℃的温度，远高于制备催化剂的正常操作温度。

工业生产商业催化剂所使用的炉管直径为 30～150cm，但水泥工业中的炉管直径要大得多，直径达到 3～5m，长度长达数百米。本书不讨论这些较大的水泥窑，但后面介绍的相关性仍然适用。

回转焙烧炉可以处理多种尺寸的颗粒，从微米尺寸的粉末到各种形状的几毫米大小的挤出颗粒。颗粒通过倾斜的斜槽、水平的螺旋推进器、振动进料器或一些其他机构被送入回转焙烧炉。保持物料输送畅通无堵塞很重要，因此供料设备的选型通常基于操作人员或工程师的经验。

对于回转焙烧炉，保持稳定的进料很重要，因为一旦进料停止，回转焙烧炉会迅速空转并需要重新稳定，在此期间的产品可能会受到影响。加入回转焙烧炉的催化剂沿管底部流动，直至到达出口。回转焙烧炉中催化剂料层的横截面积通常为焙烧炉横截面积的5%～15%。一个很好的视觉参考是从催化剂料层的顶部延伸到料层的底部的整个床层，在炉管的圆形横截面上覆盖了9%的横截面积。

在旋转的催化剂床层上方，通常以逆流方式鼓入气体，回转焙烧炉中产生两种不同的气氛，它们沿着回转焙烧炉的轴向自由混合。第一种气氛是注入回转焙烧炉中的气体，这种气体的组成范围可以从环境空气到干燥空气，再到无氧气体、氮气、蒸汽或上述的任意组合。第二种气氛是催化剂在热处理过程中排放的气体，回转焙烧炉中的气体成分变化很大，可能包含构成催化剂的任何化学物质，例如挥发性有机化合物、水、硫氧化物、氯化物和氮氧化物。

催化剂料层上部与气流接触，并与气流存在明显的气体交换。然而，催化剂从最高处落下来达到料层底部的时间是有限的。然后催化剂继续随着炉管向上转动，这部分时间内大部分催化剂在次层，会暴露在任何气体中，例如干燥或焙烧过程中释放的蒸汽，这些气体会积聚在料层内。长时间的蒸汽接触可能导致催化剂质量变差。炉管中鼓入气体和催化剂床之间的气体交换速率仍在研究中。

催化剂的热处理和两种气体的混合改变了沿炉管的气体气氛，例如，催化剂碳组分的燃烧通常会导致在气流的入口（催化剂排放端）氧气浓度高，而在气流的排放端（入口或催化剂装料端）可能是完全无氧的。预先计算这种燃烧过程中的热负荷非常重要，因为可以通过控制催化剂进料速率来控制焙烧过程中的放热。

从安全的角度来看，当在无氧气氛中加热负载有机物的催化剂时，很可能最终会在布袋除尘器中捕获细粒、灰尘或颗粒。细粒中含有的有机物，可能是在高温缺氧条件下形成的，一旦从布袋中倒出来与空气接触，潜在的放热化学反应可能存在安全隐患。有机物可能不一定是催化剂本身中的原始有机物，而是在回转焙烧炉中在高温缺氧的条件下通过副反应形成的。

气体和催化剂可以从回转焙烧炉的同一端进料（并流进料）或从相反端进料（逆流进料）。

逆流进料能够控制回转焙烧炉热区的气氛，同时很好地控制催化剂的冷却和排放。任何气体都可以通过喷枪喷射到靠近回转焙烧炉的热区。可以保持排放端干燥气氛（通过鼓入干空气）或无氧气氛（通过鼓入氮气）。

在并流进料中，从催化剂中释放的气体与催化剂一起向出口流动并且可以重新吸附到冷却的催化剂上，因此并流进料不是一个非常理想的选择，因为它很难控制有关催化剂的技术参数。

当蒸汽是气氛的一部分时，由于蒸汽倾向于在冷点冷凝，因此控制回转焙烧炉的操作会特别困难。回转焙烧炉气氛中100%(体)的纯蒸汽几乎是不可能处理的，因为它很容易在入口和出口端的较冷表面上冷凝。这种冷凝会形成真空，并将更多的蒸汽拉向表面，从而导致产生更多的冷凝物。催化剂、灰尘和细屑很容易吸附并粘在冷凝物表面上。缓慢堆积起来的物料会堵塞回转体的进料和出料端，经过一段时间后，会导致回转焙烧炉停止运行。

为了尽量减少冷凝的可能性，建议通过注入空气或氮气将进料和出料端保持在低于60%(体)的蒸汽水平。

测量运行的回转焙烧炉中蒸汽含量的基本方法是将采样枪一直延伸到热区，并将其串联到一个装满冰的烧瓶，然后连接到湿式测试仪，最后连接到真空泵。打开真空泵并在几分钟的时间间隔内取样，使蒸汽在装满冰的烧瓶中凝结并称重，记为 W_s，而湿式测试仪测量不可凝结气体的体积 V_{nc}。通过测量，使用式(1.1)就可以确定回转焙烧炉中气体气氛中蒸汽含量的近似体积百分比：

$$C_s \approx \frac{100}{1+0.96\times(V_{nc}/22.4)/(W_s/18)} \tag{1.1}$$

式(1.1)中包含一个小的年平均温度修正(0.96)。

与任何操作一样，在测量过程中始终要注意安全问题。采样枪和采样管线会很热，因此必须使用适当的个人防护设备。收集这些测量值时，请遵循所有必需的安全程序。例如，一个可以想到的“假设”场景是：当将管子放于水中时，可以想象经过一段时间后，蒸汽可能会通过采样管线最终在水中凝结。蒸汽将在水桶中继续冷凝，并将通过样品管从回转焙烧炉中吸取更多蒸汽，无须真空泵，因为它会产生自己的真空。这也许不太可能，但却可能发生。

此外，回转焙烧炉可以通过直接或间接的气体燃烧加热，或通过电加热。

气体燃烧间接加热通过加热回转焙烧炉外壳实现，多个燃烧器并行分布在回转焙烧炉的侧面或底部。燃烧器及其尾气分段控制可以更好地控制回转焙烧炉的温度分布。在某些情况下，可以将废气循环回到旋转壳中，以提高热效率。允许燃烧气体直接加热炉管，从而允许催化剂和火焰的燃烧产物之间接触，这通常不是理想的事情。顶层催化剂最好避免暴露在火焰的热辐射下。由于这些原因，直接燃烧并不经常用于催化剂制备，特别是在制备的后期阶段，例如用在催化剂浸渍活性金属之后。

电加热是一个不错的选择，从易于控制的角度来看，可能是三者中最好的选择。使用电加热时，回转焙烧炉的热量直接来自外壳加热。回转炉管顶部的热电偶在炉管和热电偶之间留有小间隙。由于热电偶的特殊位置要求——尽可能靠近炉管但又不能与炉管接触，热电偶不能精确测量温度，所测温度接近于真实值，而且这些热电偶的使用寿命很长。根据多年的经验，操作人员和工程师对炉管和物料之间的典型温差比较了解。

除了配置在转炉外部的热电偶之外，一些回转焙烧炉还配备了内部热电偶直接测量催化剂料层温度。料层温度是催化剂在加热过程中所经历的温度，也称为稳定温度，该温度是在中试或实验室实验期间确定的。在该温度下，在大型回转焙烧炉中处理适当时间，才能生产最好的催化剂。

一些回转焙烧炉没有内部热电偶，因此需要插入热电偶。热电偶需要定期校正，至少在开始时需要进行校正，以便将热电偶插入适当的料层中。

一些回转焙烧炉具有内部热电偶插入料层上方气体和料层中。根据热电偶的数量，可能需要使用从外部插入热电偶测量温度分布，以确定温度梯度的存在和影响。

回转焙烧炉热电偶有套管，套管包括插入料层和气体中的热电偶。在这种情况下，结合料层和气体温度与炉壁温度，可以很好地了解催化剂在制备过程中的温度和传热过程。由于工业热电偶的壁可能很厚，为了测温准确，应确保将热电偶插入料层中的深度足够深。厚壁热电偶可以从热电偶尖端(沿其厚壁)散热，从而影响温度读数。如果料层较浅，热电偶不能插入较深位置，可以尝试将热电偶弯曲成钝角，以便它可以正好插入料层正下方，而不会穿透物料接触到炉壁。

为了避免从炉管到料层的热传递损失，应当避免催化剂细粉和灰尘在炉壁上结块。为此，有时要使用锤子从外部敲击炉管清理管壁。使用链条可避免炉壁结块，但它们会导致催化剂磨损，因此它们经常在焙烧粉末时使用。

回转炉管大多装配紧密，固定卸料端或固定进料端之间几乎没有间隙。下游设备在卸料端和进料端中产生负压，从而避免工艺气体泄漏。下游设备通常为处理工厂中所有回转焙烧炉产生的废气设置。因此，一台回转焙烧炉的气流设置会影响另一台回转焙烧炉的气流设置。

根据工厂设计和客户要求，回转焙烧炉的催化剂出料端有多种选择。例如，有敞开的料仓，有带有干燥空气以保持催化剂无湿气的料仓，有带有氮气层以保持催化剂无氧和无水的料仓，或有中间过程的斗式提升机，可以将催化剂输送到工厂的不同位置，或有筛分操作以去掉细粉。

回转焙烧炉的背板是指催化剂进料端，防止催化剂溢出到进料端的前端底板。背板有一个圆形开口，进料槽或进料螺杆通过该开口将催化剂加入回转焙烧炉中。背板和进料槽之间有一个小间隙，所有废气都可以通过该间隙被抽吸到洗涤塔或热氧化器中。当加入催化剂时，催化剂会移动，根据坡度可能会稍微向前倾斜。催化剂堆积在进料端背板而不会溢出，形成床层梯度，最终所有催化剂向前移动。进料速率如果太快，背板处堆积的物料高于床层然后通过背板溢出，会产生很大的浪费。

图 1.2 展示了催化剂在回转焙烧炉中的动态行为，顶部的料从黑色线开始，炉管顺时针转动一圈，料层就会超过动态休止角，并开始沿料层上方所示箭头方向向下滑落。一旦固体颗粒向下移动，它们就会覆盖先前暴露的料层部分。这层物料变得相对固定，粒子之间不再相对移动。顶层下方的催化剂会沿着灰色线随管移动。总的来说，催化剂沿着扁平的半螺旋线在回转焙烧炉中流动。

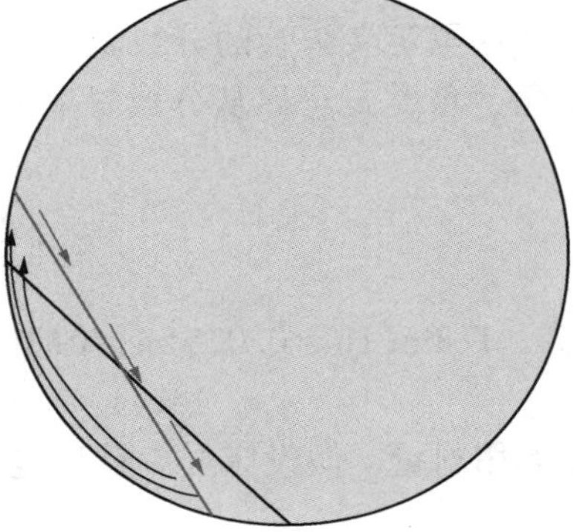

图 1.2　催化剂在回转焙烧炉中的动态行为

催化剂会以图 1.2 所示的模式沿旋转方向流动，然而，根据催化剂的操作条件、形状和尺寸，也会出现“蛇形”现象。当该现象发生时，催化剂不会滑动下去，而是随着炉管的转动被抬升到管壁上。在低于休止角的某个点，催化剂料层会滑回到炉管底部，该过程会再次开始。由于催化剂没有翻转，催化剂的混合很差，底部的催化剂可能在底部停留的时间比预期的长，因此升温更快。料层的顶层保持在较低的温度，直到和底部的催化剂混合，最终通过热传导提高温度。装置设有观察口时，可以直接观察催化剂料层通过炉管的移动方式。

所有的工厂都要求适当减少工艺废气，回转焙烧炉废气中的 VOCs 可以通过氧化来去除，通过氧化将有机物氧化成水、二氧化碳、氮氧化物等。氧化器通常是燃气直接加热的，与火焰直接接触。废气经过氧化器后，用水降温。

废气中的许多酸性成分，例如氮氧化物和硫氧化物，在适当的 pH 值下，可以通过洗涤来去除。

1.4.2　无挡板回转焙烧炉中物料停留时间

图 1.3 以较为简化的方式显示了在无挡板回转焙烧炉中的物料流动，“回转焙烧炉”和“回转窑”这两个术语可以互换使用，并且都在工业中经常使用。回转窑向下坡度小，运行时，料层仅占回转窑横截面的 5%~15%。

Sullivan[38] 和 Saeman[39] 等对无挡板、带或不带内部抄板/链条的回转焙烧炉建立了如下所示的公式：

$$R_t = \frac{1.77\sqrt{\theta}L_r f}{\varphi DN} \tag{1.2}$$

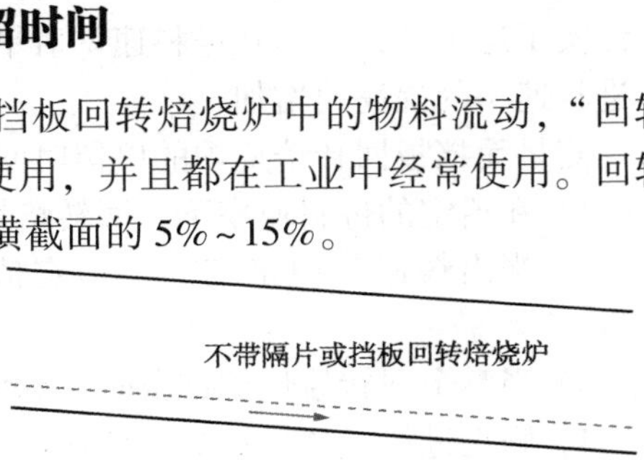

图 1.3　无挡板回转焙烧炉中的物料流动

其中，L_r 是从进料点到出料点的长度；f 是一个无量纲流量因子，对于空管等于1；φ 是炉管的倾角，以(°)为单位；θ 是动态物料在旋转中的休止角；D 是炉管的直径；N 是炉管的转速。抄板或链条在此处称为内部构件，限制料层流动，使流动系数大于1，因此增加了停留时间。在这里定义炉管的分数斜率 s 为每个线性轴向距离的垂直高度差。对于炉管的倾角，角度 φ 可以从分数斜率 s 来计算：

$$\varphi \approx \left(\frac{360}{2\pi}\right)s \tag{1.3}$$

回转焙烧炉的典型斜率分数为0.0104［约1%、1/8in(1in=0.0254m)/ft(1ft=0.3048m)或0.6°］。

在进料之前，根据从背板到进料点的距离估算用料量，假设床层一旦稳定后是均匀的，进料点离背板不远。

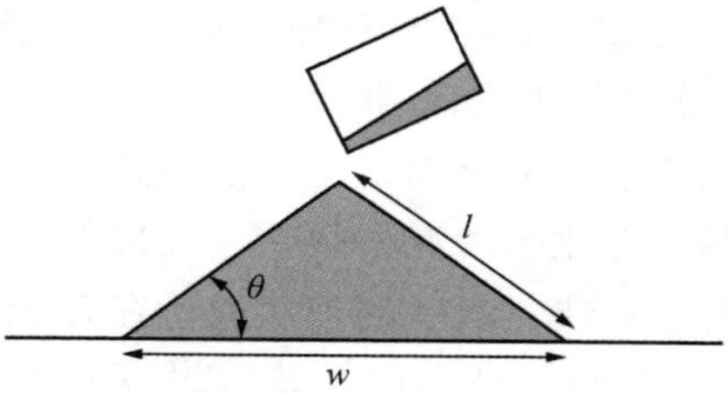

图1.4　休止角的测量

休止角可以用如图1.4所示的方法确定。轻轻倾倒材料，使其积累到一定量，以便以合理的准确度测量山脚印迹的长度 w 和山坡的长度 l。由式(1.4)可以获得以度为单位的休止角 θ：

$$\theta = \left(\frac{360}{2\pi}\right)\arccos\left(\frac{w}{2l}\right) \tag{1.4}$$

可以理解，式(1.4)中的“arcos”函数的函数值以弧度表示。通过测量和计算可以得到静止休止角，即材料静止时的休止角。动态角稍大，但静止角可以作为一个很好的近似值。

式(1.2)中显示的相关式可以计算催化剂在穿过长度为 L_r 的截面上的平均停留时间，经过多年证明是有效的。对于沿回转焙烧炉长度方向的任何轴向距离，可以使用相同的相关式来计算停留时间。Gao等[23]在中试规模回转焙烧炉的研究中证实了这个结论，而且进料速率对平均停留时间的影响很小，并且床层深度随着进料速率的提高而增加。

测量无挡板回转焙烧炉的停留时间很简单，但需要几个小时。步骤如下：

1）在给定的进料速率下，回转焙烧炉稳定运行。

2）当出料速率稳定到一个恒定值时，关闭回转焙烧炉的进料，收集所有出料。

3）当整个回转焙烧炉排空时，称量催化剂净排出量。

4）修正进料点之前的炉内催化剂存料量。

5）将修正后的催化剂净排出量除以进料速率，得出催化剂在回转焙烧炉中的停留时间 R_t。

必须注意，整个炉管还包括冷却部分的炉管，炉管加热区的长度实际上只是整个炉管长度的一部分。然而，在恒温区的停留时间是最重要的，并且该长度只是回转焙烧炉加热长度的一部分。在此恒温区认为炉中物料温度均匀分布。只能通过使用热电偶测量回转焙烧炉的温度分布来测量恒温区的温度。利用式(1.5)可以计算出恒温区中的停留时间 R_{hz}：

$$R_{hz}=R_t(L_{hz}/L_r) \tag{1.5}$$

其中，L_{hz}是恒温区的长度。

回转焙烧炉中料层的其他重要特性是料层的横截面积和最大料层深度。料层的横截面积在此近似认为是与炉管的半径相同的圆的一部分。将线段的高度 h_s 定义为弦到圆的最大垂直距离。在半径为 R 的圆上，高度为 h_s 的区段的面积 A_s 通过式(1.6)可知约在4%以内：

$$A_s \approx 1.8\sqrt{Rh_s^3} \quad (0<h_s/R<0.5) \tag{1.6}$$

在式(1.6)中，无挡板焙烧炉的床层深度 h_e 可从式(1.7)获得：

$$h_e=0.85\times(QR_t/L_r)^{2/3}/D^{1/3} \tag{1.7}$$

其中，Q 是体积进料速率。

1.4.3 带挡板回转焙烧炉中物料停留时间

图1.5以简化的方式显示了物料在有挡板回转焙烧炉中的流动和混合。此处考虑的挡板较浅，其高度小于管径的20%。

当有浅挡板时，挡板前方的物料流与没有挡板一样。图1.6显示了用于计算停留时间的图。

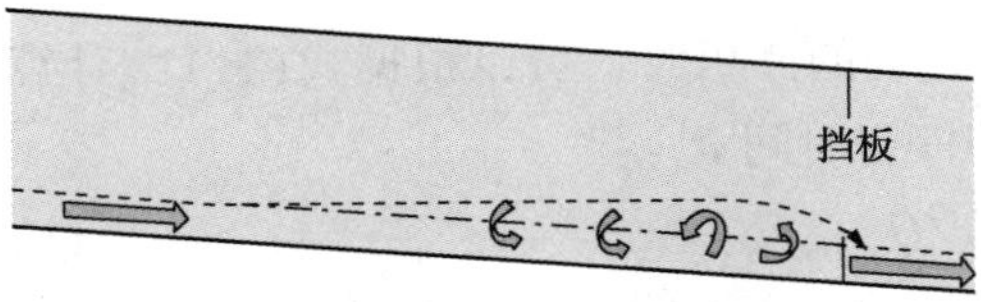

图1.5　带挡板回转焙烧炉内物料的流动

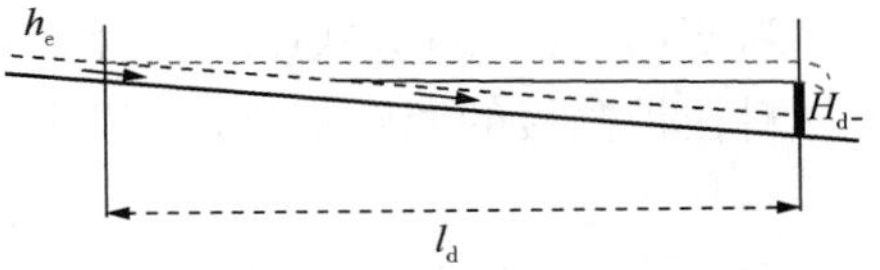

图1.6　估算带挡板回转焙烧炉停留时间图

随着物料流向挡板并达到与挡板的临界距离 l_d，它开始积累并形成额外的堆积。利用式(1.8)可以计算挡板高度为 H_d 的回转焙烧炉的临界距离 l_d：

$$l_d=(H_d+h_e)/s \tag{1.8}$$

在典型的斜坡上，即使是非常适中的挡板高度，轴向距离 l_d 也可能相当大。例如，对于挡板高为5cm且分数坡度为1/100(即1%)的回转窑，料层的长度为5m，正好抵消挡板本身，仍然需要增加长度来抵消带挡板的回转焙烧炉的料层高度。

一旦恒定，挡板上的物料已经积累到足以连续冲刷挡板的程度，容积速率与没有挡板的情况相同。事实上，对于这里所考虑的浅挡板，假定挡板的料层深度等于挡板的高度加上没有挡板的回转焙烧炉的料层深度。如图 1.5 所示，料层的后半部分最深且最靠近挡板，这对于获得特定温度条件下的真实停留时间最为重要，因为该部分包含了大部分的催化剂。

存储于挡板前的物料或多或少会产生混合现象，在第一种近似条件下，可以认为是连续或完整的连续搅拌反应器(CSTR)。然而，由于回转体的倾角小，物料在挡板之前，可能更像是两个或三个串联的 CSTR，因为挡板的影响延伸得相当远。在大挡板之后，物料会快速流动，与无挡板的回转焙烧炉中的情况相同；事实上挡板的功能很像一个浅底板。挡板的位置应位于加热区的末端，以最大限度地延长物料在加热区的停留时间。

式(1.9)通过使用式(1.6)和式(1.8)进行直接积分得出了催化剂在挡板前距离 l_d 处的近似体积：

$$V=0.51\times\frac{D^3}{s}\left[\left(\frac{h_e+H_d}{D}\right)^{2.5}-\left(\frac{h_e}{D}\right)^{2.5}\right] \tag{1.9}$$

其中，无挡板的床层深度通过式(1.7)给出，正如已经提到的，长度 l_d 对于小斜坡是可观的，并且被认为可能大于恒温区 L_{hz} 的长度。在后一种情况下，根据式(1.10)可以计算挡板前催化剂的体积：

$$V=0.51\times\frac{D^3}{s}\left[\left(\frac{h_e+H_d}{D}\right)^{2.5}-\left(\frac{h_e+H_d-sL_{hz}}{D}\right)^{2.5}\right] \tag{1.10}$$

恒温区的长度必须根据热电偶读数来确定，并且仍然需要判断哪些温度变化是可以接受的。

当使用式(1.9)或式(1.10)来计算催化剂的体积时，可以根据式(1.11)计算出物料在带挡板的回转焙烧炉恒温区中的停留时间 R_d：

$$R_d=V/Q \tag{1.11}$$

表 1.1 显示了带与不带挡板回转焙烧炉的工作示例，假定从现场热电偶读数中获得了恒温区的长度。可以看出，当挡板存在时，料层形成的临界距离非常大。此外，更深的料层延伸到远离恒温区的位置。因此，为了弥补这一缺点，必须使用式(1.10)来计算处于恒温区的物料体积。从不带挡板到带挡板回转焙烧炉的停留时间的增加是重要的(对于所示条件，这里大约增加了 3 倍)。

表 1.1　带与不带挡板的回转焙烧炉的停留时间工作示例

项目	数据	公式编号
回转炉直径	0.91m(3ft)	
斜率	0.0104(1/8in/ft)	

续表

项目	数据	公式编号
流量系数	1.00	
挡板高度	0.0762m(3in)	
质量流量	136kg/h[300lb(1lb=0.45359237kg)/h]	
密度	$961kg/m^3(60lb/ft^3)$	
休止角	35°	
转速	3r/min	
L_{hz}	2.44m(8ft)	通过热电偶测量
R_t	**15.6min**	1.2
h_e	0.053m(2.1in)	1.7
$(H_d+h_e)/s$	12.5m(41ft)	1.8
V	$0.12m^3(4.2ft^3)$	1.10
R_d	**50.5min**	1.11

注：加粗的内容表示带与不带挡板的回转焙烧炉停留时间的不同。

必须注意，与无挡板的回转焙烧炉相比，带挡板的回转焙烧炉具有更宽的停留时间分布，后者将在第1.4.4节中讨论。

另外，当斜坡很陡时，可以使用另一种方法，但必须确保满足约束条件(参见下面的斜体语句)。停止进料，让炉管转动并排空可被排出的物料，剩下的是在挡板之前无法越过挡板的物料。称该剩余物料的体积为 V_v，借助式(1.9)(设置 h_e 为0)，剩余体积用式(1.12)计算：

$$V_v=\frac{0.51D^3}{s}\left(\frac{H_d}{D}\right)^{2.5} \tag{1.12}$$

式(1.12)还提供了一种简单的方法，可以通过量取剩余物料的体积以进一步确认回转焙烧炉的斜率。

如果炉管中剩余的物料可以被认为是处在恒温区，那么停留时间的近似值可以根据式(1.13)计算：

$$R_d=R_t+V_v/Q \tag{1.13}$$

其中，R_t 代表空管的停留时间，R_d 代表带挡板的停留时间。

1.4.4 回转焙烧炉内物料停留时间分布

当催化剂物料穿过回转焙烧炉的恒温区时，有一个好的测量它平均停留时间的办法非常重要。然而，停留时间分布也很重要。较宽的停留时间分布意味着一些物料在热区停留的时间比平均停留时间短得多，物料可能没有得到充分处理。

一些材料在回转焙烧炉中停留的时间也比平均停留时间长得多。因此，催化剂中会出现不希望有的副反应，使催化剂活性或选择性降低。

可以使用示踪剂来测量停留时间分布。工业回转焙烧炉制备的催化剂要求100%无污染物，因此进行测量时需要消耗部分催化剂或载体。在工业生产中为了捕获良好的示踪剂信号也需要大量示踪剂。

在工业生产中测试的机会很少。由于规模较小，在中试设备上进行示踪剂研究较为方便。Danckwerts[40]开发了一种测量回转焙烧炉停留时间分布的脉冲测试方法。Kohav 等[41]在回转焙烧炉中进行随机粒子轨迹模拟，识别影响轴向分散的因素。Gao 等[23]采用了与 Danckwerts 相同的方法来测量停留时间分布，并采用了 Sudah 等的实验技术[42]。

为了在中试回转焙烧炉上获取初始操作条件，制备了一批催化剂。通过实验获得了催化剂在空回转焙烧炉中的平均停留时间 R_t，如式(1.14)所示：

$$R_t=\frac{M}{F} \tag{1.14}$$

其中，M 是从进料装置加入回转焙烧炉的催化剂总质量，而 F 是流出回转焙烧炉的催化剂的恒定质量流量。根据式(1.15)可以计算出催化剂的轴向流速：

$$v=\frac{L_r}{R_t} \tag{1.15}$$

其中，L_r 是进料点到回转焙烧炉出口的距离。

必须考虑背板和进料点之间存在的物料，对质量 M 进行修正。

使用材质相同，经过着色和干燥的少量示踪剂样品进行实验观察，可以清楚地区分催化剂和示踪剂样品。当正常的催化剂物料流建立起来之后，将少量示踪剂样品加入回转装置的中间料层的顶部。下落点的位置代表了在回转焙烧炉中建立样品路径和将样品物理输送到指定位置之间的折中。在回转焙烧炉出口处取样并检查其中着色剂浓度。

从出口到样品下落点的距离称为 L_s，根据式(1.16)计算示踪剂样品的平均停留时间 R_s：

$$R_s=R_t\frac{L_s}{L_r} \tag{1.16}$$

每次取样时，样品都代表了整个物料流。可以根据式(1.17)计算回转焙烧炉出口处的停留时间分布函数 $E(L_s, t)$：

$$E(L_s, t)=C(t)/\int_0^{\infty}C(t)\,\mathrm{d}t \tag{1.17}$$

其中，$C(t)$为在时间 t 时，着色样品在回转焙烧炉出口处的浓度，从样品掉落时开始测量。此外根据式(1.18)：

$$\int_0^{\infty} E(L_s,\ t)\,\mathrm{d}t = 1 \tag{1.18}$$

停留时间分布函数给出了从样品下落的时间到样品离开回转焙烧炉的时间间隔(t, $t+\mathrm{d}t$)内的回转焙烧炉中样品 $E(L_s,\ t)\,\mathrm{d}t$ 的归一化量。

在回转焙烧炉出口处，利用泰勒分散模型(Levenspiel[43]，Liu[44]）得到式(1.19)：

$$E(L_s,\ t) = \frac{v}{\sqrt{4\pi t D_a}} e^{-(L_s - vt)^2/4tD_a} = C(t) / \int_0^{\infty} C(t)\,\mathrm{d}t \tag{1.19}$$

其中，D_a 是轴向分散系数，根据式(1.19)对实验数据进行曲线拟合获得。根据式(1.19)的参数估计方法可以获得关于催化剂颗粒在回转焙烧炉中停留的时间，以及它是宽分布还是窄分布的信息。

表 1.2 催化剂在加热区的停留时间分布

t/R_{hz}	$100\int_0^{t} E(L_{hz},\ u)\,\mathrm{d}u$ 在对比时间 t/R_{hz} 时，离开热区物质的百分比
0.8	5.8
0.9	21.7
1.0	47.1
1.1	71.4
1.2	87.6

注：Paredes(2017)：$v=9\mathrm{cm/min}$，$L_{hz}=50\mathrm{cm}$，$D_a=10\mathrm{cm^2/min}$。

停留时间分布函数是从样品落点到出口计算的，它不是通过热区的停留时间分布函数。利用式(1.19)很容易计算和获得通过热区的停留时间分布。根据式(1.20)可以计算从进入热区的点到热区出口处的停留时间分布：

$$E(L_{hz},\ t) = \frac{v}{\sqrt{4\pi t D_a}} e^{-(L_{hz} - vt)^2/4tD_a} \tag{1.20}$$

现在很容易确定实际停留时间与平均停留时间相差多少。表 1.2 给出了 Paredes 等[24]使用的回转焙烧炉及其参数。在表 1.2 中，表明有 5.8%的催化剂从回转焙烧炉的热区提前离开，停留时间比平均停留时间少 20%。有 12.4%(87.6%~100%)的催化剂比平均停留时间长 20%。只有 49.7%(21.7%~71.4%)或大约一半的催化剂在热区的停留时间在平均停留时间的±10%以内。因此，催化剂在回转焙烧炉中经历热处理的时间可能有很大的差异。

Gao 等[23]发现球形催化剂的流动性比圆柱形和四叶草形催化剂更好，正如预期的那样，球形物料相对于条形挤出物流动性更好，物料堆积较少，因此球形物料的停留时间比条形挤出物的停留时间短。此外，对于轴向分散系数，Gao 等[23]发现：

1) 轴向分散系数随回转焙烧炉的转速和倾斜度的降低而减小。

2) 快速进料和大的休止角可以减小轴向分散。

1.5 从实验室到商业工厂

1.5.1 放大技术

正确放大配方并在工厂实现技术转化需要合适的设备。设备经过多年的反复试验而不断发展，如果建设新工厂，则可能需要重新考虑。

混合和研磨是制备颗粒催化剂非常重要的过程，所以在商业设备上正确地按比例放大是非常重要的。碾轮重达数百磅，对混合物施加很大的剪切应力。在小型实验室装置中，这种剪切应力是不需要的，在进行模拟商业装置的实验时，可能需要通过改进装置来加强。带钉柱式桶有许多小的实验室设备，通常在不改动的情况可以满足放大使用。

1.5.2 缩小技术

放大具有挑战性，缩小也是如此。目前，采用高通量实验的公司通常需要能够仅以 1~10g 的规模生产催化剂的设备，包括混合、搅拌到挤出多个工序的设备。

笔者有关于这种“机器设备”的专利[45]，它可以同时混合和研磨 10~20 种催化剂成分，并用柱塞挤出。该专利中混合物完全封闭，防止水分流失，并能够以类似于“带钉柱式桶”的方式进行混合和研磨，挤出的催化剂的性能和机械强度与中试和商业催化剂相当。

符号说明

A_s　弧形的面积(m^2)

C_s　回转焙烧炉内蒸汽浓度[%(体)]

C　示踪剂浓度(任意单位)

D　回转焙烧炉直径(m)

D_a　轴向分散系数(m^2/s)

E　停留时间分布函数(1/s)

f　回转焙烧炉的流量系数($f \geq 1$；$f_{空炉}=1$)

F　稳态产率(kg/s)

h_s　弧形的高度(m)

h_e　空炉中的最大料层深度(m)

H_d　回转焙烧炉中挡板的高度(m)

l　倾倒样品的上坡长度(m)

l_d　带挡板回转焙烧炉的物料堆积长度(m)

L_r　回转长度(m)

L_{hz}　恒温区长度(m)

L_s　示踪剂样品加入距出料口的距离(m)

M　空炉中的催化剂存料量(kg)

N　转速(r/min)

Q　体积进料速率(m^3/s)

R　圆的半径(m)

R_d　带挡板回转焙烧炉中的停留时间(s)

R_t　无挡板回转焙烧炉中的停留时间(s)

R_s　示踪剂样品的停留时间(s)

R_{hz}　在恒温区的停留时间(s)

s　回转的分数斜率

t　时间(s)

v　催化剂的轴向速度(m/s)

w　倾倒样品的足迹直径(m)

V　挡板前回转焙烧炉中催化剂的体积(m^3)

V_{nc}　不可凝气体体积(m^3)

V_v　挡板前催化剂存料量(m^3)

W_s　冷凝水样品质量(kg)

φ　回转斜率(°)

θ　动态休止角（°）

参考文献

[1] Stiles，A. B.（1983）. Catalyst Manufacture，Laboratory and Commercial Preparations. Marcel Dekker.

[2] Le Page，J. F.（1987）. Applied Heterogeneous Catalysis. Paris，France：Institut Français du Pétrole Publications，Éditions Technip.

[3] Neimark, A. V., Kheifets, I. J., and Fenelonov, V. B. (1981). Theory of preparation of supported catalysts. Industrial & Engineering Chemistry Product Research and Development 20: 439.

[4] Chester, A. W. and Derouane, E. G. (2010). Zeolite Characterization and Catalysis. SpringerLink.

[5] Marceau, E., Carrier, X., and Michelle, C. (2009). Synthesis of Solid Catalysts. Wiley-VCH Verlag GmbH & Co. KGaA. ISBN: 978-3-527-32040-0.

[6] Lekhal, A., Glasser, B. J., and Khinast, J. G. (2004). Influence of pH and ionic strength on the metal profile of impregnation catalysts. Chemical Engineering Science 59: 1063-1077.

[7] Lekhal, A., Glasser, B. J., and Khinast, J. G. (2007). Drying of supported catalysts. In: Catalyst Preparation (ed. J. Regalbuto), 375-404. CRC Press.

[8] de Jong, K. (2009). Synthesis of Solid Catalysts. Wiley-VCH Verlag GmbH & Co. KGaA. ISBN: 978-3-527-32040-0.

[9] Chester, A. W., Kowalski, J. A., Coles, M. E. et al. (1999). Mixing dynamics in catalyst impregnation in double-cone blenders. Powder Technology 102: 85-94.

[10] Chester, A. W. and Muzzio, F. J. (2004). Development of catalyst impregnation processes. American Chemical Society, Division of Petroleum Chemistry, Preprints 49: 18-20.

[11] Liu, X., Khinast, J. G., and Glasser, B. J. (2008). A parametric investigation of impregnation and drying of supported catalysts. Chemical Engineering Science 63: 4517-4530.

[12] Shen, Y., Borghard, W. G., and Tomassone, M. S. (2017). Discrete element method simulations and experiments of dry catalyst impregnation for spherical and cylindrical particles in a double cone blender. Powder Technology 318: 23-32.

[13] Romanski, F. S., Dubey, A., Chester, A. W. et al. (2010). Optimization of dry catalyst impregnation in a double cone blender: an experimental and computational approach. 244th National Fall Meeting of the American-Chemical-Society (ACS), Philadelphia.

[14] Romanski, F. S., Dubey, A., Chester, A. W., and Tomassone, M. S. (2012a). Dry catalyst impregnation in a double cone blender: a computational and experimental analysis. Powder Technology 221: 57-69.

[15] Romanski, F. S., Dubey, A., Shen, Y. et al. (2012b). Improved mixing in catalyst impregnation using a double cone incorporated with baffles. 244th National Fall Meeting of the American-Chemical-Society (ACS), Philadelphia.

[16] Koynov, S., Wang, Y., Redere, A. et al. (2016). Measurement of the axial dispersion coefficient of powders in a rotating cylinder: dependence on bulk flow properties. Powder Technology 292: 298-306.

[17] Kresge, C. T., Chester, A. W., and Oleck, S. M. (1992). Control of metal radial profiles in alumina supports by carbon dioxide. In: Applied Catalysis A: General, vol. 81, 215-226. Amsterdam, Netherlands: Elsevier Science Publishers B. V.

[18] Liu, X., Khinast, J. G., and Glasser, B. J. (2010). Drying of supported catalysts: a com-

parison of model predictions and experimental measurements of metal profiles. Industrial & Engineering Chemistry Research 49: 2649–2657.

[19] Liu, X., Khinast, J. G., and Glasser, B. J. (2012). Drying of supported catalysts for low melting point precursors: impact of metal loading and drying methods on the metal distribution. Chemical Engineering Science 79: 187–199.

[20] Liu, X., Khinast, J. G., and Glasser, B. J. (2014). Drying of Ni/alumina catalysts: control of the metal distribution using surfactants and the melt infiltration method. Industrial & Engineering Chemistry Research 53: 5792–5800.

[21] Chaudhuri, B., Muzzio, F. J., and Tomassone, M. S. (2006). Modeling of heat transfer in granular flow in rotary vessels. Chemical Engineering Science 61: 6348–6360.

[22] Chaudhuri, B., Muzzio, F. J., and Tomassone, M. S. (2010). Experimentally validated computations of heat transfer in granular materials in rotary calciners. Powder Technology 198: 6–15.

[23] Gao, Y. J., Glasser, B. J., Lerapetritou, M. G. et al. (2013). Measurement of residence time distribution in a rotary calciner. AIChE Journal 59: 4068–4076.

[24] Paredes, I. J., Yohannes, B., Glasser, B. J. et al. (2017). The effect of operating conditions on the residence time distribution and axial dispersion coefficient of a cohesive powder in a rotary kiln. Chemical Engineering Science 158: 50–57.

[25] Emady, H. N., Anderson, K. V., Borghard, W. G. et al. (2016). Prediction of conductive heating time scales of particles in a rotary drum. Chemical Engineering Science 152: 45–54.

[26] Yohannes, B., Emady, H. N., Anderson, K. et al. (2016). Scaling of heat transfer and temperature distribution of granular flows in rotating drums. Physical Review E 94 (042902): 1–5.

[27] Yohannes, B., Emady, H., Anderson, K. et al. (2017). Evolution of the temperature distribution of granular material in a horizontal rotating cylinder. Powders & Grains 140: 03012.

[28] Davis, B. H. and Hettinger, W. P. Jr. (1982). Heterogeneous Catalysis–Selected American Histories. Washington, DC: American Chemical Society.

[29] Thomas, J. M. and Thomas, W. J. (1967). Introduction to the Principles of Heterogeneous Catalysis. London, New York: Academic Press.

[30] Masters, K. (1985). Spray Drying Handbook, 4e. New York: Wiley. ISBN: 0–470–20151–7.

[31] Cybulski, A. and Moulijn, J. (2005). Structured Catalysts and Reactors. CRC Press. ISBN: 978–0–824–72343–9.

[32] Satterfield, C. N. (1980). Heterogeneous Catalysis in Practice. New York: McGraw–Hill Book Co.

[33] Stiles, A. B. (1987). Catalyst Supports and Supported Catalysts – Theoretical and Applied Concepts. Stoneham, Massachusetts: Butterworth Publishers. ISBN: 0–409–95148–X.

[34] Pereira, C. J., Cheng, W. –C., Beeckman, J. W., and Suarez, W. (1988). Performance

of the minilith-a shaped hydrodemetallation catalyst. Applied Catalysis 42: 47-60.

[35] Kubsh, J. E., Rieck, J. S., and Spencer, N. D. (1990). Ceria oxide stabilization: physical properties and three-way activity considerations. In: Catalysis and Automotive

[36] Beeckman, J. W. and Hegedus, L. L. (1991). Design of monolith catalysts for power plant NOx emission control. Industrial & Engineering Chemistry Research 30: 968-978.

[37] Bai, C. (2018). Hydrogenation catalyst, its method of preparation and use. US Patent 9, 861, 960, filed September 2, 2014, and issued January 9, 2018.

[38] Sullivan, J. D., Macer, C. G., and Ralston, O. C. (1927). Passage of Solid Particles through Rotary Cylindrical Kilns. U. S. Bureau of Mines, Technical Paper, 384.

[39] Saeman, W. C. (1951). Passage of solids through rotary kilns: factors affecting time of passage. Chemical Engineering Progress 47: 508-514.

[40] Danckwerts, P. V. (1953). Continuous flow systems: distribution of residence times. Chemical Engineering Science 2 (1): 1-13.

[41] Kohav, T., Richardson, J. T., and Luss, D. (1995). Axial dispersion in a continuous rotary kiln. AIChE Journal 41: 2475.

[42] Sudah, O. S., Chester, A. W., Kowalski, J. A. et al. (2002). Quantitative characterization of mixing processes in rotary calciners. Powder Technology 126 (2): 166-173.

[43] Levenspiel, O. and Smith, W. K. (1957). Notes on the diffusion type model for the longitudinal mixing of fluids in flow. Chemical Engineering Science 6 (4-5): 227-235.

[44] Liu, X. Y. and Specht, E. (2006). Mean residence time and hold-up of solids in rotary kilns. Chemical Engineering Science 61 (15): 5176-5181.

[45] Beeckman, J. W. (2019). Apparatus and method for mixing and/or mulling a sample. US Patent 10, 307, 751, filed February 2, 2016, and issued June 4, 2019.

2 挤出技术

2.1 背景

挤出成型是工业催化剂制备领域中的一种较为经济的成型方法。催化剂的挤出成型方式主要有两种，分别为螺旋挤出和柱塞挤出。螺旋挤出，也称为螺杆挤出，该成型方式可生产形状相对简单的催化剂，具有连续性好和生产效率高的特点。柱塞挤出，也称为活塞挤出，该成型方式具有间歇性特点，泥料挤出需分批操作完成，生产效率低于螺杆挤出。但当挤出催化剂的尺寸较大、形状复杂且需要稳定的挤出压力时，优先选择柱塞挤出。

挤出机工作时，其模具处产生的压力非常大。出于安全考虑，需在设备上安装必要的压力或扭矩开关，以避免在实际工作中出现压力或扭矩过大，超出安全范围。操作人员必须始终遵循安全操作规程，当挤出机运行时，人员切勿站在模具前方。

在螺杆挤出中，泥料在附有硬衬的挤出机筒内被向前输送。螺杆推进器将泥料推至机筒末端的模板处，在足够的压力下经模具挤出形成催化剂长条，并随后被输送到干燥带。此外，催化剂长条被安装在模具端部的不锈钢刀片切割成一定的尺寸，也可以基于需求在后续的工序中对其尺寸进行调整。挤出催化剂的直径一般在 1~3mm，横截面的形状有多种。

在柱塞挤出中，将泥料分批次装入圆柱形挤出筒中。挤出筒的出料端装有模具，进料端装有推杆活塞。泥料在足够大的挤出压力下，以较大圆柱体(直径在 5~50cm)的形式离开模具。

挤出是泥料在应力作用下相对于表面(螺杆输送器、筒体和模具孔道)的运动，泥料通过挤出模具会受到流动阻力，本章将对该过程进行深入研究。此外，泥料是具有可塑性和变形性的，本章也会深入阐述在整个挤出过程中泥料塑性的变化。

挤出泥料沿表面方向上的运动，在此过程中泥料变形力非常重要。作用于泥料上的应力可分为两类，即垂直于任意无限小表面单元的力和平行于该表面单元的力。垂直于表面单元的作用力称为法向力，其强度定义为单位面积的力，用符

号 σ 表示。平行于表面单元的力称为剪切应力，用符号 τ 表示。任何作用于内表面单元的力都可被分解为一个法向力和一个或两个剪切应力，具体由研究的维度（二维/三维）决定。

将法向力视为压缩力或拉伸力，剪切应力可能会导致以不同速度前进的材料层彼此之间发生平行移动（具体取决于材料特性）。当在金属杆的表面单元上施加一定强度的剪切应力时，其形状并不容易发生改变，还会保持金属杆的几何形状。但催化剂泥料是由单个微小颗粒组成的大团块，施加在其表面单元上的剪切应力会使泥料层发生平移，进而使催化剂泥料发生变形并发生颗粒磨损。

在进行深入讨论之前，首先要了解与挤压有关的术语和特性。

2.2 流变

2.2.1 剪切应力、壁面剪切应力和剪切速率

对于以不同速率相互平行移动的表面而言，公式(2.1)定义了剪切应力 τ（单位 Pa），其作用于发生形变物体的表面单元上，表达式如下：

$$\tau = \eta_b \left(\frac{\partial v}{\partial y}\right) \tag{2.1}$$

其中，η_b 为物料的动力黏度，$\left(\frac{\partial v}{\partial y}\right)$ 为物料的速度梯度。

$\left(\frac{\partial v}{\partial y}\right)$ 为两层相互平行移动表面的速度差与它们之间法向距离的比值，可代表两层平行移动表面的剪切强度。此外，速度梯度也称为剪切速率，单位为 s^{-1}。基于所研究材料性质的不同，剪切速率的大小可跨越很多个数量级。值得注意的是，剪切应力与表面单元面积的乘积为作用在该表面单元上的力。

从塑料到陶瓷以及催化剂粉末，物料的颗粒尺寸范围有很大的不同。在塑料挤出中，原料相对分子质量的高低不同，所形成挤出物料的颗粒尺寸不同。在催化剂和陶瓷的挤出中，挤出泥料由催化剂粉末和陶瓷粉末构成，其颗粒尺寸在微米至纳米尺度范围。催化剂粉末在剪切应力下的易碎性很重要。典型的催化剂粉末要比陶瓷粉末弱得多，更容易发生磨损。但催化剂粉末比陶瓷粉末表现出更好的吸附液体的能力。通常，尽管向催化剂粉末中加入大量液体，其还可像干粉一样具有较好的流动性，但当加入的液体量达到使催化剂粉末发生结块的临界值时，才出现结块无法流动现象。

当挤出筒壁和挤出物的接触表面间存在间隙流体层时，表面作用力会发生改变。作用在与间隙流体接触的壁面单元上的剪切应力称为壁面剪切应力，定义式

如公式(2.2)所示：

$$\tau_w = \eta_1 \left(\frac{\partial v}{\partial \gamma} \right)_{y=0} \tag{2.2}$$

其中，η_1 为流体的动力学黏度，$\left(\frac{\partial v}{\partial \gamma} \right)$ 为壁面流体层的速度梯度。

壁面剪切应力与壁面单元面积的乘积即为作用在该表面单元上的力。壁面剪切应力会随流体黏度和速度梯度的增大而增大。从公式(2.2)可以看出，只要流体黏度不发生显著变化，壁面剪切应力不受压力的影响。然而，由于挤出机不是封闭系统，体系压力会对流体层的厚度产生重要影响。对于挤出泥料而言，原料的壁面剪切应力可用公式(2.3)来表示：

$$\tau_w = \tau_0 + \beta v \tag{2.3}$$

其中，τ_0 为当速度外推至 0 时的壁面剪切应力，v 为挤出泥料表面相对于壁表面的速度。

在实际挤出过程中，只有那些具有实际价值的 τ_w 值才是有意义的。参数 τ_0 为相对速度 v 为 0 时的近似值，公式(2.3)为含两个参数的 τ_w 线性模型。

当含有流体的两个平行表面间的距离保持相同且两个表面运动的相对速度一定时，很容易获得速度梯度。对于平面几何，液体的速度从零(静止表面)线性变化到移动表面的速度。公式(2.2)中的剪切速率可由公式(2.4)表示：

$$\left(\frac{\partial v}{\partial \gamma} \right)_{y=0} = \frac{v}{\delta} \tag{2.4}$$

其中，v 为挤出体相对于挤出筒壁的速度，δ 为液膜厚度。

考虑到催化剂挤出泥料的延展性，当挤出泥料存在液膜时，液膜在挤出机内的厚度变化是比较难理解的。挤出机内的压力分布可能会影响挤出泥料液膜的厚度，因为泥料液膜中的液体在高压下倾向被优先挤出。因此，挤出泥料液膜的厚度可能在挤出螺杆长度方向存在梯度。在挤出螺杆的高压区域，液膜厚度越薄，挤出泥料的体相速度越快，该位置的挤出泥料产生的速度梯度越大，则壁面剪切应力也越大。

当挤出泥料不存在液膜且泥料沿着与其直接接触的表面被拖动时，会发生摩擦。挤出泥料的运动和延展性等物理特性可由剪切应力行为或摩擦行为来解释，或由这两种行为共同解释。工业催化剂的挤出生产中所涉及的挤出泥料具有这两种行为特点。文献中有用剪切应力行为来讨论挤出过程的，也有用摩擦行为来讨论挤出过程的。这个课题很富有挑战性及具有重要意义，值得深入研究。

2.2.2 摩擦

现考虑两个物体在一个区域内均匀接触，并被一个垂直于该区域的力压在一起。文献表明，为使两个物体彼此发生相对运动，需要一个平行于表面的最小力，该力称为静摩擦力。静摩擦力与接触面面积无关。这两种现象，即最小静摩擦力和接触面面积的独立性，被称为阿蒙顿定律(Guillaume Amontons，1663—1705)。静摩擦力的方向与物体的相对运动(相对运动趋势)方向相反。静摩擦力与垂直于表面的正应力的比值称为静摩擦因数，用 μ_s 表示，无量纲。当已知垂直于表面的正应力和静摩擦因数时，可求得静摩擦力，该力与接触面积无关。

考虑两个物体在一个垂直于接触区域力的作用下被压在一起，并相对于彼此做匀速运动。文献表明，为了保持物体运动，需要一个与物体表面平行且与所谓的动摩擦力相反的力。平行力与法向力之比称为动摩擦系数 μ_k，动摩擦系数 μ_k 通常不依赖于两物体表面的相对速度，也不依赖于两物体接触面积的大小。动摩擦系数 μ_k 与静摩擦系数 μ_s 不同，其值更小。在没有润滑剂的情况下，动摩擦称为干摩擦。理想情况下，它与运动速度无关，这种独立性被称为库仑定律。

因此需要一个最小的力，即静摩擦力，来使物体沿表面发生运动。因为一旦开始滑动，后续进一步的运动就比较容易发生。

两种固体材料之间的摩擦接触面既不是均匀的，也不呈几何平面形状，接触面由称为“微凸体”的点状或线状相互连接组成。由“微凸体”组成的粗糙表面是微米、亚微米和纳米级的不规则表面，属于摩擦学的多学科科学。通过分形几何对多个数量级的“微凸体”的多维尺度及其大小进行了建模。

一个质量为 m 的静止物体，对其施加一个法向力 N，再对物体横向施加一个力，只有当这个力高于一个特定的极小值 T_s 时，它才会沿表面发生滑动，表达式如公式(2.5)所示：

$$T_s = \mu_s(N+mg) \tag{2.5}$$

如果横向施加的力 T 小于最小力 T_s，那么从摩擦的角度来看，T 和 N 之间不存在关系。一旦物体开始滑动，则决定维持物体滑动所需的力由 μ_k 表示。

本章用“滑动”来描述物体在有动摩擦的情况下在表面上的运动。根据公式(2.6)可计算维持物体滑动所需的力 T_k：

$$T_k = \mu_k(N+mg) \tag{2.6}$$

如果 T 小于 T_k，那么物体会停止滑动。只有当两个接触表面发生相对运动时，动摩擦力与法向力才存在关系。

当物体开始滑动且施加的力 T 大于 T_k 时，物体会一直沿着表面发生滑动，此时所遵循的公式如公式(2.7)所示：

$$ma = m\frac{dv}{dt} = T - T_k = T - \mu_k(N+mg) \tag{2.7}$$

值得说明的是，许多文献证明 μ_k 与超过某一最小值的速度呈线性关系，如公式(2.8)和公式(2.9)所示：

$$\mu_k = \mu_{k,0} + \alpha v (T > T_k) \tag{2.8}$$

$$\mu_k = \mu_{k,0} (T = T_k) \tag{2.9}$$

当 $T>T_k$ 时，物体会产生加速度，如公式(2.10)所示：

$$m\frac{dv}{dt} = T - (\mu_{k,0} + \alpha v)(N + mg) \tag{2.10}$$

物体达到恒定的最终速度 $v_\infty\left(\frac{dv}{dt}=0\right)$时，停止加速，如公式(2.11)所示：

$$v_\infty = \frac{1}{\alpha}\left(\frac{T}{N+mg} - \mu_{k,0}\right) \tag{2.11}$$

有趣的是，当施加不同的法向力 N 时，物体表面的哪些部分会滑动，哪些部分会在摩擦表面上保持静止？下面以沿挤出螺杆方向运动的挤出泥料和挤出机筒体为研究对象。在挤出过程中，挤出泥料确实被设备完全包围，但挤出泥料表面的哪些部分将会滑动，哪些部分会相对于旋转的挤出螺杆和固定的挤出筒保持静止，并不完全清楚。挤出泥料是沿着挤出螺杆表面滑动，还是沿着挤出筒体表面滑动，或者两者都有？未能明晰。

尝试举一个非常简单的例子，将一个小的圆柱体放在摩擦系数为 $\mu_{s,1}$ 的平面上，再在圆柱体上部放一摩擦系数为 $\mu_{s,2}$ 的平面并对其施加一个法向力 N，如图 2.1 所示。沿着平行于表面方向施加一个逐渐递增的力 T，很明显，静摩擦系数较高的平面将保持静止，而另一个表面将发生滑动。

可以将这个例子变得更有趣一些(见图 2.2)，施加一个与表面呈一定角度的力 F，该力可分解为平行于表面的力 T' 和垂直于表面的力 N'，除此之外，不做其他改变。

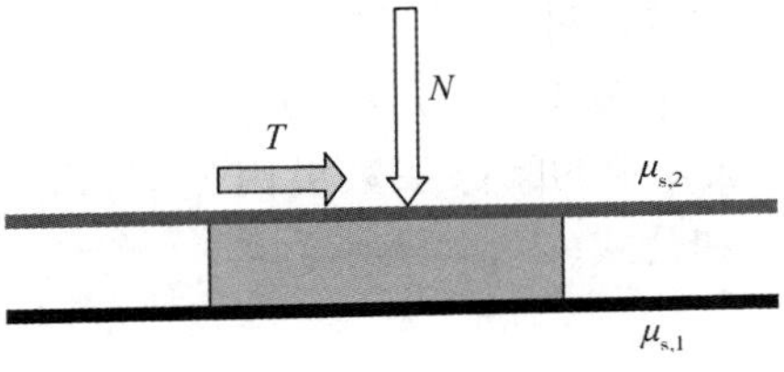

图 2.1　两个平行平面间的一个矮圆柱体

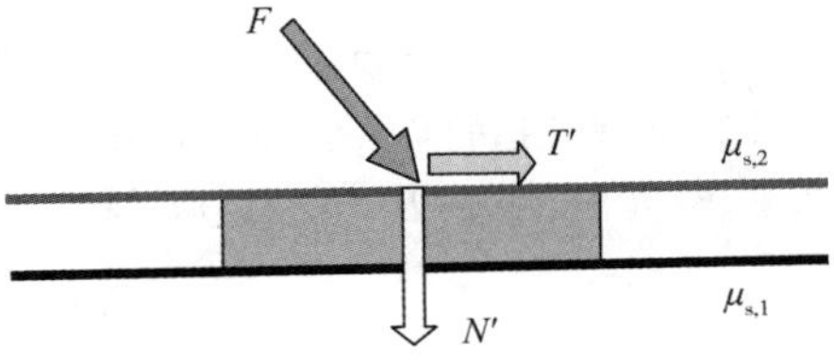

图 2.2　两个平行平面间的一个矮圆柱体（施有与平面呈一定角度的力）

但当研究对象从圆柱体改为截断圆柱体时(见图 2.3)，会发生什么呢？当只施加一个垂直于下表面的力 F，则下表面上力的平行分量为零。显然，无论 $\mu_{s,1}$ 有多小，泥料都不会在下表面上移动。而倾斜角 θ 决定了力 F 分量的比值，比值大小决定了上平面是否发生移动。公式(2.12)建立了上平面不发生移动的条件：

$$\tan\theta < \mu_{s,2} \tag{2.12}$$

2.2.3 流变数据

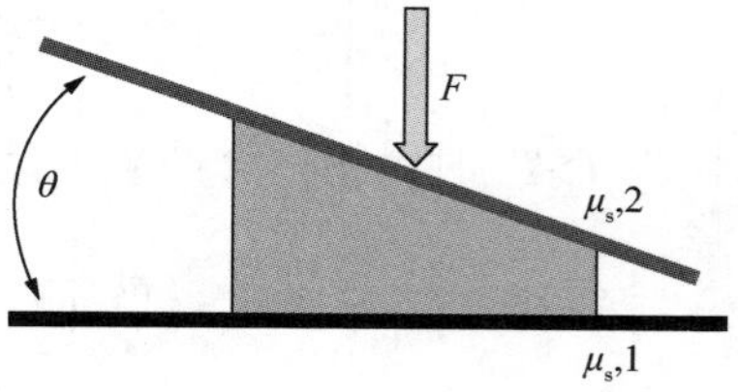

图 2.3 两个非平行平面间的一个圆柱体(施有与平面呈 θ 角的力)

Mezger[1]所著的关于旋转和振荡流变仪的书是一本很有价值的流变学研究手册。为了更好地应用流变学理论来理解催化剂的挤出成型过程，购买了仪器型号为 TA Discovery HR-2 的混合流变仪。

将混好的挤出泥料放在仪器的两个平行板之间，并在上层平行板施加恒定的法向力 N。当平行板的旋转速度超过几个数量级时，流变仪可测出旋转所需的扭矩。流变测试中两个平行板间的距离会对测试结果产生影响，因此在实验中，要试图将两平行板间的距离保持相对恒定。流变测试中，剪切应力与圆盘的转速(剪切速度)呈函数关系。以固含量为 40%，且经过混捏的拟薄水铝石物料的流变测试为例，物料的剪切应力与剪切速度呈函数关系。此外，实验中发现剪切应力随法向力 N 线性变化，笔者认为，可用摩擦行为解释这一过程。

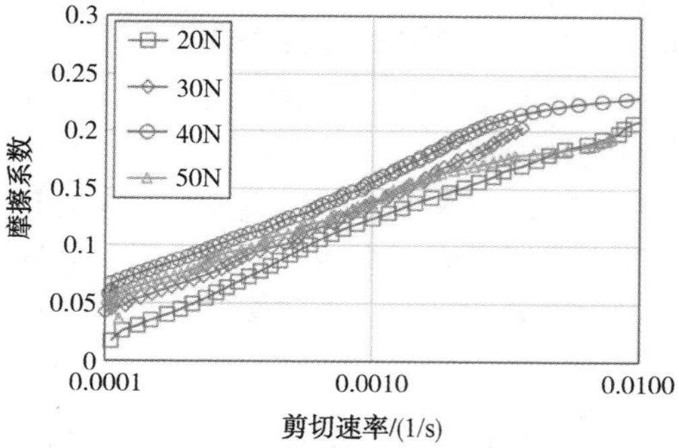

图 2.4 氧化铝的摩擦系数随剪切速率的变化(不同法向力下的 Al_2O_3 泥料)

利用 TA 流变仪中的 TRIOS Version IV 软件可以估算摩擦系数，图 2.4 显示了摩擦系数与剪切速率间的函数关系。不同法向力大小下的流变曲线都近乎为一条直线，可用摩擦行为解释这种现象。笔者认为此方法是研究拟薄水铝石挤出成型的一种比较好的方法。当 v 大于一个相对小的参考速度 v_0 时，图 2.4 中的摩擦系数可由公式(2.13)和公式(2.14)表示：

$$\mu(v)=\mu_0+\kappa\ln(v/v_0) \tag{2.13}$$

$$\mu(v_0)=\mu_0 \tag{2.14}$$

参考速度 v_0 的值非常小，但在实际应用中，只要考虑到速率，就可以认为它本质上等于零。对于低于 v_0 的速率值，则认为此条件下的摩擦系数等于 μ_0。

此外，利用流变仪探究了胶溶剂对氧化铝物料摩擦系数的影响，分别用 1 %(质)硝酸和 2%(质)硝酸对同种氧化铝进行胶溶，氧化铝的固含量分别为 40%和 41%，从图 2.5 可以看出，低浓度硝酸胶溶后的氧化铝的摩擦系数比高浓度硝酸胶溶后的氧化铝的摩擦系数要高得多(即使高浓度硝酸胶溶的氧化铝的固含量较高)。硝酸能够增强氧化铝的胶溶速度，进而使挤出泥料更加光滑，这是学术界和工业领域比较熟知的现象。因此，利用流变仪可通过调整酸的含量来探究氧化铝浆料性质的差异。此外，通过流变表征结果，可以看出氧化铝的摩擦系数随酸含量(即挤出配方)的变化而变化。因此，TA 流变仪是研究催化剂挤出成型的一种有力工具。

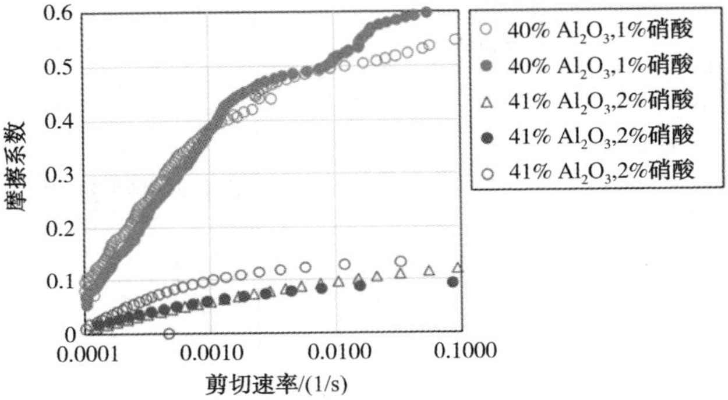

图 2.5 胶溶氧化铝的摩擦系数随剪切速率的变化

(20N 法向力下用硝酸胶溶的 Al_2O_3 泥料)

2.2.4 摩擦力和壁面剪切应力的比较

文献中对塑料、陶瓷粉末和催化剂粉末挤出泥料抗流动性的模型比较见表 2.1。对塑料的挤出工艺研究较为深入，关于陶瓷挤出泥料的研究鲜有报道，而关于催化剂挤出泥料的研究更加寥寥无几。表 2..1 中给出的参考文献并不全面，只是对一些行业中使用的挤出泥料的流动阻力模型做了一些介绍。

表 2.1 在流变学和挤出研究中报道的摩擦模型和剪切模型

材料	最小模具的孔直径/mm	摩擦	壁面剪切应力	描述	参考文献
陶瓷，α-Al_2O_3	3.2		$\tau_w=\tau_0+\beta v^n$	线性压力分布	Benbow and Bridgwater[2]
陶瓷，α-Al_2O_3	3.0		$\tau_w=\tau_0+\beta v^n$	线性压力分布	Burbidge and Bridgwater[3]
黏土类陶瓷	4.8	$F_f=\mu F_N$		指数压力分布，模具流动：$Q=a'P-b'$	Parks and Hill[4]

续表

材料	最小模具的孔直径/mm	摩擦	壁面剪切应力	描述	参考文献
压实的固体和生物质固体		$F_f = \mu F_N$		指数压力分布	Orisaleye and Ojolo[5]
陶瓷		$F_f = \mu F_N$		库伦摩擦系数	Laenger[6]
Al_2O_3	约 1.25	$F_f = \mu F_N$		$\mu_{(v)} = \mu_0 + \kappa \ln(v/v_0)$，$\mu_0 = 0.2$，随流速的增大略有增大	Beeckman（本书）
SiO_2/分子筛	约 1.25	$F_f = \mu F_N$		$\mu_{(v)} = \mu_0 + \kappa \ln(v/v_0)$	Beeckman（本书）
Al_2O_3/分子筛	约 1.25	$F_f = \mu F_N$		$\mu_{(v)} = \mu_0 + \kappa \ln(v/v_0)$	Beeckman（本书）
Al_2O_3			剪切应力		Winstone[7]
γ- Al_2O_3/勃姆石			剪切应力		Mills and Blackburn[8]

陶瓷泥料的挤出采用预固化的原料，如氧化铝粉末。在粉末中加入所需量的水、黏合剂和挤出助剂，进而挤出“绿色”坯体。此处的“绿色”意味着挤出坯体尚未被加热或尚未经高温处理。对于陶瓷而言，最大限度地减少孔隙体积和颗粒间隙体积有助于获得孔隙率最小的陶瓷体。陶瓷挤出成型所用的原材料有些已经被预先烧制处理，目的是使陶瓷的空隙体系最小化并减弱陶瓷烧制过程中的收缩，但这种处理可能会导致陶瓷出现微观缺陷。由于陶瓷泥料的强度较高，在挤出过程中泥料被剪切时产生的磨损和磨耗较小。

而对于催化剂泥料而言，它的强度比较小，与陶瓷泥料相比显得比较脆弱。因此，在催化剂的工业化生产中经常通过一定技术手段(多为专利技术或商业秘密)来保护其挤出工艺。在混合、研磨、捏合和挤压的剪切过程中，保持催化剂泥料的孔隙体积和表面积完整是非常重要的。催化剂制造商的任务是保持催化剂颗粒结构完整，同时使催化剂泥料挤出顺畅并保证挤出坯体具有一定的强度。在催化剂制造过程中，催化剂的强度必须是适当的，一方面要保持挤出物完整，另一方面要保证最终的催化剂产品在化工反应器中具有合适的强度。催化剂的强度和完整性部分的内容将在第 3 章做详细讨论。

2.2.5 应力下的泥料

泥料中每个内部质点的受力平衡示意图如图 2.6 所示。

作用在三角形泥料上的力(为了便于理解，用二维坐标系表示)可用(x, y)坐标分解，分解为两个法向分量 σ_x 和 σ_y 以及一个剪切分量 τ_{xy}。当转动(x, y)坐标系，使 x 轴正方向与 σ_n 的角度方向一致，y 轴正方向与 τ_{xy} 的角度方向一致时，则公式(2.15)和公式(2.16)为作用于任意夹角为 θ 的表面上的法向力 σ_n 和剪切力 τ_n 的表达式：

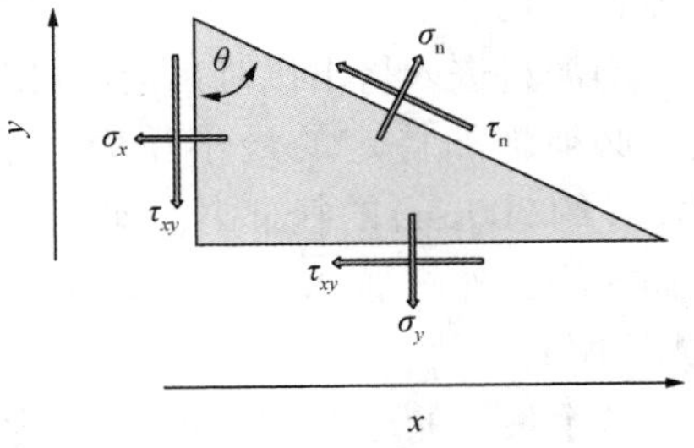

图 2.6 泥料在应力下的受力平衡示意图

$$\sigma_n = \frac{\sigma_x + \sigma_y}{2} + \frac{\sigma_x - \sigma_y}{2}\cos 2\theta + \tau_{xy}\sin 2\theta \tag{2.15}$$

$$\tau_n = -\frac{\sigma_x - \sigma_y}{2}\sin 2\theta + \tau_{xy}\cos 2\theta \tag{2.16}$$

基于 Otto Mohr(1835—1918)法则，当使用另一种正交坐标系时，σ_n 在 x 轴上，τ_n 在 y 轴上，所有的应力值均为莫尔圆上点的坐标，其半径可由公式(2.17)计算：

$$R_M = \sqrt{\left(\frac{\sigma_x - \sigma_y}{2}\right)^2 + \tau_{xy}^2} \tag{2.17}$$

莫尔圆的原点位于 x 轴上，可由公式(2.18)计算出其坐标：

$$O_M = \frac{\sigma_x + \sigma_y}{2} \tag{2.18}$$

从圆的原点到圆周上的任一点的连线与 x 轴的夹角为 2θ。对于具有特殊内摩擦系数 μ_0(即剪应力与正应力的比值)的泥料，在泥料中的任意点上，莫尔圆都不应与内摩擦系数线交叉，否则夹角为 θ 的泥料会发生剪切。因此，静止泥料的应力必须小于莫尔圆切线所允许的应力，如公式(2.19)所示：

$$\tau_n \leqslant \mu_s \sigma_n \tag{2.19}$$

当泥料静止不动时，意味着莫尔圆与其内摩擦线相切。

2.2.6 泥料的屈服强度

如果一个人手里拿着一团挤压泥料，泥料不会发生任何变化，手部仅给泥料一个支撑力(抵消其重力)。显然，这个力不足以引起泥料变形，或者其变形太小而可以被忽略。当挤出过程开始时，经挤压泥料内部的空气逐渐被排除，使得泥料的致密度越来越高，进而获得一定的结构强度。如果要使泥料发生进一步的永久变形，则需对其施加更大的力。在实际生产中，经验丰富的操作人员可以利用泥料结构强度的大小来判断泥料是否适合挤出，或者是否还需进一步的捏合。

当泥料进入挤出机时，会不可避免地受到剪切。由于泥料具有一定的结构强度，必须施加特定的最小压力才能使其变形。例如，如果将泥料置于压力为2MPa(约300psi)的气缸中，即使在气缸壁上开一个口子，膏体也可能不会流动。然而，当额外施加0.2MPa(约30psi)的压力时，泥料可通过缸壁上的开口流动(或屈服)。

这个最小的压力(2.2MPa)称为泥料的屈服强度或屈服应力。泥料的屈服强度对评估改变泥料形状所需的功或计算使泥料进入挤压通道所需的功具有重要意义。例如，Benbow 和 bridgewater[2]通过公式(2.20)计算出使泥料从直径为 D_1 的通道移动到直径为 D_2 的通道所需的应力：

$$\Delta P = 2\sigma_u \ln\left(\frac{D_1}{D_2}\right) \tag{2.20}$$

其中，σ_u 为单轴屈服应力，催化剂泥料的典型屈服应力范围为0.5~10.0MPa。

2.2.7 泥料的密度

测量泥料的密度相对比较容易。当泥料条从模具口挤出时，其直径等于挤出通道的直径 D_0。泥料条一旦从模具口挤出，由于干燥和焙烧水分流失引起泥料收缩，或者在某些情况下，一些挤出助剂也可能会使其发生膨胀。假定焙烧后泥料条的直径为 D_{cal}，密度为 ρ_c。定义 s 为催化剂样品在自定义的参考温度下热处理后的固体质量百分比。参考温度有多个选择，只要满足在该温度下，能够完全去除催化剂中的水即可。

为了获得干燥(焙烧)后催化剂的密度 ρ_p，需要根据催化剂条的直径和长度的变化，以及挤出配方中的固含量，调整干燥和焙烧后的催化剂条的密度，如公式(2.21)所示：

$$\rho_p = \rho_c \left(\frac{D_{cal}}{D_0}\right)^3 \frac{100}{s} \tag{2.21}$$

公式(2.21)中直径比的三次方是为了恰当地解释三个空间维度上的尺寸变化。将维度变化可视化的最简单方法是将一个物体视为由许多微小的相同的立方体组成，它们整齐地堆叠在一起，这样就模仿了物体的整体形状。每个小立方体在(x，y，z)方向上相同的维度变化，然后转化为整个物体的三维变化。基于泥料密度，可直接将挤出机的质量速率与体积速率联系起来，从而得出泥料在模具通道中的挤出速率。

2.3 挤出

2.3.1 柱塞挤出

Benbow 和 Bridgwater[2] 撰写了一本关于挤出的专著，该专著影响深远。Burbidge 和 Bridgwater[3] 还发表了一篇关于单螺杆挤出泥料的优秀论文。Benbow 和 Bridgwater[2] 对柱塞挤出机生产单股和多股催化剂的具体情况进行了深入分析，并提出对于柱塞挤出机，其整体压降 ΔP 可用公式(2.22)表示：

$$\Delta P=2(\sigma_0+\alpha v)\ln\left(\frac{D_{\mathrm{r}}}{D_0}\right)+4(\tau_0+\beta v)\left(\frac{L_0}{D_0}\right) \tag{2.22}$$

其中，ΔP 为下述各压降之和：①泥料通过筒体的压降；②泥料进入狭窄挤出通道造成的压降；③泥料通过挤出通道的压降。D_{r} 为柱塞直径，D_0 为挤出通道直径，L_0 为挤出通道长度。

Benbow 和 Bridgwater[2] 将模具挤出通道称为“模具孔板”。泥料在挤出通道中的速度用 v 表示。泥料的屈服应力和速度外推为 0 时的壁面剪切应力分别用 σ_0 和 τ_0 表示。系数 α 和 β 分别反映了通道内泥料速度对单向屈服应力和壁面剪切应力的影响。因此，基于以上描述，公式(2.22)中的模型包含四个参数(σ_0，α，τ_0，β)。此外，Benbow 和 Bridgwater[2] 认为对于更为复杂体系的压降分析可用公式(2.23)加以研究。该式与公式(2.22)相比又多了两个参数(n_1，n_2)，总共有六个参数：

$$\Delta P=2(\sigma_0+\alpha v^{n_1})\ln\left(\frac{D_{\mathrm{r}}}{D_0}\right)+4(\tau_0+\beta v^{n_2})\left(\frac{L_0}{D_0}\right) \tag{2.23}$$

这种分析不仅非常精确，而且表明了通道设计(L_0，D_0)、流变特性(σ，τ)和通道挤出速度(v)这几方面因素是如何共同决定柱塞挤出机的整体挤出压力的。Burbidge 和 Bridgwater[3] 也将这种分析扩展到全覆盖模式的单螺杆挤出机的设计上。全覆盖模式是指整个螺杆被完全脱气的挤出泥料填充覆盖。

对于中试挤出机或商用挤出机来说，通常无法确定螺杆被完全覆盖的量。笔者认为直接监测挤出模具处的压力可能有助于解决这个问题。然而，挤出模具表面处的压力并不好监测。但笔者认为耗费适度的人力、物力及财力，用压力传感器监测挤出模具表面处的压力是很有必要的。

挤出模具表面的压力是一个过程变量，通过它可以将挤出速度和模具设计联系起来。对于典型的在 5~10MPa 范围变化的挤出压力，模具表面压力与挤出速度（单一通道）的关系可用公式（2.24）表示：

$$P_d = 4(\tau_0 + \beta v)\left(\frac{L_0}{D_0}\right) \tag{2.24}$$

公式（2.24）为含 τ_0 和 β 两个参数的模具压力模型。测量作为挤压速率函数的模具压力可得到 τ_0 和 β 参数。该测试也可通过中试工厂试验和单通道模具试验完成。

当使用的模具与商用模具的设计相同（除了通道的总数）且材料也相同时，可用公式（2.24）对商用挤出机进行预判，关于商用挤出机的更多预判信息将在2.3.2.1节中说明。公式（2.24）建立了模具的挤出压力与单个通道的挤出速率间的联系。中试规模的挤出机有几十个通道，而商用挤出机有几百到几千个通道。

结合单个通道的挤出速率和总的质量挤出速率，对于有 k 个通道模具的 R_e，可由公式（2.25）得出通道内泥料的挤出速率。式中 Ω 为挤出通道的横截面积：

$$v = \frac{R_e}{k\rho_p\Omega} \tag{2.25}$$

2.3.2 螺杆挤出

一个典型的螺杆挤出机及其横截面示意图如图2.7所示，其中涉及的参数说明如下：螺杆外径 D_s，螺杆根径 D_c，螺槽宽度 P，螺棱厚度 T_1。螺杆前端与挤出模具间的空隙被泥料填满，在挤出初期，泥料间的空气首先被逐步排出，此时的挤出压力不稳定；当泥料中的空气被排除干净时，挤出压力趋于稳定。

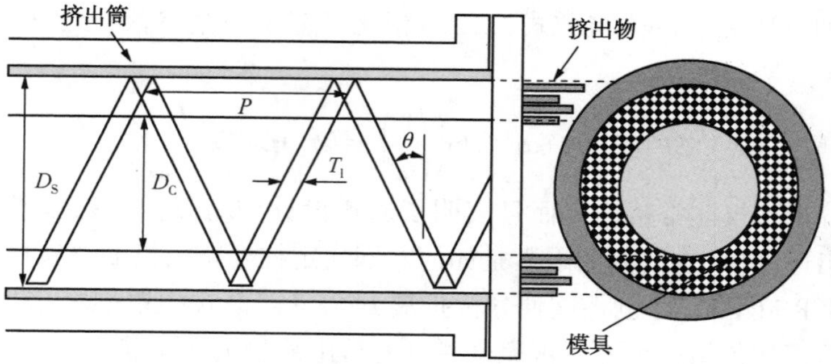

图2.7　典型的螺杆挤出机及其横截面示意图

泥料良好的流动性对于避免延长工作时间以及避免泥料在挤出机中发生过度胶溶非常重要。泥料在挤出机内过度工作（被剪切和压缩）和过度胶溶，会使泥料在筒体表面形成液浆，使其在筒体内发生滑移。当挤出机筒的设计比较合理时，基于需求可随时更换挤出模具。一般来讲，挤出开始时挤出物呈线性向外挤出，但这种状态并不总能完全实现。因为泥料是通过模具成股向外均匀挤出的，所以连续且平稳的挤出速率是非常重要的。

这里的“均匀”并不意味着泥料在模具的每一点上沿环形孔道流出的速率都是一样的。此处的“均匀”是指当螺杆的末端边缘通过模具中的挤出通道时，泥料主要以相同的速率沿环形孔道流出。对于单槽螺杆，螺杆需旋转 360°才能使泥料流出，而有些挤出机是双螺杆，旋转 180°，便能使泥料从模具孔道流出。

2.3.2.1 模具方程或模具特征

模具方程或模具特征表示挤出速率与泥料通过模具产生的压降之间的关系。Benbow 和 bridgewater[2]建立了一个详细且全面的模型，研究表明，公式(2.22)右边的第一项远大于第二项。因此，位于模具处的压力探头测量值可全部或部分地包含第一项。通常情况下，模具和螺杆之间的间隙很小，这使得很难判断到底应该把压力传感探头放在哪个位置，因为压力传感器的面积往往比间隙大。由于中试模具和商用模具上都有大量的挤出通道，所以用公式(2.26)近似公式(2.22)中的完整表达式是可行的。式中，σ_0^+ 和 β^+ 这两个参数必须由实验确定：

$$\Delta P=\sigma_0^+ +\beta^+ R_e/\rho_p \tag{2.26}$$

σ_0^+ 和 β^+ 都是假定的函数：分别为模具的厚度和挤出通道的直径。由于中试和商用的模具参数(长度、直径和形状)相对单一，且不经常变化，因此公式(2.26)更有实际应用价值。ΔP 是模具处的压力传感器测出的总的压力，在达到非常小的挤出速率之前，需要一个最小的 σ_0^+ 值。随着 ΔP 的增加，挤出速率按式(2.26)等号右侧第二项线性增加。Parks 和 Hill[4]从摩擦角度建立了压降与挤出速率的关系，其关系与公式(2.26)相同，进一步证实了公式(2.26)的实用性。

对于牛顿塑性流体而言，有文献表明，对于模具通道中的哈根泊肃叶流(层流)在压降与挤出速率之间存在一个非常简单的关系，如公式(2.27)所示：

$$\Delta P=\frac{\eta_1 L_0}{K}R_e/\rho_p \tag{2.27}$$

对于直径为 D_0 的圆柱形通道来说，式中的 K 值可用公式(2.28)来表示：

$$K=\frac{\pi D_0^4}{128} \tag{2.28}$$

而对于宽度为 W、长度为 H 的矩形通道来说，式中的 K 值可用公式(2.29)来表示：

$$K=\frac{WH^3}{12} \tag{2.29}$$

2.3.2.2 模型 1：挤出机特征方程

Birley 等[9]提出了一种很好的挤出机特征方程研究方法，该方法可以平衡两个速率项：第一个速率项是挤出泥料通过挤出机的净流量，第二个速率项为泥料通过模具的流量。

泥料通过挤出机的净流量由两项之间的差异组成：①由于螺杆的持续旋转，通过挤出机的恒定正几何泥料流量减少；②随着模具压力的增加，泥料沿螺杆向后弯曲的流量增加。这两项差异导致挤出泥料的净流量与模具上的压降 ΔP 呈单调递降的关系。

通过模具的泥料与模具上的压降表现出单调递增的函数关系，如公式(2. 26)所示。

通过挤出机的泥料净流量操作线与通过模具的泥料流量操作线相交于挤出机的操作点。Birley 等[9]用这种方法挤压塑料，而 Parks 和 Hill[4]用这种方法挤压黏土类材料。

2. 3. 2. 2. 1　*泥料流动的几何学*

泥料在挤出筒壁的运动速率可由螺杆的转速获得，公式如(2. 30)所示：

$$v_b = \pi D_b N_s \tag{2.30}$$

其中，D_b 为挤出筒的直径，N_s 为单位时间内螺杆所转的圈数。

根据公式(2. 31)，该速率可转换为泥料沿螺杆通道但仍在挤出筒表面的速率：

$$v_c = \pi D_b N_s \cos\theta \tag{2.31}$$

其中，θ 为螺旋升角(如图 2. 7 所示)。

对于具有牛顿特性的塑料，螺杆内泥料的平均速率可近似为挤出筒表面运动速率的一半(挤出筒壁泥料的运动速率为 v_c，螺杆中心处泥料的运动速率为 0)。因此，泥料通过单螺杆挤出机时的质量流速可用公式(2. 32)表示：

$$R_g = \frac{1}{2}\pi W H D_b N_s \rho_p \cos\theta \tag{2.32}$$

其中，W 为螺槽的法向宽度，H 为螺槽深度。

对于具有非牛顿特性的塑料或陶瓷以及催化剂泥料，如果想获得类似公式(2. 32)中的物理表达，研究者必须对研究对象做出谨慎的判断。例如，对于催化剂泥料，笔者认为泥料是像柱塞一样通过挤出通道的。因此，公式(2. 32)中的因子 1/2 应该被删除或对其加以调整。后续需进行更多的研究以对该公式进行修正。

2. 3. 2. 2. 2　*由于模具阻碍导致的泥料回流*

Birley 等表明，可用公式(2. 33)表示单螺杆挤出机中由于模具阻碍引起的泥料回流。

$$R_b = \frac{W H^3 \rho_p}{12 \eta_l L_h} \Delta P \tag{2.33}$$

其中，η_l 为泥料的动力学黏度，L_h 为螺杆的螺旋长度。笔者假设泥料的流动为泊肃叶流动，泥料在挤出筒侧和螺杆侧的流速均为 0，在两者之间的流速呈抛物线状。但对于催化剂泥料的挤出而言，这个假设可能需做进一步的考虑，因为它与 2.3.2.2.1 节中用于几何流速的假设不一致。为了解决该问题，后续需要做进一步的研究工作。泥料流出模具的净流量可用公式(2.34)表示：

$$R_e = R_g - R_b = \left(\frac{1}{2}\right)\pi WHD_b N_s \rho_p \cos\theta - \frac{WH^3 \rho_p \Delta P}{12\eta_l L_h} \tag{2.34}$$

2.3.2.2.3　挤出机的操控点

公式(2.34)为泥料流出模具净流量与螺杆压降的函数表达式，可以看出，泥料的净流量随压降的递增呈线性递减趋势。结合公式(2.26)，可得出挤出机的操控点。如上文所述，公式(2.34)适用于塑料挤出研究，如果将其应用于催化剂泥料的挤出研究，则需要考虑泥料回流公式及几何速率公式，进而对该表达式进行优化。挤出机特征方程的研究方法在形式上非常吸引人，它可以清楚地显示各个不同参数所起的作用，这种方法与管道阻力网络中离心泵工作点的处理方法非常类似。

2.3.2.3　模型 2：沿螺杆和模具的压力分布

Burbidge 和 Bridgwater[3]采用了一种不太直观但可能更准确的方法对螺杆和模具上的压力分布进行了研究。他们假设泥料以一定速度全部通过挤出通道并对螺杆上的压力分布进行了数值积分(从常压开始)处理。在螺杆末端，基于公式(2.26)，通过计算模具处的压力可推出泥料通过模具的挤出速率。挤出速率需要与最开始计算时假定的泥料流动速率相吻合，如果两个数据未能吻合，则需调整相应参数直至二者吻合。Burbidge 和 Bridgwater[3]通过该方法准确计算出了挤出机工作时螺杆和模具上的压力分布。

需要注意的是，这种方法应用的前提是在挤出过程中螺杆是被泥料完全覆盖的，并且已知螺杆的有效长度。对于中试挤出机或商业挤出机，这两个前提不能完全保证。很可能出现螺杆未被泥料完全覆盖以及被覆盖部分的长度在不断变化的情况。基于挤出机的给料速率，被完全覆盖螺杆的长度会达到一稳定值。而挤出机的给料速率不同，被完全覆盖螺杆(填充螺杆)的长度也不同。人们可根据模具处压力的大小对覆盖螺杆(填充螺杆)的长度做出判断。因此，模具处的压力可为挤出机的操控提供有价值的信息。

按 Benbow 和 Bridgwater[2]的说法，陶瓷原料的孔体积很小，且质地比较粗糙，吸水性较差。当对陶瓷泥料施加挤出压力时，可使泥料中的水被部分挤出，挤出的水在泥料和螺杆/挤出筒表面之间形成一层薄膜。

与陶瓷原料不同，催化剂原料的质地相对“柔软”，且具有较大的孔体积和比表面积。因此，很有必要对在原料混合、研磨、捏合过程中发生的剪切以及在挤出过程中发生的进一步剪切进行监测，以免催化剂泥料发生过度剪切使其在挤出机筒中发生打滑(泥料和筒壁的摩擦力过小)。泥料和筒壁间摩擦力的大小对于泥料是否能够顺利向前流动及模具处的压力大小至关重要。此外，与陶瓷泥料的挤出相比，催化剂挤出机模具的孔径要小得多。

2.3.2.4 模型3：基于摩擦模型

2.3.2.4.1 基础背景

挤出机、螺杆和泥料间的相互作用可以使泥料在挤出机中向前运动。当泥料最终运动到挤出模具并通过模具孔道时，之间的相互作用就会产生压力。

模型1和模型2中所展示的单螺杆挤出分析是描述泥料在挤出机中流动的较好方法。

增大压力会导致壁面摩擦增大，有些研究会考虑这一点，而有些研究不会对其加以考虑。在料仓贮料研究中，壁面摩擦阻力的影响和壁面摩擦阻力受压力的影响是比较常见的问题。

关于螺杆和泥料的运动，在挤出成型的文献中可能忽略了一个原理，一个与船用绞盘有关的原理。绞盘是一种可以让绳索缠绕在上面的圆筒，它广泛应用在船舶系泊和海上系帆中。这根绳索被连接到另一端，用来承载另一端的负载。绞盘原理也称为绞盘方程或皮带摩擦方程，是在18世纪提出的，并被欧拉-埃特尔维因方程量化。绞盘方程将载重力与滑动点支持力的比值作为绳索与绞盘的摩擦系数和绕绞盘总旋转角度的函数。绞盘的半径对拉力的比值没有影响，只有摩擦系数和总旋转角度对其起作用。

挤出泥料像绳索一样缠绕在螺杆上，在喂料端仅有少量负载，而到模具处螺杆上有非常明显的负载。当泥料沿着螺杆(像绳索绕绞盘一样)向前移动时，它受到的是正压力，而不是像绞盘那样受到拉应力。然而，与绞盘转动会产生力差一样，螺杆旋转过程中也会产生力差，这个原理很可能被研究者忽略。

2.3.2.4.2 欧拉-埃特尔维因方程或绞盘方程

由绞盘方程可得到作用于绳索两个端点的拉力，绳索按一定匝数(旋转的角度用弧度表示)绕在绞盘(圆柱体)上。

绞盘方程是在一定前提下推导出来的，由于绳索和绞盘之间存在摩擦，可防止绳索发生打滑，当作用于绳和绞盘上的力处于平衡时，可推导出绞盘方程。

绞盘方程如公式(2.35)所示，它表示绳索两端力之间的关系(为指数型关系)。因此，有可能在绳的一端(如系泊船)承受较大的拉力，而在其另一端承受较小的力。式中，F_0为系泊点(绞盘)力，F_L为负载端(船侧)的力，μ为绞盘与绳索的摩擦系数，θ为绳索的总转角(以弧度计)。

$$F_0=F_L e^{-\mu\theta} \tag{2.35}$$

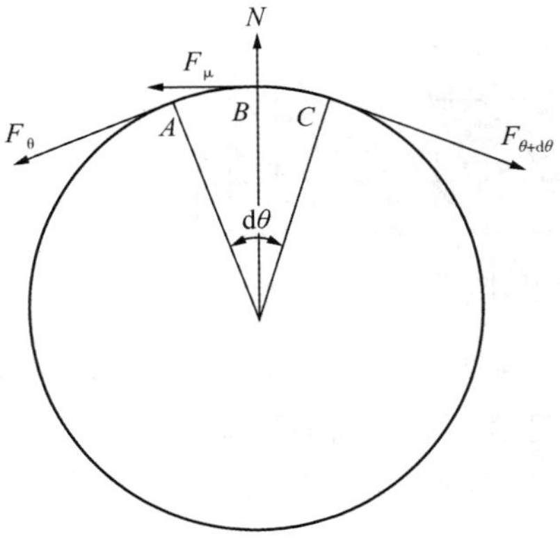

图 2.8　绞盘受力情况示意图

绞盘方程是通过绞盘上的一个微分角 dθ 的受力平衡得到的，如图 2.8 所示。$F_{\theta+d\theta}$ 是绳子负载端上的拉力，F_θ 是绞盘上的拉力，F_μ 是绳子开始滑动时的摩擦力，N 为绞盘对微分绳弧(ABC)施加的法向力，该微分绳弧承受两个拉力。绞盘受力平衡时可得到公式(2.36)：

$$\frac{dF}{d\theta}=\mu F \tag{2.36}$$

对公式(2.36)进行积分，就得到了著名的绞盘方程，并可得到在滑动点(绳索开始滑动)处于平衡状态的力的比值。

事实上，当绞盘合适时，一个婴儿便可利用绞盘防止系泊船漂走。然而，这并不意味着婴儿可以用很小的力牵引一艘系泊的船，因为在这种情况下，摩擦力是相反的。如图 2.9 所示，人们需要很大的力才能通过绞盘把一艘系泊船拉上来。

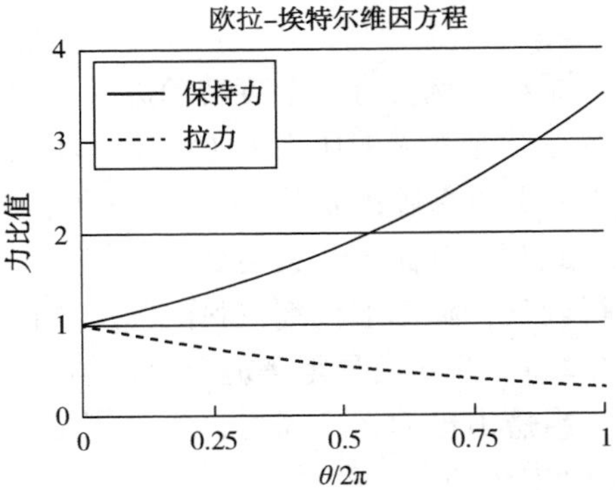

图 2.9　绞盘和系泊船

此外，当绳子的运动速度 v 为一定值时，此时产生的摩擦可用热速率 W_h 表示，其可用公式(2.37)表示：

$$W_h=v\times F_L\times(1-e^{-\mu\theta}) \tag{2.37}$$

图 2.9 为绞盘和系泊船图，可应用于挤出成型研究领域。绳索的拉力可用挤出泥料的压力替代，沿螺杆的摩擦力被在挤出筒表面均匀分布的摩擦力所抵消，而不是被绳子末端所受的力所抵消。当挤出物太干或混合不匀时，就会表现出这种类型的行为。

2.3.2.5　盲板阻碍泥料运动的图示

在挤出过程中，有时模具会发生堵塞，使得挤出物无法从模具孔道中流出。旋转的螺杆不断挤压着泥料，但显然泥料没有向前移动。螺杆和筒体的摩擦力决定了模具压力。由于模具上存在一定压力，泥料被迫在螺槽中不断沿着回流线向后流动(见图 2.10，回流线详见 2.3.2.2.2 节内容)。

在催化剂挤出成型过程中，当催化剂泥料发生剪切变稀时，模具会起到与“盲板”相似的作用(使泥料发生回流)。过度剪切的催化剂泥料会在挤出筒壁产

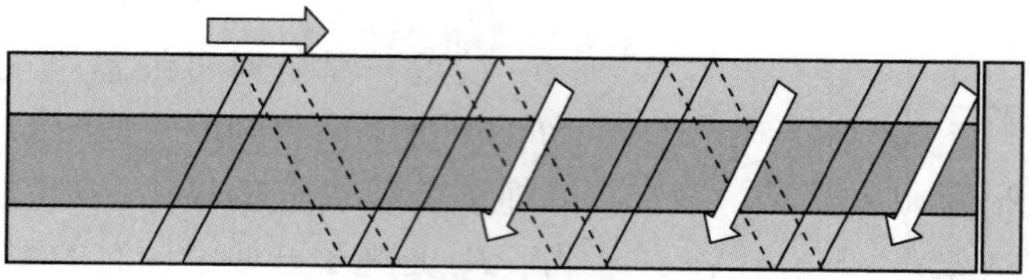

图 2.10　泥料在螺杆中的回流

生一层液膜，会影响挤出体系的压力分布，并不能够产生足够的压力使泥料顺利挤出。过度剪切的泥料开始在挤出筒内抱杆、打滑，无法向前移动。

模具处的压力可近似由绞盘方程(2.35)进行计算。公式(2.38)为决定泥料回流端压力的微分方程。

$$\frac{\mathrm{d}P}{\mathrm{d}\theta}=\mu_c P+\mu_f P=\mu P \tag{2.38}$$

式中，μ_c 为对螺杆中心的有效摩擦系数，μ_f 为对螺槽的有效摩擦系数。

对公式(2.38)积分，可以得到：

$$P_D=P_0 e^{\mu\theta} \tag{2.39}$$

泥料回流会有一个旋转角度 θ。只需几个旋转角度，就可以在堵塞的模具上产生一个非常大的压力 P_D(参比于环境压力 P_0)。因此，在工业生产中需要安装保险开关以保障人员安全。在工业生产中有时会遇到催化剂泥料非常难挤的情况，此时安全保险开关会断开，使挤出机停止运转。此时，亟须对催化剂的配方进行调整，降低催化剂泥料的强度，使其顺利挤出。

2.3.2.6　开孔模具阻碍泥料运动的图示

当挤出机的螺杆固定、机筒绕螺杆转动时，泥料在这样的挤出机(具有开孔模具)中运动会更容易一些，Burbidge 和 Bridgwater[3] 以及其他学者也都支持这一观点。模具随着挤出筒旋转，泥料以螺旋状绕着螺杆向前旋转运动。挤出筒壁与泥料间的摩擦力为泥料向前运动的驱动力，该力能够驱使泥料沿着螺杆向前移动。

当螺槽的角度较小时，泥料很容易沿着螺杆向前移动，随着螺槽角度的增大，泥料向前运动的难度增大；而当螺槽的角度增大到一定程度时，泥料就难以沿螺杆向前运动了，螺杆挤出机也就失去了实用价值。

符号说明

a　加速度(m^2/s)

a'　相关系数($Pa^{-1}\cdot m^3/s$)

b'　相关系数(m^3/s)

D_b　挤出机筒直径(m)

D_{cal}　催化剂焙烧后的直径(m)

D_c　螺杆芯径(m)

D_0　挤出通道直径(m)

D_1　通道直径(m)

D_2　通道直径(m)

D_r　柱塞挤出机直径(m)

D_s　螺杆外径(m)

F　力(N 或 $Pa \cdot m^2$)

F_f　平行于表面的力($Pa \cdot m^2$)

F_N　垂直于表面的力($Pa \cdot m^2$)

F_0　绞盘上的力($Pa \cdot m^2$)

F_L　负载末端力($Pa \cdot m^2$)

g　重力加速度(m^2/s)

H　矩形通道的高度(m)

k　每个模具中挤出通道的数量

K　决定挤出通道形状的因数(m^4)

L_h　螺杆的螺旋长度(m)

L_0　挤出通道的长度(m)

m　泥料质量(kg)

n_1　指数

n_2　指数

N　垂直于表面的力($Pa \cdot m^2$)

N_s　单位时间内螺杆的旋转速度(s^{-1})

O_M　莫尔圆在 x 轴上的位置(Pa)

p　螺杆的螺距(m)

P　压力(Pa)

P_D　堵塞模具上的压力(Pa)

P_0　环境压力(Pa)

P_d　模具泥料侧的压力(Pa)

ΔP　压力降(Pa)

Q　容积率(m^3/s)

R_M　莫尔圆半径(Pa)

R_b　螺杆中的回流质量速率(kg/s)

R_e　挤出质量速率(kg/s)

R_g　几何质量挤出速率(kg/s)

s　挤出泥料的固含量(%)

t　时间(s)

T　施加在平行于表面的力(Pa·m^2)

T_s　最小静摩擦力(Pa·m^2)

T_k　最小动摩擦力(Pa·m^2)

T_l　螺杆纹的厚度(m)

v　速度(m/s)

v_b　挤出筒壁面速度(m/s)

v_c　挤出筒表面处的螺槽运动速度(m/s)

v_∞　终端速度(m/s)

W　矩形通道的宽度(m)

W_h　发热量(J/s)

x　坐标(m)

y　坐标(m)

β^+　集中剪切/屈服应力表达式的参数

δ　液膜厚度(m)

η_b　动力黏度(Pa·s)

η_l　流体动力黏度(Pa·s)

μ　摩擦系数

κ　系数

μ_0　零速度下的摩擦系数

μ_c　对螺杆中心的摩擦系数

μ_f　对螺杆螺纹的摩擦系数

μ_k　动摩擦系数

μ_s　静摩擦系数

$\mu_{k,0}$　接近零速度时的动摩擦系数

ρ_p　催化剂密度(kg/m^3)

ρ_c　焙烧催化剂密度(kg/m^3)

θ　角度(弧度)

σ　正应力(Pa)

σ_0^+　挤出通道的屈服/剪切应力(Pa)

σ_u　单轴屈服应力(Pa)

σ_0　零速度下的单轴屈服应力(Pa)

τ　剪切应力(Pa)

τ_0　零速度下的壁面剪切应力(Pa)

τ_w　壁面剪切应力(Pa)

Ω　横截面积(m^2)

参考文献

[1] Mezger, T. S. (2014). The Rheology Handbook-For Users of Rotational and Oscillatory Rheometers, 4e. Hanover, Germany: Vincentz Network. ISBN: 978-3-86630-842-8.

[2] Benbow, J. and Bridgwater, J. (1993). Paste Flow and Extrusion. Oxford, UK: Oxford University Press.

[3] Burbidge, A. S. and Bridgwater, J. (1995). The single screw extrusion of pastes. Chemical Engineering Science 50 (16): 2531-2543.

[4] Parks, J. R. and Hill, M. J. (1959). Design of extrusion augers and the characteristic equation of ceramic extrusion machines. Journal of the American Ceramic Society 42 (1): 1-6.

[5] Orisaleye, J. I. and Ojolo, S. J. (2017). Parametric analysis and design of straight screw extruder for solids compaction. Journal of King Saud University - Engineering Sciences https://doi.org/10.1016/j.jksues.2017.03.004.

[6] Laenger, F. (2009). Rheology of ceramic bodies. In: Extrusion in Ceramics (ed. F. Händle), 141-159. Heidelberg, Germany: Springer-Verlag.

[7] Winstone, G. (2011). Production of catalyst supports by twin screw extrusion of pastes. Doctorate thesis. University of Birmingham.

[8] Mills, H. and Blackburn, S. (2002). Rheological behavior of γ alumina/boehmite pastes. Chemical Engineering Research and Design 80 (5): 464-470. https://doi.org/10.1205/026387602320224049.

[9] Birley, A. W., Haworth, B., and Batchelor, J. (1992). Single - Screw Extrusion - The Extruder Characteristic. In: Physics of Plastics: Processing, Properties and Materials Engineering. Cincinnati, OH: Hanser.

3 挤出型催化剂的长径比——一项深入研究

3.1 综述

在挤出型工业催化剂的实际生产中，催化剂的长径比是一项非常重要的参数。催化剂的长径比过小会导致反应器内的压降过大，而长径比较大的催化剂因其孔隙率较高，会导致反应器内的填充量较低。催化剂的形状和尺寸取决于具体的应用条件。

在本书中，批量挤出型催化剂的长径比为一批催化剂的平均长径比。长径比也被定义为在所选样品中每个挤出物长径比的算术平均值。

催化剂制造厂厂房结构和所用设备决定了催化剂的制备方法。在催化剂的处理过程(包括加工和运输)中，会因受损而断裂，这称为“自然断裂”。自然断裂不仅会降低催化剂的生产效率，也会浪费资源。因此，将催化剂自然断裂的程度降至最低是催化剂制造厂商追求的目标。在往反应器中装填催化剂时，也会对催化剂造成损伤，通常采用特定的包装方法以及布装填技术精心装填。有时，催化剂的强度较高，不容易发生自然断裂，但其尺寸仍然需要适时调整，调整尺寸的过程称为“强制断裂”。

催化剂的机械强度及其处理过程的严重程度对自然断裂和强制断裂均起决定性作用。

催化剂的机械强度是本书的一项重要内容，因此应采用多种方法来测量挤出型催化剂在自然断裂及强制断裂下的机械强度。本章主要研究了因与表面碰撞引起的挤出物断裂以及固定床层应力影响导致的挤出物断裂，在后文笔者进一步将学到的知识应用于商业工厂，并展示这种方法如何量化操作的严重性以及整个工厂的严重性。

挤出物的弯曲强度，特别是弯曲模式下的断裂力，是挤出物的主要强度特性，弯曲强度可用于对碰撞和应力引起的断裂进行数学建模。

虽然笔者已发表过一些相关的基础研究，但为了便于使用，笔者将其已发表的所有研究及其合作者的相关实验工作全部编入本章。此外，笔者在本章也添加了一些商业制造工厂的应用情况。

本章的目标之一是找到一种方法，以恰当的方式来测量催化剂的断裂及其机械强度，然后将二者结合起来，获得一个基本模型。目标之二是更好地将模型应用于预测商业催化剂挤出物的断裂，并尽可能将其与工厂的结构和设备联系起来。

上述目标适用于催化剂行业，但也适用于其他行业，如食品或制造行业，上述方法比较具有应用价值值得进一步研究。

笔者认为催化剂断裂有两种方式：第一种催化剂断裂是由于与表面撞击或碰撞引起的，由于碰撞挤出物表面的方式多种多样，这种断裂模式非常复杂。此外，表面的软硬度起着主要作用。表面可以是一层挤出物，可以是静止的，也可以是运动的。尽管断裂模式如此复杂，笔者将会证明，可控的实验碰撞与预测挤出催化剂长径比降低的普遍模型之间是存在合理的一致性的。第二种催化剂断裂发生在催化剂处于固定床层应力作用于床层的情况下，尽管物理学是高度复杂和多变的，但开发一个相对简单的数学模型进而预测随着细粉形成催化剂长径比会降低是可行的。

在本书中笔者只考虑样品的平均长径比，并未对催化剂长径比的分布进行深入研究。本书中的所有研究和应用都涉及分布的算术平均值，从材料的代表性样品中确定该平均值非常重要。材料可以是 20g 的样品，也可以是 500kg 的催化剂或装到反应器中的 100000kg 催化剂。

抽取具有代表性的样本是一项非常重要的任务，笔者建议咨询相应的咨询公司或联系能够协助取样的供应商。

3.2 催化剂强度和断裂介绍

关于催化剂强度测量方法的优秀综述可参见 Le Page[1]、Woodcock 和 Mason[2] 以及 Bertolacini 等[3] 的著作，其中有些测试方法已经使用了几十年，但与实际生产相结合的方法较少。因此，在一些公司和已出版的著作中有大量数据，但通常很难查阅。

除了美国材料与试验学会（ASTM）外，试验操作程序有时描述得相当不具体，因此很难对取得的结果进行平行对比。一些公司、机构和专门的分析实验室会进行循环测试，然后对不同机构的测试值进行比较。

Wu 等[4] 和 Li[5] 提出了测量催化剂强度的困难性和建立标准方法的必要性，建立标准方法可能是催化剂强度测量中最重要的一个方面。

催化剂的抗压强度通常通过在一定距离（仪器砧的宽度）内挤压催化剂挤出

物的力来测量，通过重复测量数次，其算术平均值可作为挤出物的抗压强度。挤出物抗压强度的单独测量值分布会比较广泛，这是测量催化剂和催化剂载体时的常见情况。笔者将在第 3.4.3 节中对此进行更多的讨论。

ASTM D7084-04 测试方法描述了整体抗压强度的方法，包括以下几步：

1）将催化剂填充到筒中。

2）在催化剂床层顶部施加一个力，达到特定值。

3）卸除催化剂后，对催化剂样品进行筛分。

4）报告因施加力导致催化剂断裂所获得的粉末。

5）在不同力的水平下使用新的催化剂样品重复该试验，并根据施加的力确定粉末的数量。

选择粉末的数量作为挤压催化剂强度的衡量标准。

近年来，催化剂的弯曲强度也成为人们关注的重点，但尚未得到广泛应用。笔者参考了 Li 等[6] 和 Staub 等[7] 的文献，深入了解了这个问题。弯曲强度的测试方法已经被提出，但该测量是在直径相当大的挤出物上进行的，因此研究超出了本书的范围。笔者认为结果和讨论的重要意义是从本质上理解问题，而不是急于将所取得的部分结论应用于中试工厂或商业工厂。在 Beeckman 等[8] 的文献中，笔者应用了商业催化剂的典型尺寸和形状范围内的弯曲方法，并提出该方法是测量中试装置和商业装置中催化剂强度和抗破损性的实用工具。

1750 年左右，莱昂哈德·欧拉(Leonhard Euler，见图 3.1)和丹尼尔·伯努利(Daniel Bernoulli，见图 3.2)提出了一种数学理论，描述梁在特定力载荷下的弯曲方式，这种认识上的显著飞跃产生了欧拉-伯努利断裂模量的概念。在催化剂

图 3.1　莱昂哈德·欧拉

图 3.2　丹尼尔·伯努利

制备领域，笔者将欧拉-伯努利理论应用于典型商业尺寸和形状的催化剂挤出物，笔者进行了两点支撑的三点弯曲试验，在中间施加了断裂力，断裂模量是弯曲模式下，挤出物最低处能够导致其发生断裂的拉伸应力，如图 3.3 所示，断裂模量（或抗拉强度）的符号为 σ，通常以帕斯卡（Pa）为单位。

最大弯曲应力位于与施力相对的挤出物一侧，也就是挤出物在弯曲模式下发生断裂的一侧。抗弯强度是在足够数量的挤出物上进行的多次测量所得结果的算术平均值。断裂点处的弯曲力值分布广泛，但这恰好是挤出物的一个特征。

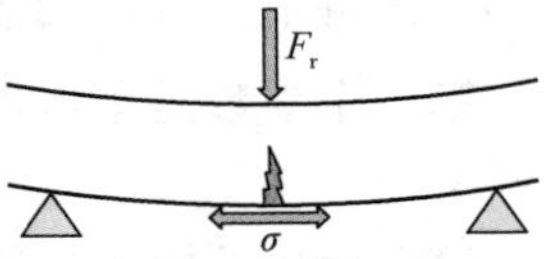

图 3.3　挤压物的三点弯曲

在进行测量之前，必须校准仪器并准备好挤出物。此外，环境空气中的水分对挤出物的强度有影响，需要通过适当的工程设计进行控制。

挤出物的强度取决于组成催化剂挤出物颗粒之间的结合力。这些结合力可能不像人们想象的那样频繁、量大或均质化。例如，断裂点处的弯曲应力位于催化剂的一个非常小的区域，其与施加力的位置相反。该区域的催化剂结构很难被称为"分子尺度上的"同质结构，因此这可有助于解释为何在同一批次的单个催化剂挤出物上测量的强度大小分布非常广泛的现象。

除了催化剂的强度之外，还有催化剂的断裂。在 Papadopoulos[9] 的著作中，研究者描述了固体颗粒与表面的碰撞，并描述了材料的磨损和粉碎。然而，由于微粒呈近似球形，挤出物不太可能出现类似的结果。

Salman 等[10] 和 Subero-Couroyer 等[11] 描述了颗粒与平面之间的类似碰撞，但同样也并不直接适用于挤出物。

关于常见商用挤出物催化剂长径比的数据很少，这可能是因为手动收集长径比的测量数据很烦琐。但如今，该过程几乎完全实现了自动化，因此测量不再是一项挑战。

Bridgewater 等[12,13] 对颗粒破碎进行了全面研究，重点研究了颗粒材料、球状颗粒和挤出物三类材料。然而，研究的挤出物的长径比非常小，超出了典型商业催化剂的范围。

Li[14] 对断裂进行了统计分析，并建立了一个概率模型，用于预测挤出物颗粒的断裂。然而，由于该催化剂是通过压片获得的，该催化剂的长径比也非常小。压片技术是一种在制药工业中得到充分研究和实践的技术。

此外，离散元方法（DEM）为颗粒破碎研究提供了基础的理论。Heinrich[15] 利用 DEM 计算，采用关于弯曲、压缩和剪切的多尺度方法研究了颗粒的断裂和磨损。其他研究人员如 Wassgren[16]、Potapov[17]、Hosseininia 和 Mirgashemi[18]、Potyondy[19] 和 Carson[20] 将 DEM 应用于受力的大颗粒体，并展示了这些力在颗粒之间的分布情况，这种详细方法有助于理解单个颗粒在受力时破碎的机理。

在 Beeckman 等[8,21]的研究中，笔者在碰撞试验中模拟了催化剂断裂，并建立了有限差分模型，用两个物理参数来描述断裂：

第一个参数是在大量相同严重性的碰撞后获得渐近长径比，例如挤压物样品从同一高度多次跌落后样品的长径比，测量每次跌落后样品的长径比。

第二个参数是单次跌落后挤出物样品的渐进长径比，该样品在跌落前长度较长。

笔者使用的模型是启发式的，是一级 Padé 逼近式和 Riccati 方程。笔者已经将该模型应用于严重性条件和严重性排序的简单应用中。

后来，在 Beeckman 等[22]的研究中，笔者利用牛顿第二定律和欧拉-伯努利断裂模量，表达了这两个参数，因此产生了断裂现象的核心无量纲群。

笔者还将弯曲强度应用于固定床装置中受应力影响的挤出物的断裂，笔者使用弯曲强度对长径比进行建模，建立了长径比与应力间的函数关系。正如碰撞一样，定义一个无量纲组来描述固定床中应力引起的催化剂断裂，同时笔者还模拟了在压力下固定床中细颗粒的形成过程。

Wu 等[23]的研究已经证明了固定床断裂的重要性，特别是由于较小的长径比和断裂导致的催化剂床细粒含量增加而导致的压降增加。颗粒破碎方面需要开展更多的研究，研究催化剂的机械强度和物理性能内在变化规律。学习和知识往往是临时的，很少有经验法则存在。对于长径比大于 2∶3 的催化剂，描述典型催化剂因碰撞或在压力下的固定床中断裂时的经验非常少。

3.3 催化剂的机械强度

仔细回顾过去几十年中有关催化剂强度的知识的发展，如何使用这些知识来比较材料，以及如何判断制备催化剂的最佳材料尺寸和形状。

由外力引起的应变体（变形体）将在不同程度上显示拉伸应力，与 σ（断裂时的拉伸强度）相比，处于最大拉伸应力下的物体的面积决定了材料失效或材料断裂。σ 的值代表材料的特性，理论上不是挤出物形状（四叶草或圆柱）、尺寸（直径）或成型方式（挤出物与球形）的函数。

由于催化剂的制造方法可能会影响强度和在生产过程中所经历的许多复杂断裂，因此，明智的做法是将强度作为应用的一个重要特性进行测量。强度测量之间的形式关系，如侧压强度和断裂模量，适用于挤出物和球状催化剂。这些关系都源自弹性理论，可作为比较催化剂强度的指南。

催化剂的抗拉强度决定了它的机械强度，其定义为可垂直于内表面施加的不会断裂的最大应力。这种抗拉强度不一定是单一值，但其取决于催化剂所处的制备过程的阶段。例如，刚挤出和干燥的催化剂通常比焙烧后的催化剂更容易断裂。

此外，焙烧后的载体在浸渍金属溶液时通常会失去强度。湿度和季节性变化也会影响挤出物的断裂。

除了拉伸应力外，变形中的物体还存在剪切应力。碰撞或固定床中应力导致的催化剂断裂基本上是由弯曲引起的；研究表明，拉伸强度决定断裂。

除抗拉强度外，催化剂行业还使用其他强度测量单位。单个挤出物的平均侧压强度表示为牛顿/毫米（N/mm）。另一个是当应力作用于挤出物时的整体抗压强度，以帕斯卡（Pa）为单位。对于球形催化剂，通常使用压碎催化剂的平均力（N）作为强度的度量。虽然所有这些强度变量乍一看都不同，但它们都可以在同一水平上组合在一起，并且在第一近似值中，表示抗拉强度。

更详细地探讨如何确定机械强度度量以及它们之间的关系，在用抗拉强度预测各种催化剂强度时，需要小心谨慎。催化剂的形状和尺寸会影响催化剂实际成型过程中的机械强度。因此，如果有可能测量特定强度特性，则值得采用此方法。

本书记录了挤出物的断裂模量、挤出物的侧压强度、球形催化剂的抗压强度和挤出物的整体抗压强度之间的关系，基于弹性理论的关系在之前的文献中已有记载。它们可作为比较和预测颗粒强度的指南，但由于催化剂制备过程中存在许多复杂问题，它们不应取代单独的强度测量。预测能力确实能够促进对催化剂的机械强度特性的理解和洞察。

3.3.1 挤出物的弯曲强度

弯曲强度是金属和其他建筑材料（如木材和混凝土）的一个众所周知的特性，弹性理论发展得非常成熟，具体可参考 Timoshenko 和 Goodier[24] 的优秀著作。

在三点弯曲试验模式下，断裂模量建立了催化剂挤出物断裂所需的力与催化剂的固有强度之间的联系。图 3.4 是催化剂挤出物在垂直于长轴的外部弯曲力下的示意图。催化剂是一种脆性材料，当负载施加到某一点时会弯曲。释放载荷后，物体将恢复到其原始形状。变形非常小，除非挤出物很长，否则肉眼无法观察到。这种行为即为弹性状态。当荷载进一步增加时，主体弯曲更多，直到达到断裂点，在该点施加的断裂力定义为断裂模量。

在催化剂挤出物中有两个区域，由于弯曲，不同的材料强度特性正在发挥作用。弯曲力施加在挤出物的顶部。在顶部，沿挤出物轴的应力为压缩应力（图 3.4 中箭头相互指向的区域），它与挤出物的压缩强度相反——想象一下将黄页对折。

在挤出物底部施加的力是弯曲产生的最大拉伸应力区域——这意味着最大应力位于所谓的极限纤维中(图 3.4 中箭头相互指向相反的位置)。弯曲力作用于材料的弯曲强度或极端纤维的拉伸强度。

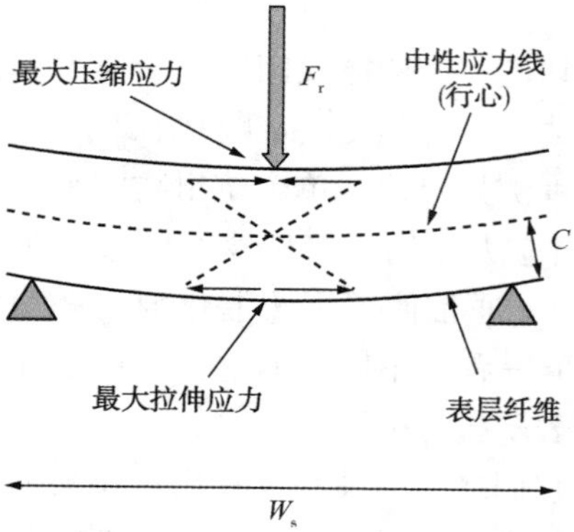

图 3.4　弯曲过程中挤压物的应力区域

沿挤出物横截面的力从挤出物顶部的压缩变为挤出物底部的拉伸，方向相反；因此，存在一条零应力线(称为中性应力线)，其中挤出物既没有施加拉伸力，也没有施加压缩力。

近期，笔者将断裂模量的概念应用于商业尺寸和形状的催化剂，以便定量预测催化剂在固定床碰撞和压缩过程中的断裂方式以及断裂程度。

通过弯曲试验确定了断裂模量，将挤出型催化剂放置在相距 W_s 的两个支撑物上，在两个支座中间施加一个向下的力，并慢慢增加，直到在断裂力 F_r 下发生断裂。式(3.1)计算出直径为 D 的圆柱体的断裂模量 MOR 为：

$$MOR = sF_rW_s/D^3 \tag{3.1}$$

其中，圆柱挤出物形状系数为 8/π。断裂模量等于式(3.2)中的拉伸强度：

$$MOR = \sigma \tag{3.2}$$

表 3.1 列出了几种形状挤出催化剂的形状系数，对于由相同材料和相同质量制成的两种挤出物，方形挤出物断裂所需的力大约比圆柱形挤出物高 70%(16/3π)。存在许多计算各种形状因素的来源；这些形状因素通过机械性能发挥作用，如截面模量、惯性矩和挤出物中中性轴的位置。对于四叶草和三叶草催化剂，文献中没有相关信息，笔者使用 Mathcad 15 进行了数值分析。

表 3.1　所研究的各种横截面的惯性矩、中性轴和形状系数

面心 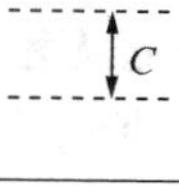	圆柱体 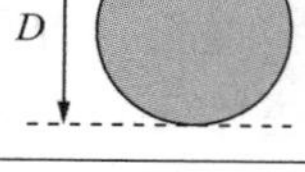	三叶草 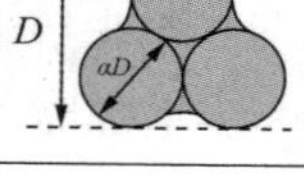	四叶草 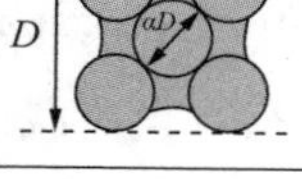	中空圆柱体 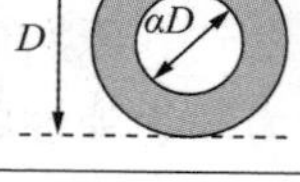	横梁 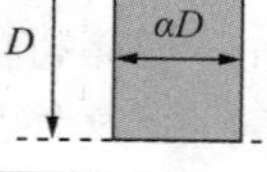
a		$\frac{1}{1+\sqrt{3}/2}$	$1/(1+\sqrt{2})$	$0<\alpha<1$	$0<\alpha<1$
φ	$\pi/4$	$\frac{\pi+4\sqrt{3}}{(2+\sqrt{3})^2}$	$\frac{16+\pi}{4(1+\sqrt{2})^2}$	$(1-\alpha^2)\pi/4$	α

续表

面心	圆柱体	三叶草	四叶草	中空圆柱体	横梁
	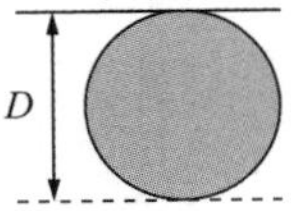	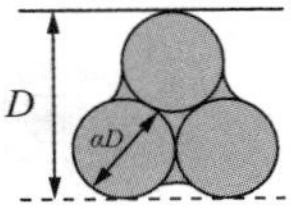	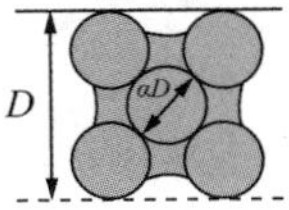	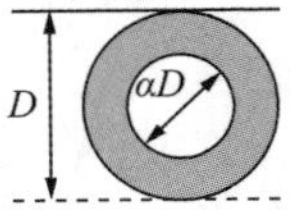	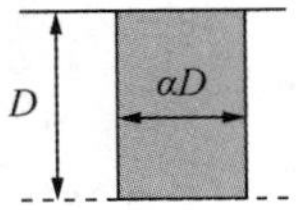
c/D	1/2	$\frac{1+\sqrt{3}}{(3+2\sqrt{3})}$	1/2	1/2	1/2
I/D^4	$\pi/64$	0.0463	0.0567...	$(1-\alpha^4)\pi/64$	$\alpha/12$
S	$8/\pi$	2.282...	2.2046...	$(8/\pi)/(1-\alpha^4)$	$3/(2\alpha)$
ψ	2	1.65	1.81	$2/(1+\alpha^2)$	3/2

来源：由 Wiley 提供，doi：10.1002/aic.15231。

在没有任何分析仪器的情况下，可以收集挤出物拉伸强度的比较信息，如图 3.5 所示，只需收集一些尽可能笔直的标本。在不产生弯曲动作的情况下，沿挤出物的轴缓慢拉动挤出物，直到发生断裂，断裂时施加的力表征抗拉强度的大小。

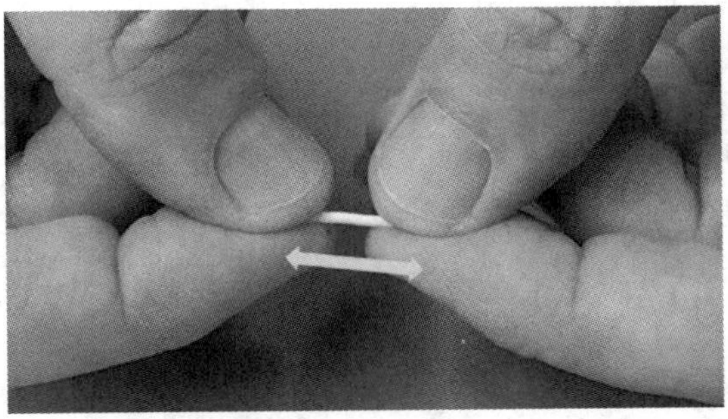

图 3.5　挤出物的手动拉伸强度

3.3.2　挤出物的侧压强度

为了获得催化剂的侧压强度，将挤出物平放在表面上，测量挤出物压碎或断裂时所需的力 F_r，如图 3.6 所示。

为了达到这个结果，将一个特定宽度的砧座以缓慢的速度下降，砧座的方向与挤出物的轴线垂直。压碎挤出物所需的力与砧座宽度之比称为催化剂的侧压强度。铁砧宽度为 1~5mm，公式(3.3)表示为每线性距离的断裂力：

$$SCS=F_r/W_a \tag{3.3}$$

乍一看，挤出物似乎处于压缩模式，没有拉伸应力，但这种解释是不正确的。图 3.7 显示了挤出物轴中心的最大拉伸应力位置，其垂直于作用力和挤出物轴。为了使这个实验形象化，笔者认为可将催化剂挤出物想象成圆柱形弹性材料

（如橡胶），在外力作用下会变形导致横截面为椭圆形，位于椭圆长轴上的材质被其上方的材质拉伸，从而将自身向外推动。

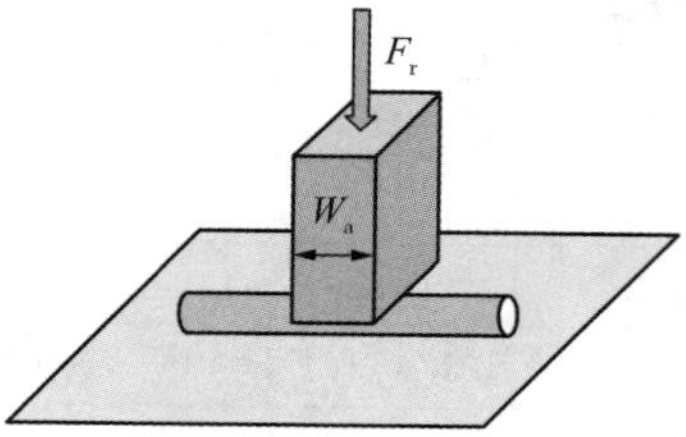

图 3.6　挤出物的侧压强度测量

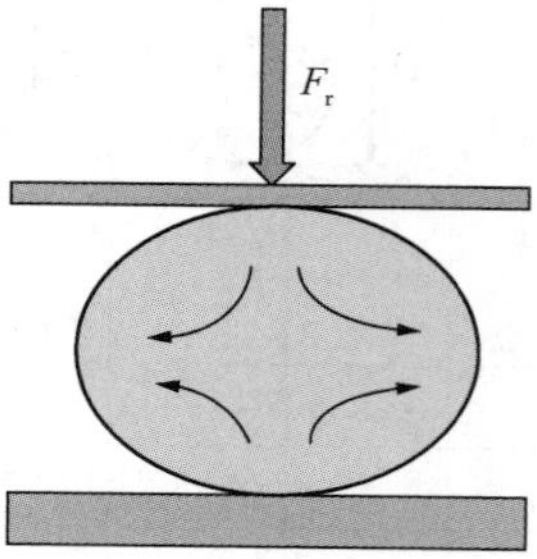

图 3.7　外力作用下圆柱形挤出物的拉伸应力

外力作用使材料沿长轴承受拉伸应力[24]，根据弹性理论，可用等式(3.4)表示圆柱形物体的抗拉强度和断裂应力之间的关系：

$$SCS = \pi D\sigma/2 \tag{3.4}$$

外部参考资料没有给出四叶草挤出物的理论值，笔者将提供一个近似值，说明如何将它与相同直径的圆柱体进行比较。

尤其是当工厂在实施新配方或改进配方时，在实验室观察挤出物抵抗压碎的效果可能会有一定难度。如图 3.8 所示，在没有分析数据的情况下，可以使用带平边的硬币进行手动挤压试验。当然，这种技术非常主观，不会产生数值。然而，在同一人进行操作的前提下，利用该方法可对不同催化剂的断裂强度进行初步判断。

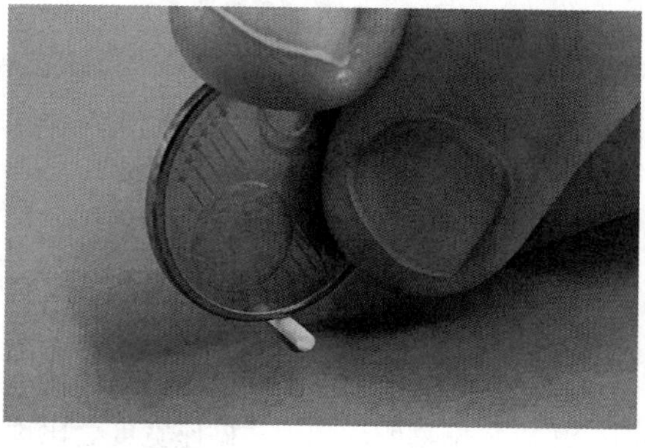

图 3.8　手工挤压挤出物

3.3.3　挤出物的整体抗压强度

整体抗压强度为测量催化剂（圆柱体容器中的浅催化床层）在施加压缩应力

(从床层顶部施加)时的断裂，ASTM D7084-04 详细介绍了该方法。在工业中，作为施加压力的函数产生的粉末量被视为催化剂断裂和强度的象征，同样，笔者认为挤出物长径比 Φ 的下降是另一种表征催化剂在床层中发生断裂的方法。

式(3.5)表示长径比与挤压物的外加应力和拉伸强度的关系[25]：

$$\Phi = \Psi(\sigma/sP)^{1/3} \tag{3.5}$$

其中，s 为挤出物形状因子；Ψ 为一因子，值为 61/6 或大约为 1.35。式(3.5)也可用长径比和施加应力 P 计算催化剂的抗拉强度。

3.3.4 球的抗压强度

在图 3.9 中，当向球形催化剂施加压碎力 F_r 时，最大拉伸应力位于球形催化剂的中心。Le Page[1] 就该主题发表了一篇意义深远的文章。当施加在球体上的应力达到球体的抗拉强度时，球发生破裂。球体的抗压强度，称为 CSB，是在两个坚硬的平行表面之间挤压球体的力。式(3.6)表示其与抗拉强度的关系：

$$CSB = F_r = \pi D^2\sigma/2.8 \tag{3.6}$$

在理论上，球形催化剂的抗压强度与其直径的平方成正比。

3.3.5 杨氏弹性模量

杨氏弹性模量，也称为杨氏模量，用于测量挤压物的硬度，也以帕斯卡(Pa)为单位，弹性模量是应力-应变曲线的斜率，应力以帕斯卡(Pa)为单位，而应变是物体的部分变形。

式(3.7)计算了三点弯曲试验中任意但等截面梁的弹性模量：

$$E = \frac{Fw^3}{48I\delta} \tag{3.7}$$

其中，F 为作用在两个支撑点之间的实际力，两个支撑点之间的间距为 w，I 为表 3.1 中给出的挤出物惯性矩，挠度 δ 为中心点处的实际测量挠度，如图 3.10 所示。

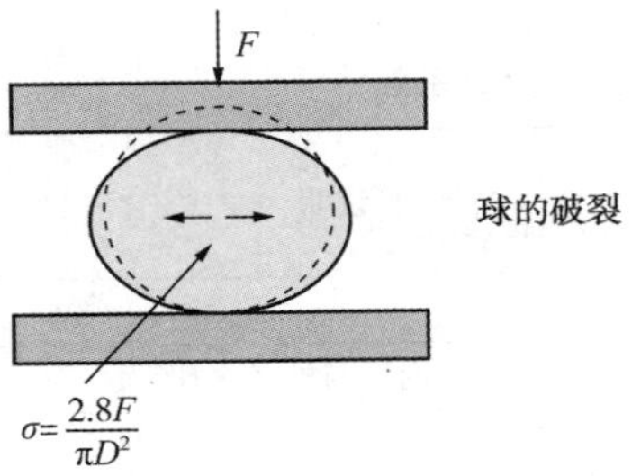

图 3.9 球的抗压强度

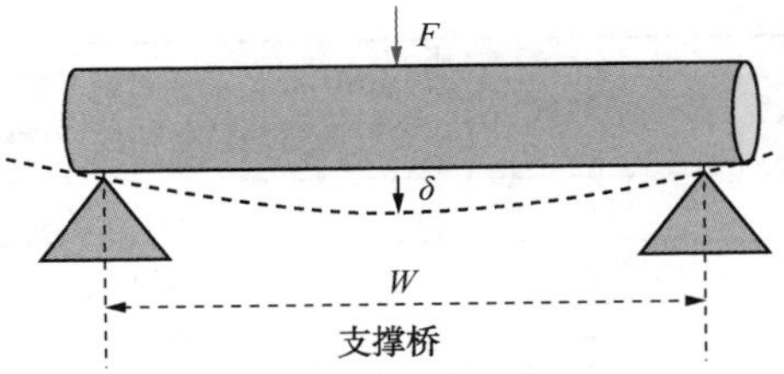

图 3.10 三点弯曲试验的杨氏弹性模量

Instron 软件只有两个硬编码的横截面形状设置——矩形横截面梁或圆形横截面梁，并根据这些设置计算杨氏弹性模量。笔者建议使用圆柱体形状作为 Instron 输入，表 3.2 中的校正系数用于除圆柱体以外的形状。

3.4 机械强度的测量实验

3.4.1 弯曲强度或断裂模量仪

笔者利用 Instron 5942 型单列桌面系统(见图 3.11 和图 3.12)，并结合 Instron 的 Bluehill 3 软件，收集和处理实验数据。5942 型系统的优点是体积较小，非常适合在实验室使用。该系统包括一个带有控制器的承载架、一个称重传感器、一个夹具(图 3.13 所示为一个铁砧以及微型三点弯曲夹具)和软件。

图 3.11 Instron 5942 型单列桌面系统

图 3.12 Instron 5942 通用视图

该系统有两个 2530 系列测力传感器：测力能力分别为 10N 和 50N。基于 Instron 网站，对于 100%~1%的称重传感器容量范围内的负载，两个称重传感器的线性度等于或优于±0.25%。

表 3.2 基于 Instron 值计算的 E 校正系数

挤出物形状	Instron E 至催化剂 E 的倍增转化系数	说明
圆柱体	1.0	
中空圆柱体	$1/(1-\alpha^4)$	α 是内径与外径之比
四叶草	0.86	
三叶草	1.06	

续表

挤出物形状	Instron E 至催化剂 E 的倍增转化系数	说明
矩形梁	0.59/α	α 是梁的宽度与高度之比(施加在梁宽度上的力)
六边形	0.82	

大多数测试使用10N称重传感器，图3.14显示了系统的控制器，控制器负责传感器和计算机之间的通信。加载帧本身包含帧、接口板、连接机箱各电器部件，能够实现与控制器的通信。通过Bluehill 3软件进行测试参数的选择、系统操作和数据收集。该软件可为每个用户指定方法，例如可根据样本差异(如形状和直径)定制参数。

图3.13 铁砧及微型三点弯曲夹具

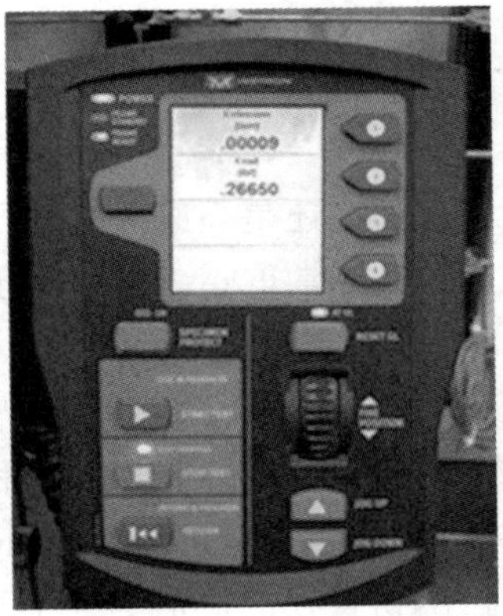

图3.14 Instron 5942 控制器

制定的操作规范还包括铁砧速度的选择、支撑跨度的长度、数据收集率、测量和计算的选择以及给定试样试验结束的确定。操作员可以选择实时显示和报告选项。在样品测试期间，操作员将挤出物放置在三点弯曲夹具上，并通过单击鼠标或按下控制面板上的“开始测试”按钮开始测试。使用控制面板上的Jog Up/Down和Fine position功能，可以轻松控制十字头上砧座的起始位置，并且可以将其设置为单个试样之间的重复返回点。

当检测到操作员指定的挤出物开始断裂时负载减少，十字头返回其起始位置，系统准备下一个样品。Instron 5942型系统的安全功能包括一个紧急停止按钮和手动设置的限位装置，以防止意外情况的发生。

3.4.1.1 应变率灵敏度

笔者发现，在高砧座速度下测量的断裂应力对应变率敏感，这意味着挤出物破裂时的力取决于砧座的速度。当砧座速度等于或低于2.5cm/min时，可认为力是恒定的。在 2.5cm/min 以上，随着砧座速度的增加，断裂率降低。

例如，图 3.15 显示了断裂模量与砧座速度倒数间的函数关系。从实际出发，最好使用 1.25cm/min 作为标准砧座速度。早期，笔者与其合著者[21,25]在一台旧仪器上开展了一些研究工作，比较了在低砧座速度和高砧座速度（25.4cm/min）下 Instron 上的断裂模量值，结果表明，低砧速下的断裂模量值约为高砧速下观察到的断裂模量值的五倍。对于大多数催化剂而言，结果近乎都是五倍的因子。

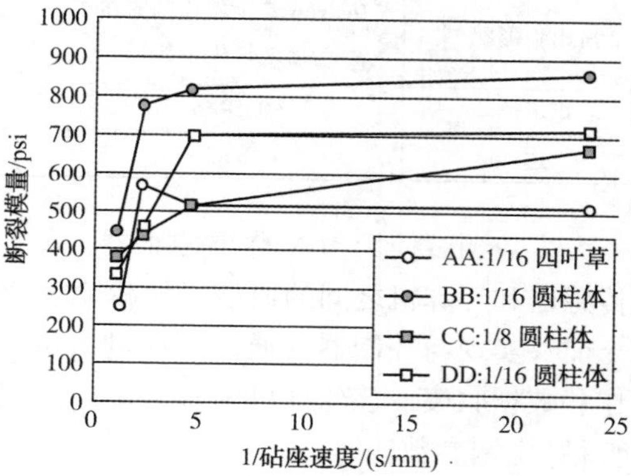

图 3.15 断裂模量随砧座速度（5mm 桥宽）倒数的变化（催化剂直径以 in 为单位）

无论是低速还是高速，都必须以一致的砧座速度进行分析，但最好是低速。仪器的质量控制非常重要，经常校准和年度检查将有助于获得准确度较高的数据。

3.4.1.2 桥宽灵敏度

支撑桥的宽度是三点弯曲试验支撑点之间的距离，可以将距离设置为 3mm、5mm 或 7mm，笔者更倾向 5mm 和 7mm 的设置，并将 5mm 作为标准，笔者认为此距离不会产生操作问题。此外，在此设置下，对于直径为 1.6mm 的挤出物，间隙与挤出物直径的比值为 3.1。对于较粗的挤出物，例如直径为 3.2mm 的挤出物，笔者更倾向于间隙直径比为 2.2 的 7mm 挤出物。

图 3.16~图 3.18 显示断裂模量是相当恒定的，且与间隙无关，符合欧拉-伯努利方程。断裂应力本身对间隙非常敏感，并且与间隙宽度存在双曲线关系。

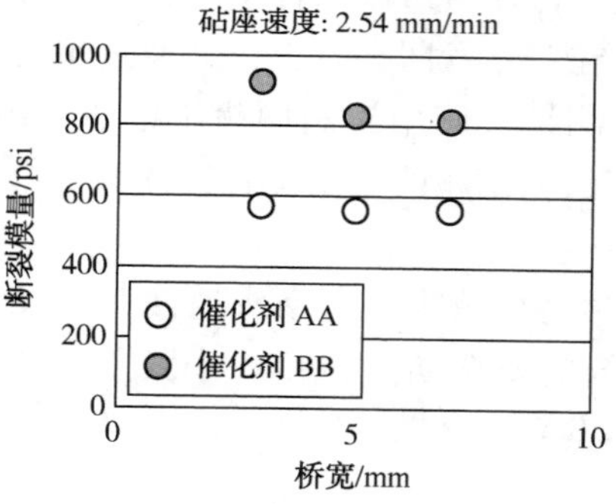

图 3.16 砧速 2.54mm/min 对支撑跨度（桥宽）的影响

3.4.1.3 挤出物长度的影响

笔者也探究了样品的实际长径比是否对断裂模量有影响，当然，在样品处理过程中，较长的挤出物保持了很好的长径比，因此，较长挤出物的机械强度将比样品的平均强度更高。从长径比的角度可以类似推出较短挤出物的机械强度比平均强度更低。

那么，问题出现了：断裂模量是取样挤出物长度的函数吗？为了回答这个问题，

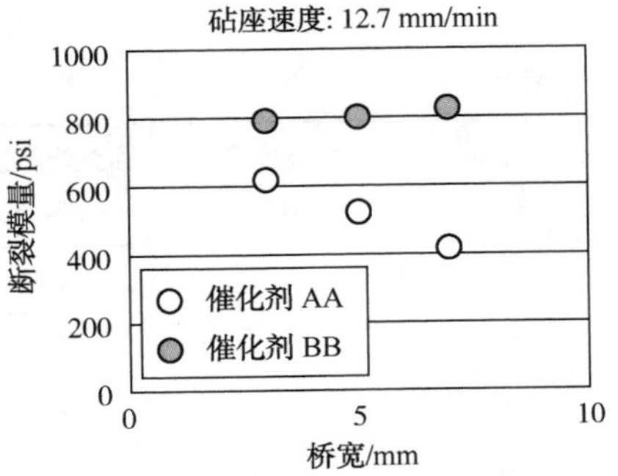

图 3.17　砧速 12.7mm/min 对支撑跨度(桥宽)的影响

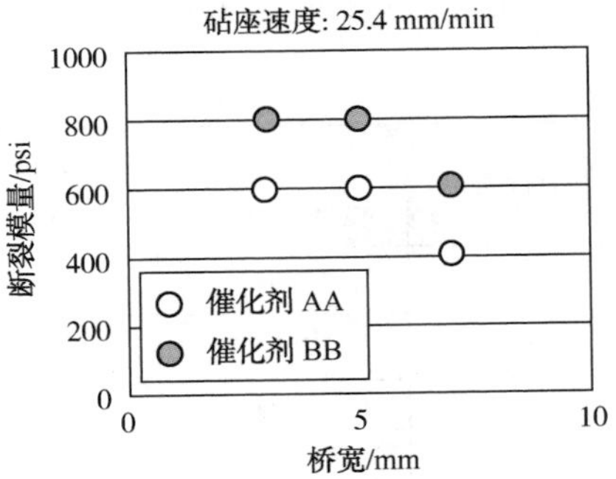

图 3.18　砧速 25.4mm/min 对支撑跨度(桥宽)的影响

笔者开展了探究。选择一些挤出物样品，并将其分为较长样品和较短样品。较短样品能够通过 14 目筛；较长样品能够通过 12 目筛，但无法通过 14 目筛。随后测量这些样品的断裂模量、断裂应力和杨氏弹性模量，结果见表 3.3。挤出物样品的长度不会影响强度特性的测量值，前面提到的偶然数据点通常无效。值得注意的是，如果制备的催化剂或材料不均匀且强度分布较宽，具有许多缺陷，可能会产生本节第一段中提到的效果。

表 3.3　商用圆柱形催化剂样品(直径 1.59mm)

Φ	断裂应力/N	断裂模量/MPa	杨氏弹性模量/MPa
5.4	4.62	14.8	615
3	4.66	15.0	589

3.4.1.4　断裂模量重现性

图 3.19 显示了试验重复性随时间的变化。从表 3.4 可以看出，试验的重现性良好，三分之二样品的平均值在 ±14% 范围波动。

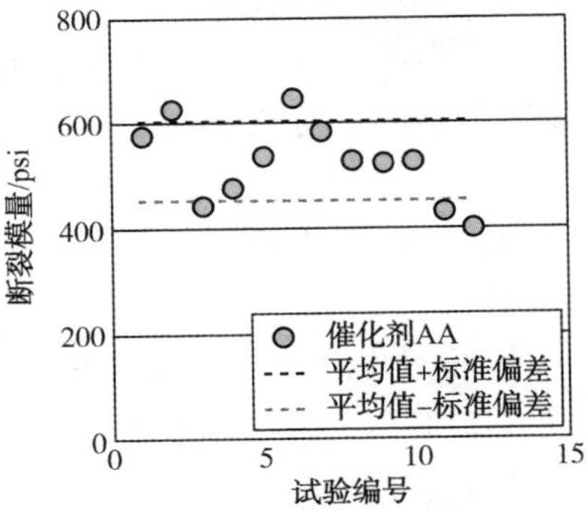

图 3.19　*MOR* 重复性

测量的挤出物沿长度轴方向会存在一定程度的弯曲，弯曲可能明显，也可能几乎看不见。根据桥的宽度和挤出物的长度，将挤出物放置在桥上时会自然处于最稳定的状态。因此，比支撑桥长得多的圆柱形挤出物最终会弯曲向上。而对于长度足以跨越桥但没有太长的圆柱形挤出物，其最终会向下弯曲。向上弯曲的挤出物可能比向下弯曲的挤出物表现出更大的断裂力。

表 3.4　重复性研究结果

测试序号	速度/(cm/min)	跨度/mm	最大负载/N	断裂模量/MPa	称重传感器/N
1	2.54	5	1.44	3.98	10
2	2.54	5	1.55	4.27	10
3	2.54	5	1.11	3.05	10
4	2.54	5	1.19	3.27	10
5	0.254	3	2.26	3.73	10
6	1.27	3	2.70	4.46	10
7	2.54	3	2.43	4.01	10
8	0.254	5	1.32	3.64	10
9	1.27	5	1.31	3.62	10
10	0.254	7	0.94	3.64	10
11	1.27	7	0.77	2.98	10
12	2.54	7	0.71	2.73	10
			平均值	3.62	
			标准差	0.50	

注：四叶草形挤出物(直径1.55mm)，催化剂AA。

在测量挤出物的弯曲强度时，上述的自然状态是不可避免的，除非在测量前对挤出物进行挑选。但如果希望获得弯曲强度变化的真实值，则建议不要对挤出物进行挑选。

3.4.1.5　湿断裂模量

笔者尝试在测试之前弄湿挤出物，以确定其是否对断裂模量有影响，笔者猜想该实验有助于对离子交换和商业工厂中的液体浸渍过程选择合适的催化剂长径比。

为了验证上述猜想，笔者基于以下程序比较了“干”挤出物和“湿”挤出物的断裂模量：

1）准备两份相同样品，在空气中对其进行焙烧，以3℉/min的升温速率升高至1000℉，然后在该温度下保持1h。

2）完成焙烧后，在 N_2 保护下立即在Instron上测试干燥样品。

3）将要润湿的样品放置在含有去离子水的干燥器中过夜润湿处理。

4）从干燥器中取出湿化后的样品，并将其放置在含有湿软支撑材料的容器中。

5）将去离子水滴到样品上，直到样品变湿。用胶带将盖子密封在容器上，并将样品放置一个多小时。

在测试期间，盖子放在容器上，不加 N_2 保护气。

实验结果见表 3.5，经润湿催化剂的断裂模量降低了 20%左右。对于其他催化剂，其断裂模量可能多一些，也可能少一些，在商业离子交换或浸渍之前测量挤出物的湿断裂模量是明智的。要注意，实际浸渍液的交换和浸渍可能会产生更大的影响，因为这些浸渍液的 pH 值可能是非中性的，可能会进一步弱化黏合剂或活性相。

表 3.5 “湿”与“干”断裂模量

项目	断裂应力/N	断裂模量/MPa	杨氏弹性模量/MPa
干	1.21	3.34	353
湿	1.01	2.78	306

注：催化剂 AA；砧座速度 0.2mm/s；桥宽 5mm。

3.4.1.6 断裂模量报告

图 3.20 是一份典型的报告，列出了四叶草形挤出物的最大载荷、计算的断裂模量和杨氏弹性模量，报告采取非公制单位[1 英寸(in) = 25.4mm，1 磅力(1lbf) = 4.45N，145 磅力平方英寸($1lbf/in^2$) = 1MPa]。图中显示了测量值延伸，该延伸非常小，约为 1in 的千分之二。值得说明的是，杨氏弹性模量与上升力和应变曲线的斜率成正比，在不同样品中都是相当恒定的。

以试样 12 为例，仪器报告的 Instron 断裂模量为 1008psi，杨氏弹性模量为 63000psi(粗略计算)，结果如图 3.20 所示。对于杨氏弹性模量的计算，软件默认挤出物为圆柱体。

对于断裂模量，结果如下：

破裂力(F) = 0.5686 磅力(lbf)

形状系数 s(四元) = 2.20(见表 3.1)

桥宽度(L) = 5mm = 0.197in

直径(D) = 1/16in

断裂模量为 $s \times F \times L / D^3 \approx 1009$psi(与图 3.20 所示数值几乎一致)

对于杨氏弹性模量，结果如下：

图 3.20 中上升部分的斜率 = (0.58lbf)/(0.0443−0.0422)in = 276lbf/in

桥宽度(L) = 5mm = (0.5/2.54)in = 0.197in

挤出物半径(R) = (1/16in)/2 = 0.031in

样品	最大负载/lbf	断裂模量/psi	杨氏模量/psi	样品	最大负载/lbf	断裂模量/psi	杨氏模量/psi
1	0. 2224	394. 4709	52317. 78733	15	0. 0952	168. 8623	25243. 86399
2	0. 3759	666. 7147	49114. 35792	16	0. 1687	299. 1885	38454. 71466
3	0. 1322	234. 5332	20799. 61631	17	0. 3062	543. 1682	63003. 93149
4	0. 4023	713. 6626	57337. 99941	18	0. 1299	230. 4667	39138. 11505
5	0. 4019	712. 9948	55858. 49030	19	0. 2429	430. 9302	50777. 73460
6	0. 2104	373. 1438	49375. 89648	20	0. 1299	230. 4583	29487. 60534
7	0. 2450	434. 5604	55939. 56052	21	0. 1637	290. 3108	47206. 76494
8	0. 1180	209. 2925	43022. 92650	22	0. 5452	967. 1774	62016. 28157
9	0. 4904	869. 9615	64782. 03840	23	0. 1509	267. 6368	64423. 55003
10	0. 3836	680. 3971	48830. 66682	24	0. 1308	231. 9489	33393. 83650
11	0. 3408	604. 5298	70396. 28880	25	0. 3080	546. 3337	65800. 33401
12	0. 5686	1008. 6680	62867. 88301	平均	0. 2722	482. 8549	49938. 87603
13	0. 2967	526. 2983	50745. 07853	标准偏差	0. 1378	244. 4382	12992. 38389
14	0. 2456	435. 6625	58136. 57411				

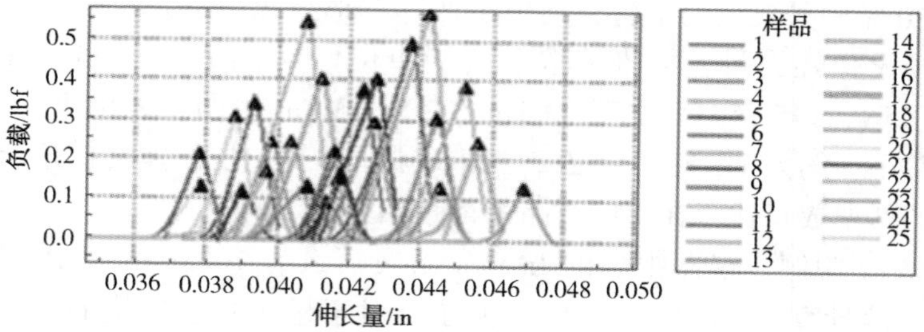

1N=0.225lbf
1MPa=145psi

图 3. 20 Instron 断裂模量报告

杨氏弹性模量(E)= 斜率×L^3/(12×3. 14×R^4)= 60700psi(考虑到斜率的粗略估计，与图 3. 20 所示 62867psi 样品 12 的值一致)。由于挤出物为四叶草形，因此真实 E 值将降低 0. 86 倍(见表 3. 2)。

3. 4. 2 侧压强度、球的压碎强度和整体压碎强度

笔者已对侧压强度、球的压碎强度和整体压碎强度进行了大量的研究，并提供了 ASTM 程序。有趣的是，催化剂的侧压强度、球的压碎强度和整体压碎强度与催化剂的抗弯强度以及最终的抗拉强度是一致的。图 3. 21 比较

了四叶草形挤出物的侧压强度与断裂模量的函数关系，图 3.22 为圆柱体挤出物的对照比较。

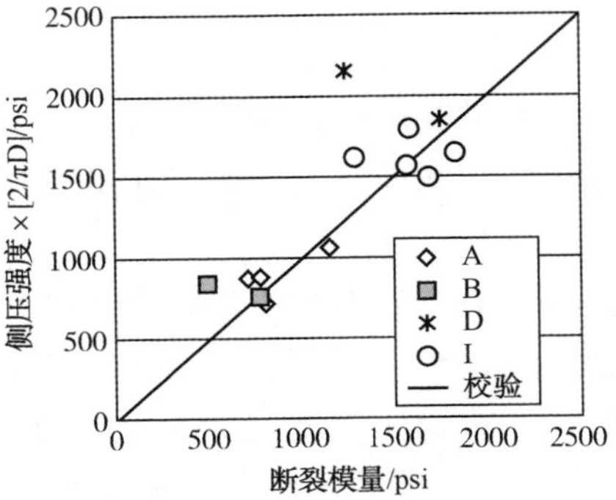

图 3.21　四叶草形挤出物的侧压强度随断裂模量的变化（1MPa=145psi）

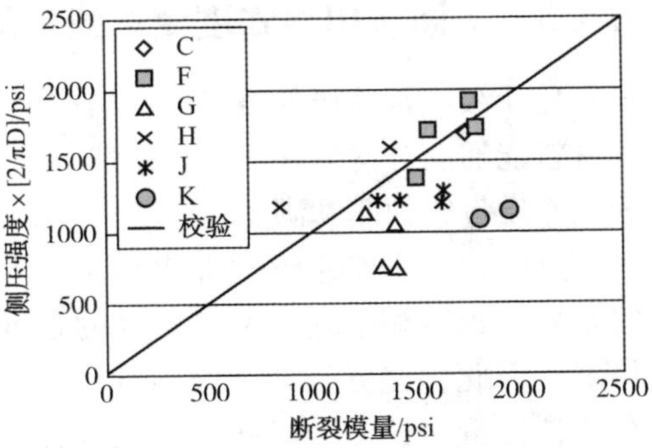

图 3.22　圆柱体挤出物的侧压强度随断裂模量的变化（1MPa=145psi）

如前所述，由于没有外部参考，笔者将四叶草形挤出物类比为圆柱形挤出物，该类比是比较准确的。在预测中，大多数结果看起来都很符合预期，但也有一些不符合（高或低），如果不进行测量，就不可能做出这些预测。表 3.6 比较了挤出物和直径为 1.59mm 的球状催化剂的断裂模量、侧压强度和压碎强度。

表 3.6　不同断裂模量下挤压物和球状催化剂强度的比较

断裂模量/MPa	侧压强度（N/mm）	压碎强度/N
	1.59mm 圆柱体	1.59mm 球体
3.45	8.6	9.8
6.90	17.1	19.5
10.34	25.7	29.3

该比较是基于前文等式中［式（3.4）和式（3.6）］给出的相关性计算得出的。对于球状材料，目前没有直接数据能够建立与圆柱体挤出物之间的比较，但其压碎力在典型值范围内。

断裂模量是挤出物在断裂点产生的弯曲强度，断裂模量是材料的物理/机械特性，与挤出物的形状和尺寸无关。它是以压力或应力为单位测量的尺寸特性。断裂模量对催化剂制备过程中所涉及的能够影响挤出物弯曲强度的很多方面都很敏感，其中包括化学组成、配方、挤出机条件和挤出物质量，以及后处理过程，如干燥和焙烧等。在这方面，断裂模量是一种理想的工具，可以帮助商业工厂排除故障，或者从长径比的角度将催化剂生产从实验室和中试工厂推向商业制造。

3.4.3 不同挤出物强度变化的推测

公斤级或百吨级的挤出物严格按照配方生产，并在严格控制下实现挤出。这些材料能够混合均匀并被均匀制造，因此，中试工厂和商业工厂的操作员对他们的工作质量感到非常满意。

然而，在实验室评估催化剂时，不同的挤出物的机械强度会显示出相当大的差异。很难相信这一种挤出物的强度会比另一种挤出物的强度要弱得多或强得多。因此，究竟是什么原因导致挤出物断裂力的变化如此之大？笔者推测，在断裂模量测试中，沿挤出物长度方向的砧座位置会显著影响断裂挤出物所需的力，主要是因为沿挤出物长度的特定位置的断裂力是从强度分布中得到的。通过稍微改变铁砧的位置，仪器就会记录样品的另一个强度值。笔者认为，稍微移动砧座的位置，会改变断裂力的大小，进而影响挤出物机械强度的强弱。

在单个挤出物中，笔者认为改变砧座的位置会产生不同的断裂力测量值，但强度值的分布是不变的。因此，归根结底，笔者认为实验室和工厂的操作都是正确的。实验室测量挤出物的强度分布及其变化，而工厂生产的催化剂具有一致且恒定的强度分布。

对于弯曲强度测量而言，由于测量时具有破坏性，因此不可能经常去检验这种推测。然而，在侧压强度的测量上也会产生同样的差异。从研究的角度严格来看，如果有一个支撑平台可以准确地将砧座的接触点移动微米距离，那么就能够实现无损测量，而砧座宽度可从 3mm 更改为 1/100mm，并沿挤出物轴每隔 1/10mm 进行测量。此外，很有必要保持砧座对挤出物产生非常小的穿透力(例如 1/100mm)，并记录施加的力。笔者认为，上述研究是一个非常有趣的实验，应该得到基础研究者的关注，会对未来仪器的设计与开发产生较大影响。

3.5 碰撞断裂

3.5.1 背景

在催化剂制造过程中，催化剂挤出物会历经各生产工序，并满足工厂各单元设备的要求。单元设备的设计已有多年历史，并且多年来一直在优化。在挤出物从一台设备转移到另一台设备的过程中，会受到不同方式不同程度的破损，包括挤出物与设备本身发生碰撞引起的断裂和挤出物与相邻挤出物碰撞引起的断裂。

催化剂的传输通常需要将催化剂挤出物从带式干燥机传送到传送带或从传送带倒入斗式提升机中，这种操作均涉及催化剂的传输。此外，将催化剂由斜槽进料方式转移至回转焙烧炉或固定床焙烧炉等设备也是传输催化剂的常见做法。

在传输过程中，催化剂会发生断裂，并伴随着长径比的逐渐降低。在催化剂的筛分和整形过程中，通常要将尺寸较大的挤出物和低于规格要求的颗粒(灰尘、碎片和细粒)进行分离，这也是催化剂单元操作的一个典型例子，也会对催化剂造成一定程度的破坏，也可使挤出物发生断裂，使长径比降低。

当催化剂挤出物特别坚固时，可以使用锤磨机使催化剂发生断裂，根据客户的具体要求降低长径比。

挤出物长径比的逐步减小可能看起来很小，但累积起来，最终可能会导致挤出物的长径比不能满足产品规格要求。在这种情况下，催化剂制造厂不仅会有产品损失，还需花费人力和财力去努力解决这个问题。

催化剂从一台设备传输至另一台设备的过程中，其长径比会表现出瞬时行为。如果催化剂第二次通过该设备，它可能会再次发生断裂，长径比变得更低，但观察到的第二次断裂会比第一次断裂少得多。也有一些情况，挤出物长径比的变化很小，更多发生的是催化剂磨损。由于长径比渐近于一个极限值，这种行为称为渐近行为。只有在标准化催化剂且断裂条件非常具体的实验基础上，才能正确模拟渐近行为。这些实验揭示了长径比在每个步骤中的瞬时行为，直到它最终转变为渐近行为。

在笔者之前发表的研究文章[8,21,22,26]中，建立了长径比的下降与挤出物的弯曲强度之间的联系，重点研究了催化剂与表面的反复碰撞或催化剂固定床的应力引起的断裂。

弹性理论适用于催化剂的变形和断裂，欧拉-伯努利梁理论的一个自然结果是弯曲到断裂点会产生断裂的概念。这个断裂点在桥梁和建筑物的设计中具有巨大的价值，它可以帮助确定和量化结构在不发生故障的情况下能够承受的载荷，尽管人们可以将相同的概念应用于催化剂挤出物的弯曲强度，但参考文献很少，也不是制造厂技术中心教授的典型课程之一。迄今为止，侧压强度和整体抗压强度已被作为强度的衡量标准。试图将催化剂长径比与这些强度测量值关联起来的数据是庞大的，但它们也具有临时性和分散性，并且缺乏一般的相关性。

笔者开发了一个双参数模型，用于预测由于碰撞破坏而导致的催化剂挤出物长径比的降低，正如在碰撞试验中所经历的一样。可以将模型中定义的两个参数与挤出物的强度和跌落试验的严重性关联起来，因为这两个参数本质上都是渐进的。对于由碰撞引起的断裂，模型揭示了挤出物的长径比将按照二级或伪二级断裂定律下降。

将模型应用于严重性排序和严重性制约的案例，揭示了预测长径比非线性的行为，通常情况下产生的结果并非直观，如果没有进行具体工程分析的能力，很难获得这些结果。

催化剂的长径比是一个临界值，通常最小规格约为2~3，且通常根据工厂对特定催化剂的经验或应用情况来设置。有时，工厂投入宝贵的时间和原材料来改善长径比，但结果有时好坏参半。将技术从实验室转移到工厂需要根据实验室或中试挤出机的数据进行现场实施。这些材料在实验室或中试制造过程经全面测试和检查，但商业催化剂的长径比具有难以预先确定的特点。商业催化剂需要满足许多规格和条件，长径比只是其中之一。如果在实施过程中长径比不符合这些规范，那么时间和经济成本将由制造商承担。

通常，除了接受侧压强度或整体抗压强度作为针对长径比减小的弹性指导外，别无选择，但这可能是误导。目前，商业催化剂的长径比只能在实施过程中获得。如果长径比大于4，在以后的工业制造操作中通常不会出现问题。对长径比小于4的催化剂，人们担心最终的催化剂在生产活动中不符合要求，因为存在多种因素，例如：

1）特定的制造场地。

2）储存/焙烧时可能进行双重处理。

3）尺寸和筛分设备。

4）斗式提升机和溜槽、分配锥和焙烧炉中的跌落碰撞造成的长径比损失。

5）环境温度和湿度。

6）人为因素。经验丰富的机组人员和操作人员在如何处理长径比问题上可能会有不同的看法。

上述所有因素都增加了难度，扩大了催化剂长径比的可变性，并使得从长径比的角度可靠地估计结果变得异常困难。长期以来，预测挤出型催化剂的长径比一直是一个问题。到目前为止，虽经许多努力但都未能将其与可独立测量的催化剂性能关联起来。通常情况下，催化剂制造厂有非常具体且受严密保护的商业机密和技术诀窍，这些机密和技术诀窍是多年积累下来的，用来处理催化剂以获得不同等级的长径比。因此，确定一种方法和工具，使专业人员能够从长径比的角度量化催化剂的结构强度，并能够扩大规模，这将是非常有益的。

此项技术可以进一步推广应用于催化剂再生质量控制，其中非原位/原位程序可能导致催化剂在再生和重新装入反应器期间发生断裂。本章还讨论了实验室跌落测试的建模工作，在跌落测试中，各种形状和尺寸的挤出物从不同高度落到硬的表面上，然后分析跌落后挤出物的长径比。利用离散有限差分方法进行建模，并采用含两个参数的一级 Padé 近似。这种建模工作仅是一级近似值，表示因反复碰撞表面而产生的碰撞力导致的催化剂长径比的变化。

3.5.2 挤出物断裂的数学模型

3.5.2.1 实验

在工业生产中，挤出催化剂的长径比是一个重要变量，为了使这个变量在可接受的范围，往往需要付出大量的努力。对于挤出催化剂，截面的直径和形状基本上是固定的，但仍然需要密切监测，因为在挤出过程中，挤出模具会出现磨损。此外，商用模具的磨损不总是均匀的，需要操作人员或技术人员密切注意。

最终交付给客户的催化剂的长度是多种多样的，通过设置挤出物的平均长径比的规格以及通过控制生产中的细料和余料，可以控制挤出物的长度。当挤出物的长径比过大时，选择在最恰当的时间和地点对其进行再次加工。挤出物断裂过程中产生的细小颗粒是灰尘和催化剂碎片，也可以是很短的挤出物。细小颗粒被筛出后，可以重新加工或作为废物并做后期处置。催化剂制备中产生的固废是一种损失，因此需要密切监控，以尽量减少对生产的影响。

催化剂的长径比是从整个催化剂样品中抽取约 200 个挤出物样品通过光学扫描，然后将扫描信息传输到 Alias 分析软件，确定每个挤出物的长径比，然后计算它们的算术平均值或所有挤出物的长径比。Beeckman 等[26] 在《可视化实验杂志》(Journal of Visualized Experiments，JoVE)上发表的一段视频完整地展示了这一过程，谷歌搜索 Beeckman JoVE 或 doi：10. 3791/57163 可以轻松了解该过程。

挤出和干燥后，催化剂会经历多次不同高度的跌落。每一次跌落都是一次碰撞；挤出物通常能经受住许多或所有的碰撞，但有些碰撞会导致催化剂断裂。碰撞通常是由重力下降引起的，撞击的表面有多种可能。表面可能是：

1）坚硬的，如落到金属板上。

2）半硬的，如落到催化剂床层上。

3）半软的，如落在振动挤出物床层上，或在振动干燥机中。

4）柔软的，如落在填充物上。

笔者想构建一个完善的跌落测试，测试中可以控制跌落的高度，并使撞击表面标准化。笔者将详细阐述其最初的实验程序，但也承认还有许多待完善之处。

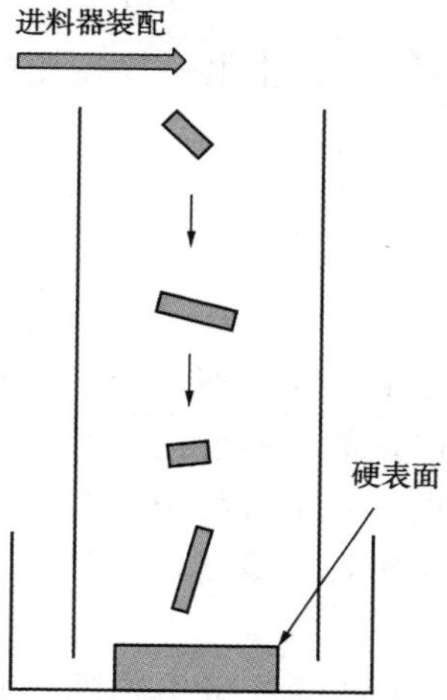

图 3. 23　跌落试验装置

（资料来源：由 Wiley 提供，doi：10. 1002/aic. 15046）

图 3. 23 为做跌落试验而开发的设备，它由垂直安装的塑料管和底部水平的金属板组成。板和管底部之间的间隙允许挤压物在碰撞后滑出。使用几根不同长度的管子，可以改变跌落高度。

最低跌落高度为 0. 20m，最高跌落高度为 6. 40m。当跌落高度为 1. 83m 时，笔者在此条件下获得的数据最多。较低的跌落高度会影响挤出物在环境空气中跌落的方式；因为下降的持续时间很短，与其他碰撞角相比，某些碰撞角可能更有利。虽然某些影响角度的普遍性不一定是一个关键问题，但笔者在此提示读者要意识到这一点。

挤出物从溜槽中放出，溜槽与板之间的高度差为跌落高度。溜槽是水平的，有一个 V 形截面。在实验中每次向进料容器放入一个挤出物，在挤出物碰撞板后，为了尽量减少任何可能影响结果的二次断裂，在底板周围安装了适当的填充物。在实验过程中，笔者没有进一步考虑二次断裂的情况。

同样，仔细且始终遵循试验流程在每一次跌落试验中会获得一致的结果。不要只做一次，要连续做几次，从一个样品开始，把它放下去，收集，测量长径比，然后一遍又一遍地重复。使用足够少的挤出物，使样品能够在长径比测试仪中完整使用，这是最方便的，能够消除因挤出物取样而产生的任何误差。

在进行跌落试验后，要清除所有碎屑和碎片，因为用于解析扫描样品长径比的软件很可能会误解这些碎屑和碎片的直径或长度，进而影响分析结果，实际上软件有一种方便的方法排除这些碎屑和碎片。

为了实现良好的、可重复的测试，确保跌落板上没有影响碰撞的碎片，使用较低的进料速度较为有利，且使用相同速度。此外，跟踪细粉的生成量也可能有助于分析，预先对细粉的生成有所了解，有助于对催化剂做放大研究。

进料速度可能会影响固定振动床上的碰撞，较高的进料速率将导致与周围的挤出物发生碰撞，并可能产生抑制效应(即催化剂挤出物被周围的挤出物遮蔽)，笔者将这些影响归为工厂的严重性因素。目前，还没有考虑进料速率对工厂严重性的具体影响。

因为本书的写作目标是建立适用于各种挤出物的相关关系和方法学，适用于中试和商业工厂中典型的处理过程，所以笔者在寻找挤出产品库时做了广泛的调研。笔者没有把重点放在同一种类的大量挤出物样本上，也没有改变断裂试验，而是使用了代表不同挤出物和预处理的大量样本，并研究了一些断裂控制良好的试验，以开发数学模型。

表 3.7 列出了所用挤出材料的种类，以及沸石性质、黏合剂种类、模具设计、研磨配方、挤出物形状和热处理(从干燥到焙烧)的变化，使用的催化剂直径是相同的，因为它们很容易获得。

表 3.7　跌落试验中使用的催化剂

催化剂	沸石	黏合剂	形状	直径/mm	温度/℃
A	1	二氧化硅	圆柱体	1. 59	约 120
B1	2	二氧化硅	圆柱体	1. 59	约 120
B2	2	二氧化硅	圆柱体	1. 59	约 120
B3	2′	二氧化硅	圆柱体	1. 59	约 120
B4	2′	二氧化硅	圆柱体	1. 59	约 120
B5	2′	二氧化硅	圆柱体	1. 59	约 120
C1	2′	二氧化硅	圆柱体	1. 59	约 540
C2	2′	二氧化硅	圆柱体	1. 59	约 540
C3	2′	二氧化硅	圆柱体	1. 59	约 540
C4	2′	二氧化硅	圆柱体	1. 59	约 540
C5	2′	二氧化硅	圆柱体	1. 59	约 540
D1	3	氧化铝-1	四叶草	1. 59	约 540
D2	3	氧化铝-2	四叶草	1. 59	约 540
D3	3	氧化铝-3	四叶草	1. 59	约 540
D4	3	氧化铝-4	四叶草	1. 59	约 540
D5	3	氧化铝-5	四叶草	1. 59	约 540

资料来源：由 Wiley 提供，doi：10. 1002/aic. 15046。

表 3.8 列出了在 120℃左右干燥的催化剂，起始长径比约为 24。笔者将跌落高度从 0.2m 一直调整到 6.4m，并重复了几次，以便观察挤出物对碰撞的响应范围。从第一组实验中可以清楚地看到，发生多次的跌落和断裂后挤出物的长径比达到一个渐近值，而不是简单地继续断裂越来越小。这个有趣的发现在这个实验之前并不明显。

表 3.8　催化剂 A 的长径比跌落测试数据

跌落次数	高 0.20m	高 0.61m	高 1.83m	高 6.40m
0	约 24	约 24	约 24	约 24
1	6.09	4.54	3.31	2.67
3	4.13	2.93	2.14	2.01
5	3.45	2.62	2.02	1.92
7	3.68	2.35	1.95	1.73
9	3.69	2.21	1.72	1.81
11	2.99	2.12	1.75	1.62
16	2.99			
21	3.28			
31	2.73			

资料来源：由 Wiley 提供，doi：10.1002/aic.15046。

笔者认为有必要在中试规模上对材料进行测试，表 3.9 为测试结果，测试样品为纯干燥和干燥焙烧两种状态下的挤出物。

表 3.9　催化剂 B1～B5 和 C1～C5 的长径比跌落测试数据(每次从 1.83m 高处跌落)

催化剂	Φ_0	1 次跌落	2 次跌落	3 次跌落	4 次跌落	5 次跌落
B1	7.92	3.73	2.92	2.70	2.53	2.40
B2	6.94	3.94	3.08	2.68	2.44	2.14
B3	6.52	2.65	2.38	2.18	1.95	1.90
B4	7.03	2.94	2.37	2.31	2.01	1.95
B5	3.96	2.06	1.90	1.65	1.63	1.46
C1	7.92	4.28	4.24	3.98	3.83	3.57
C2	6.94	5.30	4.33	4.19	3.83	3.57

续表

催化剂	Φ_0	1 次跌落	2 次跌落	3 次跌落	4 次跌落	5 次跌落
C3	6.52	3.22	2.92	2.60	2.60	2.44
C4	7.03	3.22	2.92	2.77	2.45	2.63
C5	3.96	2.17	2.06	1.88	1.84	1.78

资料来源：由 Wiley 提供，doi：10.1002/aic.15046。

表 3.10 列出了用氧化铝做黏结剂，采用不同配方挤出直径为 1.6mm 的四叶形催化剂，在不同条件下进行跌落试验，在所有的跌落测试中，在测量长径比之前需去除所有的灰尘和碎片，避免给软件计算带来不必要的困难。为了提供高质量的产品，降低压降增加的可能性，工业上去除灰尘和破碎的催化剂是很有必要的。

表 3.10　催化剂 D1～D5 的长径比跌落测试数据(每次从 1.83m 高处跌落)

催化剂	Φ_0	1 次跌落	2 次跌落	3 次跌落
D1	4.37	3.28	3.08	2.86
D2	4.01	2.78	2.47	2.31
D3	4.31	2.92	2.55	2.38
D4	4.46	3.54	3.16	3.00
D5	4.26	3.81	3.47	3.13

资料来源：由 Wiley 提供，doi：10.1002/aic.15046。

3.5.2.2　通过一级 Padé 近似建模

3.5.2.2.1　两个基本参数

正如笔者在第 3.5.2.1 节中所提到的，当挤出物经历一次又一次重复跌落时，挤出物的长径比会很快趋于一个渐近值，这个渐近值实际上只是跌落高度的函数。从直觉上看，这是有道理的。正如每个人都曾在某个时候掉落过一个物体，比如咖啡杯或饮水杯，并看到它在落地时摔成了碎片，较小的碎片可能会反弹并再次落在地板上，但不会进一步断裂。

一次实验中，笔者站在一台商用带式干燥机的后端，干燥机将挤出的催化剂条烘干至规定的规格。笔者想：当一个很长的挤出物跌落一次时会发生什么，以及在这样一次单次断裂中会发生什么。这些挤出物会简单地分成两块或三块，还是断裂的数量会随着挤出物的长度增加？当然，很明显，挤出物的动量会随着长度的增加而增加，这可能使第二种情况更加可信。

笔者在与跌落试验相同的环境下进行了实验，结果如图 3.24 所示。在仅仅

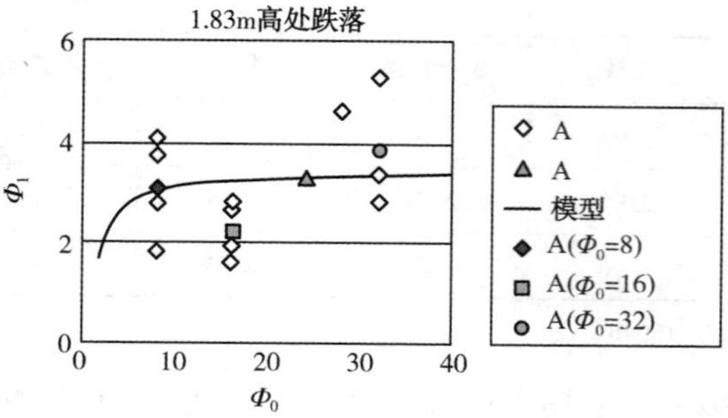

图 3.24　长挤出物一次跌落后的长径比

一次跌落后，挤出物的长径比就达到了第二个渐近值，第二个渐近值是另一个属性，笔者认为有必要将其整合到断裂模型中。

当催化剂在工厂中传输时，会经历很多工序。如从干燥带或从一台输送机到另一台输送机、进入斗式提升机、进入分配设备、进入振动筛分设备或进入取样罐，每个步骤经历的跌落都具有一定的严重性。每次跌落都会略微降低长径比，但随着催化剂继续传输和长径比下降影响的累积，长径比的总体降低可能会很大。有些材料非常坚硬，在设备的辅助下才能断裂成可用尺寸；锤式粉碎机等在线设备可以实现坚硬挤出物的强制断裂。开发的模型方程应该有一个起始长径比作为必要的输入或初始条件，Φ_0 表示起始材料的长径比，Φ_∞ 表示在相同条件下大量跌落后的渐近长径比，Φ_α 表示当起始长径比非常大时，挤出物一次跌落后的渐近长径比，这个模型具有两个参数 Φ_α 和 Φ_∞ 以及一个初始条件 Φ_0。

Beeckman 等[8]对断裂模型进行了详细推导，并展示了建模工作的结果。笔者选择了一级 Padé 近似，式(3.8)表示 j(含 0)次跌落后的长径比 Φ_j：

$$\Phi_j=(\gamma\Phi_0+j\Phi_\infty)/(\gamma+j)\quad(j=0,\ 1,\ 2,\ \cdots)\tag{3.8}$$

可用式(3.9)计算因子 γ：

$$\gamma=(\Phi_\alpha-\Phi_\infty)/(\Phi_0-\Phi_\infty)\tag{3.9}$$

式(3.8)也可以表示为有限差分里卡蒂(Riccati)方程，如式(3.10)所示：

$$\Phi_{j+1}=(\Phi_\alpha\Phi_j-\Phi_\infty^2)/(\Phi_\alpha-2\Phi_\infty+\Phi_j)\quad(j=0,\ 1,\ 2,\ \cdots)\tag{3.10}$$

很容易验证：

$$\Phi_\alpha=\lim_{\Phi_0\to\infty}(\Phi_1)\tag{3.11}$$

$$\Phi_\infty=\lim_{j\to\infty}(\Phi_j)\tag{3.12}$$

$$\Phi_0=\lim_{j\to 0}(\Phi_j)\tag{3.13}$$

当初始长径比 Φ_0 足够大时，式(3.8)简化为式(3.14)：

$$\Phi_j=\Phi_\infty+(\Phi_\alpha-\Phi_\infty)j\quad(j=1,\ 2,\ \cdots)\tag{3.14}$$

$$\gamma\cong 0\tag{3.15}$$

$$\gamma\Phi_0\cong(\Phi_\alpha-\Phi_\infty)\tag{3.16}$$

为了用图形表示数据，可以重新排列某些有限差分方程来得到线性关系，有时还可以从斜率和截距得到参数。一般情况下模型方程可以改写为：

$$\Phi_0-\Phi_j=j(\Phi_0-\Phi_\infty)/(\gamma+j) \tag{3.17}$$

式(3.17)中长径比的变化是累积的，因此实验误差小于点对点差异。将逆运算写入式(3.18)：

$$1/(\Phi_0-\Phi_j)=1/(\Phi_0-\Phi_\infty)+(\Phi_\alpha-\Phi_\infty)/[j(\Phi_0-\Phi_\infty^2)] \tag{3.18}$$

因此，将累积变化的倒数作为跌落倒数的函数作图，绘制成一条直线。截距和斜率是两个渐进参数，也是起始长径比的函数。通过截距/斜率的比值 u，可以得出一个与 Φ_0 无关的表达式：

$$u=\Phi_\alpha-\Phi_\infty \tag{3.19}$$

对于一组给定的数据，该模型将迫使起始材料的长径比精确地通过 Φ_0，由于它是一个实验确定的初始条件，因此存在误差。基于一组实验确定的相同跌落条件的长径比，可以使用标准参数估计的方法来确定渐近长径比。较大的起始长径比可以很好地估计 Φ_α，如果起始长径比很小，那么要仔细处理估计值，因为它可能会存在很大的误差。此外，如果初始长径比很小，那么很可能是给定跌落测试(即从给定高度下的跌落)的严重性不足；因此，这种跌落可能不会使挤出物的长径比下降很多，而只是产生少量的碎屑和细粒而造成长径比的一些略微损失。

所有通过实验确定的长径比 Φ_j 都存在误差，包括 Φ_0。当误差平方和最小化时，可以在最小化残差和或误差平方和时包括这个起始长径比，并将 Φ_0 视为一个虚拟参数。笔者认为跌落试验中长径比的减小是一个双参数模型，其严重程度取决于跌落高度和跌落板的性质。

3.5.2.2.2　双参数模型拟合

在测试一种新材料时，如果事先不了解其特性，则使用双参数模型。可能需要调整跌落高度，以合理和实用的方式改变长径比，避免产生大量碎屑和细粒的条件，除非工艺应用程序可以保证这些条件。

表 3.8~表 3.10 中的所有数据为单个材料的独立跌落试验结果，通过最小化非线性最小二乘残差和来确定参数 Φ_α 和 Φ_∞。表 3.11 给出了各情况下的参数，图 3.25~图 3.28 中的实线表明数据拟合良好。所有跌落曲线开始时是非常陡峭的，双参数模型似乎处理得很好，代表有限差分方程中各个点连接的实线不是平滑的，如果一条光滑的线需要更多的点，可以从一个任意但恰当选择的 Φ_0 开始，用获得的参数值应用有限差分里卡蒂方程。长径比的误差有时如此，对于手头的数据，参数估计变得棘手。例如，图 3.28 显示了样本 D5 在长径比上的线性下降。为了得到长径比的线性值，需要通过更多的跌落试验获得更多的数据。

表 3.11　参数估计

催化剂	高/m	Φ_α	Φ_∞
A	0.20	6.70	2.89
A	0.61	4.93	1.93
A	1.83	3.44	1.60
A	6.40	2.73	1.62
B1	1.83	4.46	1.94
B2	1.83	6.19	1.40
B3	1.83	2.97	1.72
B4	1.83	3.36	1.67
B5	1.83	2.45	1.34
C1	1.83	4.59	3.57
C2	1.83	9.46	2.57
C3	1.83	3.58	2.25
C4	1.83	3.46	2.36
C5	1.83	2.35	1.69
D1	1.83	3.86	2.53
D2	1.83	3.38	1.92
D3	1.83	3.62	1.92
D4	1.83	4.93	2.39
D5	1.83	36.17	0.00

资料来源：由 Wiley 提供，doi：10.1002/aic.15046。

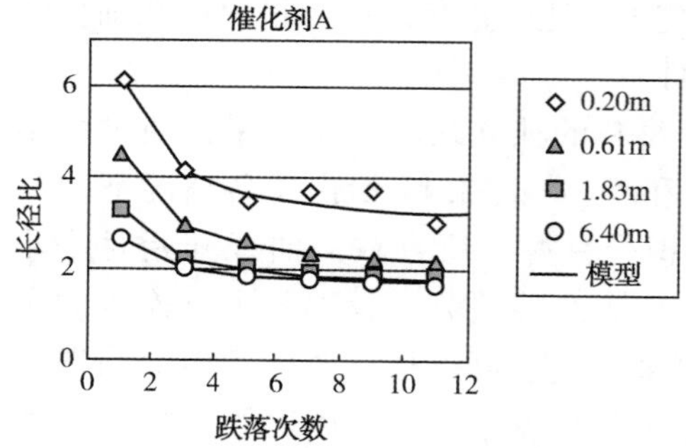

图 3.25　催化剂 A 在不同落差下的数据拟合（$\Phi_0=24$）

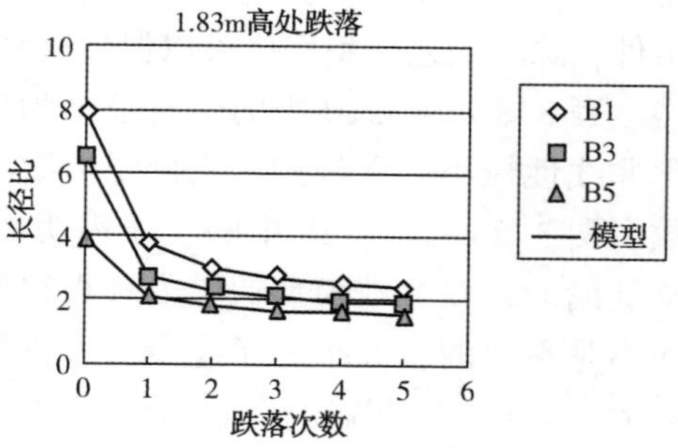

图 3.26　催化剂 B1、B3 和 B5 的数据拟合

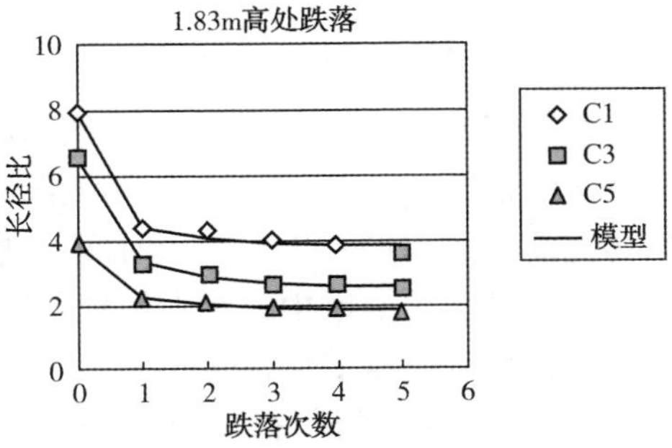

图 3.27　催化剂 C1、C3 和 C5 的数据拟合

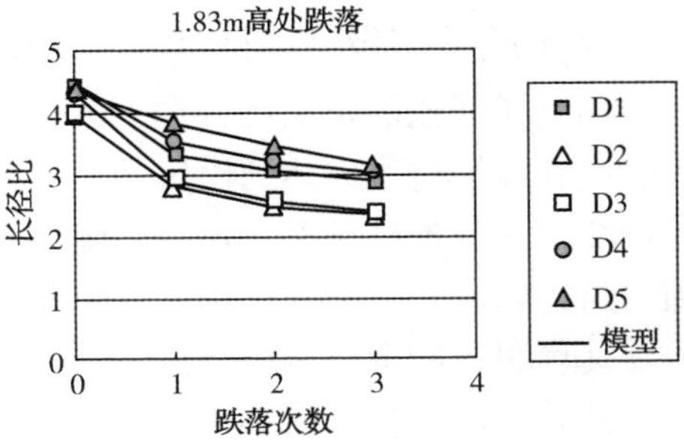

图 3.28　催化剂 D1～D5 的数据拟合

3.5.2.2.3　理想材料

Φ_α 和 Φ_∞ 是与材料跌落试验条件特性相关的参数，它们都涉及碰撞断裂。因此，人们想要寻找它们之间的关系就不足为奇了。笔者基于进行的跌落试验（包括不同高度的跌落试验），绘制这两个参数的函数关系，结果如图 3.29 所示。

从图 3.29 中可以看出，两个参数之间存在明显的相关性，大约在 60%的情况下，参数 Φ_α 的值约是参数 Φ_∞ 的两倍。笔者将实验中涉及的这些材料称为理想材料，之所以选择这些材料是因为它们在组成和制备方法上有很大差异。

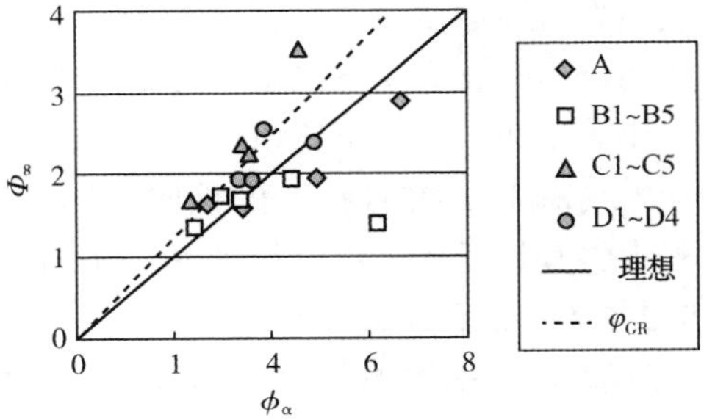

图 3.29　参数 Φ_α 和 Φ_∞ 间的相关性

对于给定理想材料，模型方程可简化为：

$$\Phi_j = (\gamma\Phi_0 + j\Phi_\infty)/(\gamma + j) \quad (j = 0, 1, 2, \cdots) \tag{3.20}$$

$$\gamma = \Phi_\infty/(\Phi_0 - \Phi_\infty) \tag{3.21}$$

$$\Phi_{j+1} = 2\Phi_\infty - \Phi_\infty^2/\Phi_j \quad (j = 0, 1, 2, \cdots) \tag{3.22}$$

当理想材料的初始长径比较大时，可以使用如下公式：

$$\Phi_j = \Phi_\infty + \Phi_\infty/j \quad (j = 1, 2, \cdots) \tag{3.23}$$

$$\gamma \cong 0 \tag{3.24}$$

$$\gamma\Phi_0 \cong \Phi_\infty \tag{3.25}$$

降低理想材料的长径比很简单，只要将 Φ_{j+1} 作为 Φ_j 的倒数的函数绘制成一条直线。但值得注意的是，直线的斜率和截距都是参数 Φ_∞ 的函数。因此，它们不能被独立赋值。一旦选择了截距，就知道相应的斜率，反之亦然。对 Φ_∞ 进行参数估计或许是最实用的方法，笔者认为还可以把该图作为拟合的一个例子。

3.5.2.2.4　支持理想材料的物理论据

Φ_α 的存在以及许多材料 $\Phi_\alpha \cong 2\Phi_\infty$ 的观测结果，可能会引起人们的争论。

给定长径比的挤出物，在下落过程中，随着下落速度的增加，其动量逐渐增大，并在碰撞过程中达到撞击动量。在没有跌落的情况下，动量的变化是撞击动量的2倍，根据牛顿第二定律，施加在挤出物上的力为动量变化与接触时间的比值。挤出物越长，长径比越大，质量越大。在这个简单的论证中，笔者假定由重力加速度引起的碰撞速度与挤出物的长径比无关，该碰撞速度是相同的。

此外，由于缺乏足够的支撑数据，笔者也认为接触时间与挤出物的长径比无关。

从扭矩的角度来看，挤出物的断裂强度随扭矩作用时间的延长而逐渐下降；生活实例表明，一支铅笔比半支铅笔更容易折断。因此，断裂挤出物所需的力随长径比的增大呈双曲线形下降。从挤出物的断裂模量也很容易推出上述结论。由于长径比等于 Φ_∞ 的挤出物太短，以至于在碰撞中无法发生断裂。长径比等于 $2\Phi_\infty$ 或 Φ_α 的挤出物具有冲力，可以断裂成两部分；此后，两个碎片没有进一步发生断裂所需的动量。长径比等于 $2\Phi_\alpha$ 的挤出物的动量是长径比为 Φ_α 挤出物动量的两倍，并且有足够的动量导致二次断裂，形成三个碎片，因此挤出物的最终长径比等于 $2\Phi_\alpha/3$。重复该论点，长径比等于 $n\Phi_\alpha$ 的挤出物，在碰撞后的长径比为 $n\Phi_\alpha/(n+1)$，并且在 n 的极限范围内，非常大、非常长的挤出物在碰撞降落过程中，其长径比最终降低到 Φ_α，QED。

3.5.2.2.5　累积断裂函数

计算每个挤出物需要的平均断裂次数，以便将 k 次断裂后测得的长径比减小到 j 次断裂的长径比，并将其称为断裂函数，$H_{k,j}$。为了计算 $H_{k,j}$，让 N_k 表示 k 次断裂后观察到的挤出物数量，让 N_j 表示 j 次断裂后观察到的挤出物数量。忽略细粉损失，公式(3.26)为挤出物总长径比的平衡方程：

$$N_k\Phi_k = N_j\Phi_j \tag{3.26}$$

在 k 次断裂后，挤出物样本中每一个挤出物发生一次断裂，挤出物的数量就会增加1倍，因此，与 j 次断裂后的断裂数量相比，k 次断裂后样本的断裂数量为 N_j-N_k。断裂函数方程如式(3.27)所示：

$$H_{k,j} = (N_j-N_k)/N_j \tag{3.27}$$

代入长径比平衡方程得公式(3.28)：

$$H_{k,j} = \Phi_k/\Phi_j - 1 \tag{3.28}$$

将一般差分方程(3.8)代入公式(3.28)并重新排列得到公式(3.29)：

$$1/H_{0,j} = \Phi_\infty/(\Phi_0-\Phi_\infty) + \Phi_0(\Phi_\alpha-\Phi_\infty)/[j(\Phi_0-\Phi_\infty)^2] \tag{3.29}$$

其中，$H_{0,j}$ 是样本 j 与原始样本之间的断裂函数。所谓原始样本，是指试验开始前的样本，或者是没有经历任何断裂的样本。因此，断裂函数的逆函数与响应之间产生了线性关系。

3.5.2.2.6 黄金比例材料

催化剂的断裂也可能与著名的黄金比例（Golden Ratio）存在联系，黄金比例因其在建筑和艺术品等领域所能带来的内在美学价值而闻名，这一比例也存在于许多自然现象中。渐进参数 Φ_α 和 Φ_∞ 具有物理意义，因为它们是物理过程的结果：此处表示与曲面的碰撞。这些参数由样品表面的性质、粒子的强度、粒子接近表面的方式等决定。本书中，笔者想要探究线段的黄金比例是否可能与挤出物与表面的碰撞有关。

黄金分割的定义是将线段分割成一个长的部分和一个短的部分。长段与短段的长度比与全段与长段的长度比相同。黄金比例的数学表达式如公式(3.30)所示：

$$\varphi_{GR}=\frac{1+\sqrt{5}}{2}=1.618\cdots \tag{3.30}$$

笔者在公式(3.31)或公式(3.32)中找到了渐进参数与黄金比例的联系。

$$\Phi_\alpha=\varphi_{GR}\Phi_\infty \tag{3.31}$$

$$\varphi_{GR}(\phi_\alpha-\phi_\infty)=\phi_\infty \tag{3.32}$$

因此，Φ_∞ 是 Φ_α 黄金分割中较长的一部分。图 3.29 中的虚线就是这种关系的一个例子。所示数据点中约一半的渐进参数之比接近于黄金比例。在 Beeckman 等[8]的著作中，探究了更多可能的关系。

3.5.2.2.7 碰撞的二级断裂定律

公式(3.8)和公式(3.10)中的有限差分格式很好地描述了碰撞引起的挤压物长径比的变化。这是一个有趣的试验，探究公式(3.8)是否允许推导出一个更根本地表达变化的断裂法则。笔者发现，通过在分数基础上表示长径比的变化，可以推导出以下方程：

公式(3.33)将 χ_j 定义为从第 j 点到第 $j+1$ 点的正向分数变化。

$$\chi_j=(\Phi_j-\Phi_{j+1})/\Phi_j \tag{3.33}$$

方程(3.34)将 Γ_j 定义为长径比中最大正向下降可能性：

$$\Gamma_j=(\Phi_j-\Phi_\infty)/\Phi_j \tag{3.34}$$

代入理想材料的有限差分方程(3.22)，得到公式(3.35)：

$$\chi_j=\Gamma_j^2 \tag{3.35}$$

公式(3.35)表明，理想材料从一次断裂到下一次断裂的正向分数变化遵循二级断裂定律，这种二级行为也解释了材料跌落曲线中明显的强弯曲。最初，长径比与渐近比 Φ_∞ 的差异很大；因此，变化的平方也很大，长径比的快速下降使其与渐进比 Φ_∞ 的差异小很多。因为它是呈平方的，也就是所谓的断裂的驱动力变得越来越小。值得注意的是，一旦这些变化被表示为正向分数变化，断裂定律就没有可调参数，甚至连 Φ_{∞} 都没有。公式(3.36)表示了两个渐进参数独立的一般情况下的断裂定律：

$$\chi_j = Z_j \Gamma_j^2 \tag{3.36}$$

其中，Z_j 的定义见公式(3.37)：

$$Z_j = \Phi_j / (\Phi_j + \Phi_{\alpha} - 2\Phi_{\infty}) \tag{3.37}$$

对于理想材料，很容易验证 Z_j 等同一个整体。在一般情况下，正向分数变化遵循半二级行为。定义的因子 Z_j 不是一个常数，其随长径比的变化而变化。

3.5.2.3 操作严重性的应用

现在，可以将迄今为止在挤出物断裂建模中获得的知识应用于制造工厂，以确定工厂设备如何影响生产催化剂的长径比。有两种情况，在这两种情况下，工厂处理催化剂的严重性可能会降低。在第一种情况下，笔者改变了从一台设备到另一台设备操作的跌落高度顺序。在第二种情况下，在总跌落高度不变的情况下笔者用一系列相同高度的低跌落代替高跌落。

3.5.2.3.1 不同严重程度跌落的最佳排序

本示例的目标是对两个操作进行排序：一个是低严重性操作，另一个是高严重性操作。将1.83m的催化剂跌落指定为高严重性操作，将0.61m的催化剂下落指定为低严重性操作，假设在工厂设计过程中可以自由改变顺序。

在表3.12中(催化剂A)给出了计算结果，其中用于比较这两种情况的模型是通用模型，渐进参数 Φ_{α} 和 Φ_{∞} 的值见表3.11。该模型表明，先进行高严重性跌落然后进行低严重性跌落，有利于在两种操作后获得最高的长径比。在长径比为0.13的情况下，这种差异是适度的，但也有一些最优顺序的跌落在较小的设备布置中保留较大的长径比。

表3.12 严重性测序结果

项目	高严重性→低严重性	低严重性→高严重性
Φ_0	24.00	24.00
跌落高度/m	1.83	0.61
Φ_1	3.30	4.57
跌落高度/m	0.61	1.83
Φ_2	2.87	2.74

来源：Wiley，doi：10.1002/aic.15046。

笔者在实验室测试最佳序列，在低处跌落测试之前进行高处跌落测试，发现长径比优势为0.1，证实了该模型的预测。笔者认为，由于催化剂制造厂商购买设备需要大量的资本投资，设备一旦选定并安装，会使用多年。因此，可与设备供应商沟通，建议对催化剂跌落高度与长径比方面保持敏感性，这可以在设备采购中发挥作用。

3.5.2.3.2　控制跌落的严重程度

本案例探究在总跌落高度不变的情况下将一次跌落改为几个较低的跌落是否有利。例如，从干燥带到传送带上的催化剂可能是大量的；一组水平的板条使催化剂从一个板条掉落到另一个安装得稍低的板条上，这样就可以在总跌落高度不变的情况下较为柔和地跌落。比较催化剂从 1.83m 高度处一次跌落和催化剂从 0.61m 高度处 3 次跌落，干燥带上物料的起始长径比为 24。

利用模型方程，表 3.13 给出了三种初始长径比的结果。有趣的是，与一次高严重性跌落相比，三次低严重性跌落略有优势，同时较小的初始长径比也具有优势。

表 3.13　严重性调节结果

项目	一次跌落	三次跌落	一次跌落	三次跌落	一次跌落	三次跌落
Φ_0	24.00	24.00	4.00	4.00	3.00	3.00
跌落高度/m	1.83	0.61	1.83	0.61	1.834	0.61
Φ_1	3.30	4.57	2.64	3.15	2.40	2.72
跌落高度/m		0.61		0.61		0.61
Φ_2		3.33		2.80		2.55
跌落高度/m		0.61		0.61		0.61
Φ_2		2.88		2.60		2.44

来源：Wiley，doi：10.1002/aic.15046。

图 3.25 显示，六个间距为 0.2m 的板条的长径比几乎相等。由于断裂是非线性的，使这项实验优化成为一项有趣的工作，模型方程可以帮助找到最佳的解决方案。较为柔和的催化剂跌落(即有更多的板条)甚至可能达到一个点，在这个点上，物料因没有达到必要的动量而不再发生断裂。“多次柔和的催化剂跌落”设计(“许多板条”设计)可能更昂贵，其需要更大的设备占地面积，但它有助于防止催化剂破损。总的来说，这种工程分析可以帮助相关人员更多地关注设备设计，以及工厂的整体结构设计。

3.5.3　碰撞断裂的基本原理

如上所述，与挤出物碰撞相关的两个参数：一个是在多次碰撞后获得的渐近值，另一个是非常长的挤出物的单次碰撞后获得的渐近值。笔者阐述了这两个参数与影响严重性之间的关系，长径比是样品中与碰撞强度相关可观察到的主要参数。

正如笔者所言，碰撞强度非常复杂，存在许多参数，包括：

1）碰撞速度。

2）沿挤出轴从边到边角的旋转速率。

3）碰撞点的角度。

4）碰撞力与时间的关系，其可能具有不连续性。

5）碰撞表面的粗糙度，包括：挤出物床层；在催化剂跌落和碰撞过程中存在的邻近挤出物。

处理任何单独的碰撞都是一项艰巨的任务，它可能导致无法观察到细致的变化。笔者应用物理学原理，从“平均碰撞”的角度来处理观察到的碰撞。

这就出现了一个问题，为什么挤出物最终降低到接近统一的长径比后不会继续发生断裂？答案是挤出物越短，挤出物断裂所需的力越大，挤出物在重力下降过程中产生的动量也随着长径比的减小而变小。很明显，将会有一个交叉点，在这一点后动量变化所产生的力将不再能够破坏挤出物。

在制造工厂中，会有许多不同严重程度的一次碰撞跌落。直观地说，高严重性对应高碰撞速度，导致高的动量变化。高严重性也对应短的碰撞接触时间，根据牛顿第二定律增加了作用在挤出物上的力。

也可以直观地看出，长的挤出物会破碎成许多块，随着长径比的增加，跌落后会形成更多的碎块。公式(3.8)和公式(3.10)所示的动态建模工作表明，可以将与碰撞相关的挤出物的两个参数带入有限差分方程，从而将两个参数纳入模型，起始的长径比也在模型中。

将该模型应用于任意脉冲跌落过程都是非常有帮助的，但在催化剂制造工厂中，人们仍然需要一个数学模型来处理许多不同严重程度的催化剂跌落断裂过程。催化剂在每段工序中可能只断裂一次，但当催化剂经过整个制造工序时，会断裂成几个小块。

对于一次跌落，长径比将根据公式(3.38)变化：

$$\Phi_1=(\gamma\Phi_0+\Phi_\infty)/(\gamma+1) \tag{3.38}$$

其中，

$$\gamma=(\Phi_\alpha-\Phi_\infty)/(\Phi_0-\Phi_\infty) \tag{3.39}$$

这两个渐近长径比都有物理力学的意义，而我们的目标是将它们与碰撞条件联系起来。

将等式(3.38)写成有限差分里卡蒂方程，结果如公式(3.40)所示：

$$\Phi_1=(\Phi_\alpha\Phi_0-\Phi_\infty^2)/(\Phi_\alpha-2\Phi_\infty+\Phi_0) \tag{3.40}$$

其中，Φ_0 为初始长径比，Φ_1 为一次跌落断裂后的长径比。

$$\Phi_1=(\gamma\Phi_0+\Phi_\infty)/(\gamma+1) \tag{3.41}$$

其中，

$$\gamma=\Phi_\infty/(\Phi_0-\Phi_\infty) \tag{3.42}$$

假设理想材料的 $\Phi_a=2\Phi_\infty$，将其简化为等式(3.41)：

或公式(3.43)，写成有限差分里卡蒂方程：

$$\Phi_1=2\Phi_\infty-\Phi_\infty^2/\Phi_0 \tag{3.43}$$

对于公式(3.41)或公式(3.43)，催化剂制造厂中的一次碰撞以单个关系表示，且单个参数需要通过实验确定。任何催化剂制造厂都存在许多这样的单个步骤，没有一个是相同的。笔者的目标是将这个单一参数(此处指渐近长径比)与碰撞的强度联系起来，并根据基本原理和第一性原理定义碰撞的严重性。根据现有的商业数据，能够决定和证明催化剂制造工序中哪个工厂的严重性最小，这对于生产而言非常有帮助。

3.5.3.1 断裂模量

回想一下，断裂模量是催化剂固有弯曲强度或弯曲强度的度量。它可以从弯曲试验中催化剂挤出物断裂所需的力获得。

公式(3.44)将断裂力表示为催化剂性能的函数：

$$F_r=\sigma D^3/sW_s \tag{3.44}$$

其中，F_r 是挤出物断裂所需的力，σ 是断裂模量和抗拉强度，D 是挤出物直径，s 是形状系数，W_s 是支撑点之间的距离。

在这种关系中，将支撑点之间的距离视为挤出物的长度，挤出物的长度可以改写为渐近比 Φ 与挤出物直径的乘积，代入后如公式(3.45)所示：

$$F_r=\sigma D^2/s\Phi \tag{3.45}$$

在公式(3.45)中，断裂力与挤出物强度之间的关系非常简单。例如，断裂力沿挤出物轴向坐标的位置被假定为挤出物的中点。但是，没有数据可以揭示实际碰撞过程中断裂力的具体位置，因为有许多可能的位置。笔者选择应用公式(3.45)中所表达的关系，原因是笔者认为至少在方向上，这种关系会产生正确的趋势。

3.5.3.2 牛顿第二定律的碰撞力

当挤出物与表面发生碰撞时，它所受到的力来自牛顿第二定律，图3.30给出了线性动量的变化，如公式(3.46)所示：

$$F_i=2mv/\Delta\tau \tag{3.46}$$

其中，v 是碰撞速度，$\Delta\tau$ 是碰撞的接触时间，m 是挤出物的质量，F_i 是碰撞过程中受到的力。

图3.30　艾萨克·牛顿

接触时间可能并不总是单一的(在碰撞期

间)；催化剂可能会与表面接触一次或多次。因此，接触时间很可能不是连续的，所以力的曲线很可能是锯齿状的，并随着时间的变化而尖峰化，笔者所说的“连续”是指挤出物在时间间隔内会与表面连续接触。

笔者把时间间隔定义为第一个触点和最后一个触点之间的时间差，即使这个时间间隔是不连续的。假设碰撞是理想的，并应用线性动量的变化，从牛顿第二定律中估计力和接触时间间隔。此处，笔者忽略了角动量的变化。当挤出物在空气中自由下落和翻滚时，可以根据相关文献计算出碰撞速度。从相当高的高度落下的挤出物达到终端速度，不再改变它们的碰撞速度，这里定义平均碰撞力的方式是将断裂力等同于碰撞力。

3.5.3.2.1　没有断裂的弹性碰撞

挤出物和表面之间的碰撞并不一定都会导致断裂。例如，碰撞速度可能非常低，或者挤出物可能非常短。即使挤出物足够长，但以一定的角度撞击，也可以经受住撞击免于断裂。对于本书中的推理，假设撞击与表面成直角：即挤出物的轨迹垂直于撞击表面。挤出轴本身仍能与工件形成一定的冲击角，但此处笔者不会考虑将挤出物与表面的确切角度视为一个变量。此外，当不发生断裂时，碰撞称为“弹性”碰撞。对于轨迹与表面成直角、没有断裂且动能平衡的挤出物，公式(3.47)适用：

$$F=2mv/\Delta\tau \tag{3.47}$$

从这个简单的关系可以得出，碰撞力与碰撞速度成线性正比，与质量成线性正比，与接触时间成反比。因此，长接触时间的表面相互作用产生的碰撞力较低，因此可称为“软着陆”；在硬板上跌落试验的接触时间短，其被认为是“硬着陆”。

3.5.3.2.2　碰撞与破损

随着挤出物速度的增加，显然会出现挤出物断裂的临界点，挤出物需要一些动能来克服断裂能 E_B。因此，碰撞前后挤出物的动能不再相同，这种相互作用现象称为“非弹性”碰撞。

图3.31展示了碰撞前后运动的物体。质量为 m 的平板，在碰撞前是静止的，在碰撞后得到一个小的速度分量 v_P。碰撞前挤出物的碰撞速度 v 变为碰撞后较低的释放速度 v'，线性动量平衡如公式(3.48)所示：

$$mv=mv'+Mv_P \tag{3.48}$$

速度从左到右是正的。能量平衡的结果如等式(3.49)所示：

$$\frac{1}{2}mv^2=\frac{1}{2}mv'^2+\frac{1}{2}Mv_P^2+E_B \tag{3.49}$$

解公式(3.48)和公式(3.49)得到释放速度方程(3.50)：

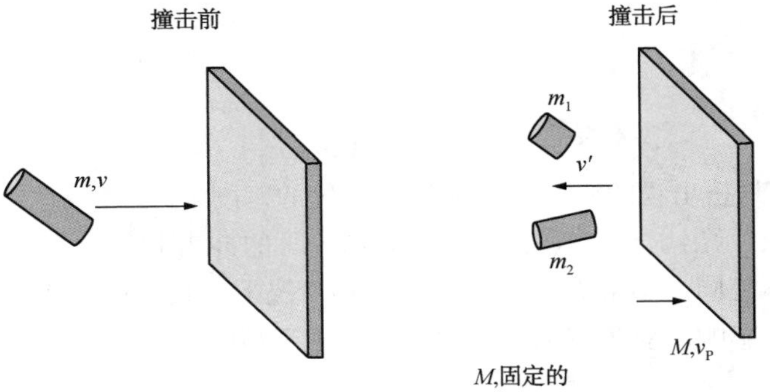

图 3.31　撞击前后速度的简化图

$$v'=\left\{v-\frac{M}{m}\sqrt{v^2-2E_B\left(\frac{1}{M}+\frac{1}{m}\right)}\right\}\Big/\left(1+\frac{M}{m}\right) \tag{3.50}$$

假设 $M\gg m$ 且 $1/2mv^2>E_B$，得到公式(3.51)：

$$v'=-\sqrt{v^2-2E_B/m} \tag{3.51}$$

或公式(3.52)：

$$E_B=\frac{1}{2}m[v^2-v'^2] \tag{3.52}$$

公式(3.52)中表示的断裂能关系很简单，可以通过高速摄影测量碰撞前后的速度来获得断裂能，通过逐帧比较挤出物位置，可以确定挤出物在每两帧之间时间内移动的距离，从而确定其速度。断裂能起到约束作用，冲击前挤出物的动能应大于断裂能，以使断裂能够发生。在速度和动能大于断裂能的情况下，挤出物有可能会发生断裂，但也不是非常确定。在 3.5.3.3 节中，笔者将更详细地讨论最终决定挤出物是否断裂的因素及其与强度的关系。

3.5.3.2.3　碰撞速度和终点速度

显然，碰撞速度越大断裂的可能性越大。关于跌落试验，碰撞速度可以根据现有文献计算出来。在 Beeckman 等[22]的研究中，他们详细描述了整个计算的过程，并将结果与一些实验进行了比较。

从一个很小的高度跌落的挤出物加速很快，受到周围空气的阻力很小，因为速度相对较低。因此，撞击速度仅由跌落高度决定。对于较高的跌落高度，必须考虑阻力；当高度很高时，速度达到终端速度，碰撞速度成为阻力特性的函数。公式(3.53)~公式(3.55)计算了终端速度 v_t、撞击速度 v 和撞击时间 t：

$$v_t=\sqrt{g/\kappa} \tag{3.53}$$

$$v=v_t\sqrt{1-e^{-\left(\frac{2gh}{v_t^2}\right)}} \tag{3.54}$$

$$t=\frac{v_t}{g}a\cosh\left(e^{\frac{gh}{v_t^2}}\right) \tag{3.55}$$

$$\kappa=0.565\left(\frac{\rho_g D}{\rho\Omega}\right) \tag{3.56}$$

其中，ρ 是挤出物的密度，ρ_g 是周围空气的密度。

图 3.32 展示出了在空气环境中跌落 10m 时的冲击时间。挤出物长径比、密度和形状各不相同，结果见表 3.14。在这种情况下，长径比和初始方向都不会对碰撞时间产生影响。对于较低的跌落高度，由于短时间秒表测量误差太大，笔者使用了计算值，见公式(3.55)。

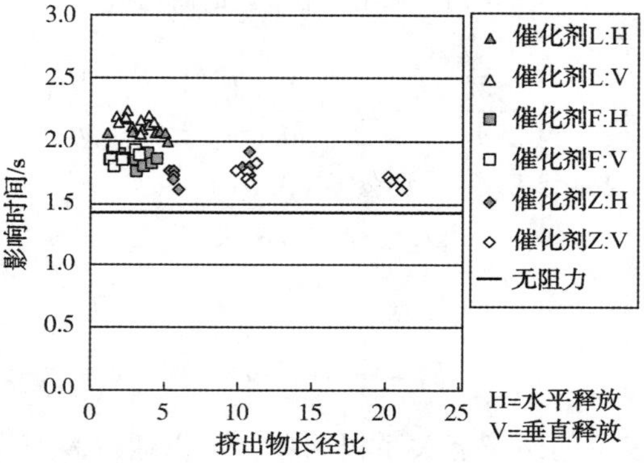

图 3.32　挤出物 L、F 和 z 在 10m 下降高度下的实验下降时间

表 3.14　不同跌落高度和不同催化剂密度和形状的平均碰撞时间

催化剂	形状	密度/（kg/m³）	直径/m	高度/m	时间(实验)/s	时间(计算)/s
A	圆柱形	1059	1.56E−03	10.1	2.62	2.63
Z	圆柱形	7210	1.90E−03	10.0	1.73	1.58
L	三叶草	965	2.84E−03	10.0	2.12	2.25
F	圆柱形	2350	2.70E−03	10.0	1.85	1.76
F	圆柱形	2350	2.70E−03	3.2	0.87	0.87
Y	圆柱形	1870	8.30E−04	3.2	1.14	1.06
E1	四叶草	1104	1.46E−03	10.0	2.53	2.59

3.5.3.2.4　碰撞接触时间

在理论方面，赫兹[27,28]发明了一种确定两个碰撞球体接触时间的理论，其他研究者使用他的方法指导碰撞体接触时间的测量和处理过程，Gugan[29]、Leroy[30]、Bokor 和 Leventhall[31]通过表 3.15 所示的实验测量证实了赫兹理论。

表 3.15　文献中报告的接触时间

参考文献	接触时间/ms
Gugan[29]	0.79~0.97
Leroy[30]	0.17
Bokor and Leventhall[31]	0.18

理论预测接触时间与杨氏弹性模量的 0.4 次幂成反比。物体越硬，接触时间越短，这在直观上是很容易接受的，赫兹理论还预测接触时间与碰撞速度的 0.2 次方成反比。速度越高，接触时间越小，这在直观上不太容易被接受。有人可能会有不同意见，即更高速度的碰撞会导致更高程度的物体断裂，从而导致更高程度的物体变形，从而导致更长的接触时间。

值得注意的是，因为赫兹的碰撞理论适用于金属球体碰撞，而挤出物是强度有限的固体多孔体。由于指数值很小，碰撞速度的影响很小。此外，真实挤出物碰撞表面的复杂行为使得接触时间很难通过试验测定。

笔者假设，挤出物真正断裂发生在圆柱体与表面完全接触时，也就是说，在圆柱体沿其轴线的地幔与碰撞面接触时，可以类比为在游泳池中游泳时，腹部先落水时对身体的伤害最大。

挤出物通常会以一定角度与表面接触，只有在极少数情况下才会发生完全接触。然而，在许多情况下，根据摩擦力的不同，挤出物可能会在接触点滑动，然后完全接触并发生断裂。如果角度太大，挤出物可能会从表面完好无损地反弹回来。当然，这些影响都是基于笔者的推测，只有利用超高速摄影实验才能确定并证实笔者的推测。

笔者取得了标准的高速摄像(每秒高达 10000 帧)，的确揭示了碰撞的复杂性。首先，如 3.5.3.2.2 节所述，通过对安装在相互成角度的同步摄像机上的照片进行逐帧比较，准确确定碰撞前挤出物接近的速度差和碎片离开表面的速度差。事实上，催化剂挤出物在碰撞时断裂，并以锥形离开撞击点，因此可能需要至少两个摄像头才能捕捉到准确的轨迹。值得说明的是，通过一个带有平面或抛物面镜子的巧妙设置，或许可以实现用一个摄像头捕捉到事件，从而避免同步摄像头的需要。

图 3.33 的上面一行显示了挤出物在表面上反弹和断裂的帧序列。该表面由有机玻璃制成，可以方便地显示挤出物的反射，并有助于确定确切的撞击点。将接触时间定义为一系列照片中第一次接触和最终接触之间的时间差，数据表明接触时间约为 0.1ms(或小于 0.1ms)。

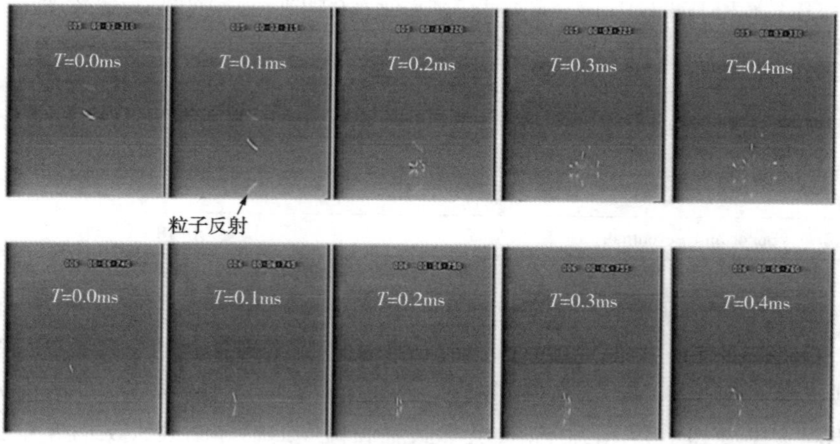

图 3. 33　空聚碳酸酯表面对挤出物的影响

（资料来源：Wiley doi：10. 1002/aic. 15231）

当然，接触时间是每个特定情况的函数，并且可能很难定义平均值，即使是基于多个碰撞场景的拍摄。当然，平均接触时间将取决于接触时间的定义。从照片的顺序来看，第一次接触的时间可能在 0. 16ms 左右。在 0. 2ms 时，挤出物的最左端尚未破裂，仍然需要在 0. 2~0. 3ms 之间进行撞击，以便在 0. 3ms 时显示碎片的照片。同样明显的是，从腹部接触的角度来看，实际断裂可能比 0. 1ms 短得多，也许是由于挤出物对表面的剧烈振动引起的。

3. 5. 3. 3　二倍渐近长径比 Φ_∞ 的力图

现在可以考虑如何将碰撞力和断裂力与渐近长径比 Φ_∞ 联系起来，可以根据牛顿第二定律计算碰撞力，这里使用的形式简单，肯定没有碰撞现象的一级近似值好。使用三点弯曲试验中简单形式的断裂力至多是一级近似值。然而，这两种近似都适合于实际测量和应用；因此，笔者将在这里使用二者与渐近长径比建立关系。正如笔者在 Beeckman 等[22]的研究中所解释的，当达到渐近长径比时，碰撞力与断裂力的比率是一个称为 β 的参数，即一个碰撞相互作用因子，如公式(3. 57)所示：

$$\beta = F_i / F_r \quad (3.57)$$

β 是将碰撞力(根据牛顿第二定律计算)与断裂力(在三点弯曲试验中测量)联系起来的系数，它可能是试验严重程度或表面严重程度的函数。例如，像锤式粉碎机这样的分级机具有特定的 β 值，或者跌落到斗式提升机的固体将具有特定的 β 值。

参数 β 可以根据数据进行测试和验证，这正是稍后在跌落试验中的测试方法。

根据公式(3.58)可以计算挤出物的断裂力：

$$F_r = \frac{\sigma D^2}{s\Phi} \tag{3.58}$$

根据公式(3.59)计算碰撞力：

$$F_i = 2mv/\Delta\tau \tag{3.59}$$

图3.34显示了公式(3.58)和公式(3.59)的意义。碰撞力随长径比成比例增加，断裂力随长径比成比例下降，二者一定有交点。问题是：它们在 x 轴上的交点在哪里？笔者认为，它们将以两倍于渐近长径比的速度相交。理由是，正如实验所表明的，挤出物将以两倍于渐近长度的速度断裂，一旦断裂(一半)，它们将达到渐近长径比，之后不再断裂。

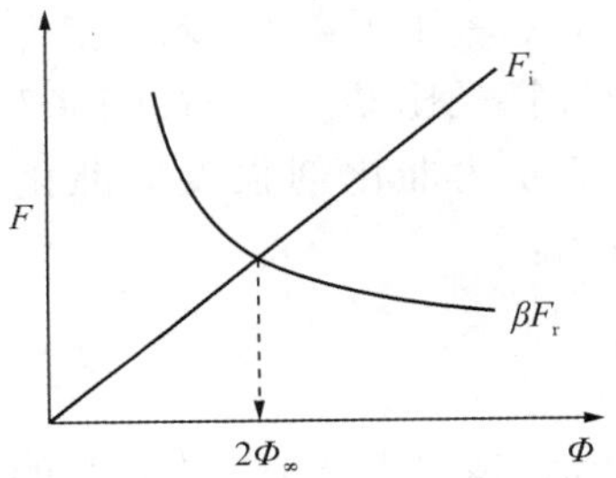

图3.34　碰撞力和断裂强度的平衡

3.5.3.3.1　无量纲组 *Be* 的碰撞断裂

公式(3.60)将断裂力与两倍于渐近长径比的碰撞力联系起来：

$$F_i = 2(D\Phi_\infty \Omega\rho a) = \beta F_r = \beta \frac{\sigma D^2}{2s\Phi_\infty} \tag{3.60}$$

其中，a 为挤出物在碰撞时的加速度，Ω 为横截面积，公式(3.61)为该简单二次方程的解：

$$\Phi_\infty = (\sqrt{\beta}/2)\sqrt{Be} \tag{3.61}$$

公式(3.62)中 *Be* 为无量纲群：

$$Be = \sigma/\psi\rho Da \tag{3.62}$$

ψ 为公式(3.63)中定义的形状因子：

$$\psi = s\Omega/D^2 \tag{3.63}$$

3.5.3.3.2　碰撞严重程度函数的发展

无量纲群 *Be* 在公式(3.62)中有明确的定义，但尚未形成实际的形式。公式(3.62)的应用比较困难，因为碰撞时的加速度不容易测量，此式还有待改进。为了避免这个问题，笔者决定将 *Be* 归一化为公式(3.64)中的重力加速度：

$$Be = \sigma/\psi\rho Da = (g/a)\times\sigma/\psi\rho Dg = (g/a)\times Be_g = 1/G\times Be_g \tag{3.64}$$

得出公式(3.65)：

$$\Phi_\infty = \frac{1}{S_\infty}\times\sqrt{\sigma/\psi\rho Dg} = \frac{1}{S_\infty}\times\sqrt{Be_g} \tag{3.65}$$

和公式(3.66)：

$$S_\infty = 2\sqrt{G/\beta} \tag{3.66}$$

除碰撞速度外，系数 S_∞ 包含碰撞中无法测量的部分，将其代入可得出公式(3.67)：

$$S_\infty = \sqrt{8v/\beta g \Delta\tau} \tag{3.67}$$

S_∞ 随着碰撞速度的增大而增大，接触时间越短，S_∞ 越大，从而导致更大的碰撞严重性影响。因此，笔者将无量纲函数 S_∞ 简单地理解为碰撞的严重程度。

笔者用了索引"∞"作为严重性符号中的子索引，以明确表示严重性基于渐近长径比 Φ_∞。公式(3.67)得出了一个非常实用的关联式，以便将渐近长径比表示为催化剂强度、催化剂性能和碰撞严重程度的函数，如公式(3.68)所示：

$$\Phi_\infty = \frac{1}{S_\infty} \times \sqrt{\sigma/\psi\rho D g} = \frac{1}{S_\infty} \times \sqrt{Be_g} \tag{3.68}$$

$\sqrt{\beta\Delta\tau}$ 得出了一个出人意料的结果，在第一个近似值中，它是一个常数，适用于各种各样的催化剂，包括从不同高度落在同一个板上的各种跌落。依笔者看来，$\sqrt{\beta\Delta\tau}$ 的恒定性导致了一个重要的简化，即碰撞的条件决定了严重性；这是用于特定设备的，而碰撞速度对碰撞的严重程度具有简单的平方根关系。

在给定的跌落试验中测量 Φ_∞ 和 Be_g，可以计算碰撞的严重程度 S_∞，然后可以用它来预测相同实验装置中不同性质催化剂的渐进长径比。

3.5.3.3.3 从 *Be* 中获得的结果

无量纲群 *Be* 确实为不同参数如何影响催化剂的渐近长径比提供了一些基本指导：

①断裂模量的平方根或挤出物的拉伸强度的增加会使长径比成比例增加。

②密度或直径的平方根增加会导致长径比成比例下降。

③挤出物的形状因素起着一定作用，四叶草形比圆柱形支撑得好，尽管差别不是很明显。

可以肯定地说，这三个趋势是直观的，但正是基于基本定律的工程分析，才产生了平方根关系。在 Beeckman 等[8,22]的研究中，他们研究了挤出物在空气中跌落到硬空心板上的碰撞过程，理论结果与实验结果较好吻合，为实际应用奠定了基础。

笔者选择的催化剂材料在形状、尺寸和强度方面差异较大，并且研究了不同的催化剂制备方法，如不同的黏结剂，以及不同工序中的样品(同一催化剂干燥或焙烧后的样品)，最后进行了不同高度的跌落测试。总共评估了大约 25 种催化剂，结果见表 3.16。

笔者的主要目标是开发和验证一种通用方法和理论方法，并希望能有实际应用。对于跌落试验的动态建模，笔者应用了一般模型，并通过预测和观察长径比的最小二乘最小化确定了渐进参数 Φ_{∞} 和 Φ_{α}。

表 3.16 碰撞断裂试验中使用的材料

样品	催化剂	属性	黏结剂	最终温度 T/℃	形状	直径/mm	跌落高度/m
1	A	沸石	氧化铝	120	圆柱体	1.56	0.20
2	A	沸石	氧化铝	120	圆柱体	1.56	0.61
3	A	沸石	氧化铝	120	圆柱体	1.56	1.83
4	A	沸石	氧化铝	120	圆柱体	1.56	6.40
5	B1	沸石	二氧化硅	120	圆柱体	1.50	1.83
6	B3	沸石	二氧化硅	120	圆柱体	1.54	1.83
7	B5	沸石	二氧化硅	120	圆柱体	1.53	1.83
8	C1	沸石	二氧化硅	540	圆柱体	1.48	1.83
9	C2	沸石	二氧化硅	540	圆柱体	1.51	1.83
10	C3	沸石	二氧化硅	540	圆柱体	1.49	1.83
11	C4	沸石	二氧化硅	540	圆柱体	1.54	1.83
12	C5	沸石	二氧化硅	540	圆柱体	1.51	1.83
13	D1	沸石	氧化铝	540	四叶草	1.43	1.83
14	D2	沸石	氧化铝	540	四叶草	1.43	1.83
15	D4	沸石	氧化铝	540	四叶草	1.45	1.83
16	E1	沸石	氧化铝	540	四叶草	1.46	1.83
17	E2	沸石	氧化铝	540	四叶草	1.46	1.83
18	E3	沸石	氧化铝	120	四叶草	1.49	1.83
19	E4	沸石	氧化铝	120	四叶草	1.43	1.83
20	F	无定形	钠	540	圆柱体	2.70	1.83
21	G	沸石	钠	540	四叶草	1.90	1.83
22	H	无定形	氧化铝	540	圆柱体	0.83	1.83
23	L	沸石	氧化铝	540	三叶草	2.84	1.83
24	M	沸石	氧化铝	540	圆柱体	0.95	1.83
25	N	碳	钠	200	圆柱体	1.40	1.83

来源：Courtesy of Wiley，doi：10.1002/aic.15231。

对于起始长径比较短的材料，无法确定参数 Φ_{α}；因此，笔者假设它们是理想的($\Phi_{\alpha}=2\Phi_{\infty}$)（见表 3.17 中的催化剂 E1、E2 和 E3）。

笔者使用3.3.1节中关于挤出物弯曲强度的方法和3.4节中关于挤出物机械强度的实验测量的方法推导了催化剂强度特性。表3.18给出了弯曲性能，最后根据公式(3.54)计算每次跌落试验的碰撞速度。

表3.17　催化剂长径比Φ_∞与跌落次数的关系及参数拟合结果

样品	催化剂	重复下降的次数													Φ_α	Φ_∞
		Φ_0	1×	2×	3×	4×	5×	7×	8×	9×	11×	16×	21×	31×		
1	A	24	6.09		4.13		3.45	3.68		3.69	2.98	2.99	3.28	2.73	6.70	2.89
2	A	24	4.54		2.93		2.61	2.35		2.21	2.12				4.93	1.93
3	A	24	3.31		2.14		2.02	1.95		1.72	1.75				3.44	1.60
4	A	24	2.66		2.01		1.92	1.73		1.80	1.61				2.73	1.62
5	B1	7.92	3.73	2.92	2.70	2.53	2.40								4.46	1.94
6	B3	6.52	2.65	2.38	2.18	1.95	1.90								2.97	1.72
7	B5	3.96	2.06	1.90	1.65	1.63	1.46								2.45	1.34
8	C1	7.92	4.28	4.24	3.98	3.83	3.57								4.59	3.57
9	C2	6.94	5.30	4.33	4.19	3.83	3.57								9.46	2.57
10	C3	6.52	3.22	2.92	2.60	2.60	2.44								3.58	2.25
11	C4	7.03	3.22	2.92	2.77	2.45	2.63								3.46	2.36
12	C5	3.96	2.17	2.05	1.88	1.84	1.78								2.35	1.69
13	D1	4.37	3.28	3.08	2.86										3.86	2.53
14	D2	4.01	2.78	2.47	2.31										3.38	1.92
15	D4	4.46	3.54	3.16	3.00										4.93	2.39
16	E1	2.25	2.25	2.24		2.25			2.22			2.18			4.27	2.14
17	E2	2.21	2.22	2.22		2.21			2.21			2.16			4.26	2.13
18	E3	2.94	2.85	2.77		2.58			2.35			2.17			4.41	2.20
19	E4	4.19	3.41	3.18		2.86			2.61			2.54			4.99	2.37
20	F	2.66	1.89	1.67		1.45			1.28			1.28			2.60	1.16
21	G	3.71	2.92	2.73		2.50			2.36			2.18			3.92	2.12
22	H	7.48	4.10	3.92		3.69			3.46			3.17			4.48	3.28
23	L	2.28	1.92			1.80			1.80			1.65			2.13	1.69
24	M	5.92	4.63	3.73		2.99			2.88			2.61			7.72	2.22
25	N	57.41	41.15	36.35		32.09			26.46			19.80			87.26	17.96

来源：Courtesy of Wiley，doi：10.1002/aic.15231。

表 3.18 催化剂性能

样品	催化剂	形状	跌落高度	Φ_α	Φ_∞	ρ/(kg/m^3)	D/m	V/(m/s)	F_r/N	s	w/m	σ/MPa	ψ	$\sigma/\psi\rho Dv$/(1/s)
1	A	圆柱体	0.20	6.70	2.89	1059	1.56×10^{-3}	1.88	1.31×10^{-1}	2.55	3.18×10^{-3}	2.81×10^{-1}	2	4.54×10^{4}
2	A	圆柱体	0.61	4.93	1.93	1059	1.56×10^{-3}	2.97	1.31×10^{-1}	2.55	3.18×10^{-3}	2.81×10^{-1}	2	2.87×10^{4}
3	A	圆柱体	1.83	3.44	1.60	1059	1.56×10^{-3}	4.00	1.31×10^{-1}	2.55	3.18×10^{-3}	2.81×10^{-1}	2	2.14×10^{4}
4	A	圆柱体	6.40	2.73	1.62	1059	1.56×10^{-3}	4.32	1.31×10^{-1}	2.55	3.18×10^{-3}	2.81×10^{-1}	2	1.98×10^{4}
5	B1	圆柱体	1.83	4.46	1.94	1242	1.50×10^{-3}	4.16	3.87×10^{-1}	2.55	3.18×10^{-3}	9.20×10^{-1}	2	5.92×10^{4}
6	B3	圆柱体	1.83	2.97	1.72	1178	1.54×10^{-3}	4.12	3.20×10^{-1}	2.55	3.18×10^{-3}	7.16×10^{-1}	2	4.80×10^{4}
7	B5	圆柱体	1.83	2.45	1.34	1126	1.53×10^{-3}	4.06	1.11×10^{-1}	2.55	3.18×10^{-3}	2.49×10^{-1}	2	1.78×10^{4}
8	C1	圆柱体	1.83	4.59	3.57	1150	1.48×10^{-3}	4.04	6.63×10^{-1}	2.55	3.18×10^{-3}	1.66	2	1.21×10^{5}
9	C2	圆柱体	1.83	9.46	2.57	1180	1.51×10^{-3}	4.10	6.49×10^{-1}	2.55	3.18×10^{-3}	1.52	2	1.04×10^{5}
10	C3	圆柱体	1.83	3.58	2.25	1049	1.49×10^{-3}	3.93	2.93×10^{-1}	2.55	3.18×10^{-3}	7.14×10^{-1}	2	5.81×10^{4}
11	C4	圆柱体	1.83	3.46	2.36	1087	1.54×10^{-3}	4.01	4.21×10^{-1}	2.55	3.18×10^{-3}	9.40×10^{-1}	2	7.01×10^{4}
12	C5	圆柱体	1.83	2.35	1.69	1037	1.51×10^{-3}	3.93	1.93×10^{-1}	2.55	3.18×10^{-3}	4.55×10^{-1}	2	3.71×10^{4}
13	D1	四叶草	1.83	3.86	2.53	1010	1.43×10^{-3}	3.88	2.94×10^{-1}	2.20	3.18×10^{-3}	7.03×10^{-1}	1.81	6.95×10^{4}
14	D2	四叶草	1.83	3.38	1.92	1067	1.43×10^{-3}	3.95	9.79×10^{-2}	2.20	3.18×10^{-3}	2.34×10^{-1}	1.81	2.14×10^{4}
15	D4	四叶草	1.83	4.93	2.39	870	1.45×10^{-3}	3.69	1.82×10^{-1}	2.20	3.18×10^{-3}	4.16×10^{-1}	1.81	4.93×10^{4}
16	E1	四叶草	1.83	4.27	2.14	1104	1.46×10^{-3}	4.03	4.63×10^{-1}	2.20	3.18×10^{-3}	1.03	1.81	8.77×10^{4}
17	E2	四叶草	1.83	4.26	2.13	1050	1.46×10^{-3}	3.96	7.03×10^{-1}	2.20	3.18×10^{-3}	1.57	1.81	1.42×10^{5}
18	E3	四叶草	1.83	4.41	2.20	1138	1.49×10^{-3}	4.09	2.71×10^{-1}	2.20	3.18×10^{-3}	5.75	1.81	4.59×10^{4}
19	E4	四叶草	1.83	4.99	2.37	1249	1.43×10^{-3}	4.16	3.74×10^{-1}	2.20	3.18×10^{-3}	8.89×10^{-1}	1.81	6.60×10^{4}
20	F	圆柱体	1.83	2.60	1.16	2350	2.70×10^{-3}	5.32	1.76	2.55	6.35×10^{-3}	1.45	2	2.16×10^{4}
21	G	四叶草	1.83	3.92	2.12	1094	1.90×10^{-3}	4.35	5.43×10^{-1}	2.20	6.35×10^{-3}	1.10	1.81	6.72×10^{4}
22	H	圆柱体	1.83	4.48	3.28	1870	8.28×10^{-4}	3.91	2.67×10^{-1}	2.55	2.38×10^{-3}	2.85	2	2.35×10^{5}
23	L	三叶草	1.83	2.13	1.69	965	2.84×10^{-3}	4.52	2.53	2.28	6.35×10^{-3}	1.60	1.65	7.82×10^{4}
24	M	圆柱体	1.83	7.72	2.22	750	9.45×10^{-4}	2.82	8.01×10^{-2}	2.55	2.38×10^{-3}	5.76×10^{-1}	2	1.44×10^{5}
25	N	圆柱体	1.83	87.26	17.96	994	1.40×10^{-3}	3.77	6.27	2.55	6.40×10^{-3}	3.72×10	2	3.55×10^{6}

来源：Courtesy of Wiley，doi：10.1002/aic.15231。

图 3.35 显示了采用该模型数据的拟合情况：渐近长径比参数值和拟合情况相当合理。此外，渐近长径比 Φ_∞ 是 $\sqrt{\sigma\psi\rho Dv}$ 的函数，表示通过原点的一条直线，如图 3.36 和图 3.37 所示。

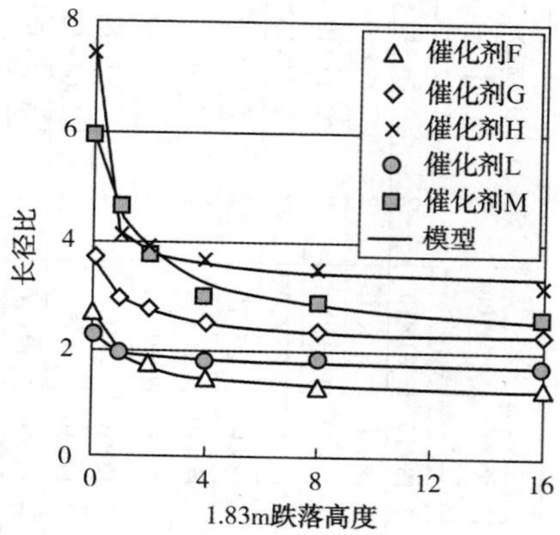

图 3.35　长径比模型拟合结果

直线的斜率为 $\beta\Delta\tau/8$，可以用来表示碰撞的接触时间。假设碰撞因子是统一的，可以在 0.6ms 左右计算出 $\Delta\tau$ 值，这确实是一个很短的时间间隔。0.6ms 的值比高速摄影所显示的要长，但考虑到所有的假设和处理，可以认为是合理的。当然，更深入的研究和更快的帧速率可以帮助改善这一点。然而，有趣的是，所有催化剂似乎都表明，在一级近似下可以将 $\beta\Delta\tau$ 视为常数。

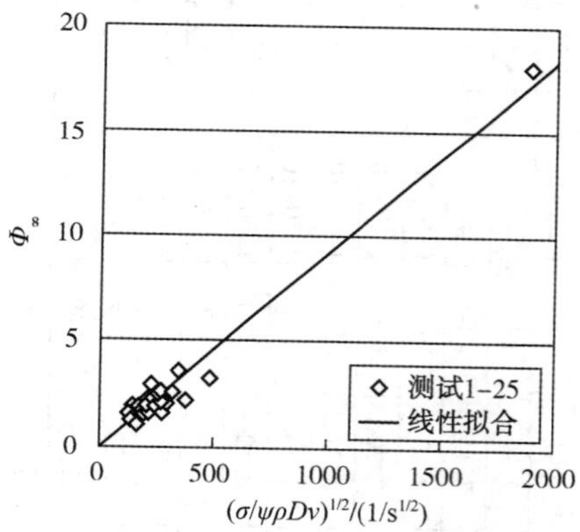

图 3.36　渐近长径比与 $\sqrt{\sigma\psi\rho Dv}$（全范围）

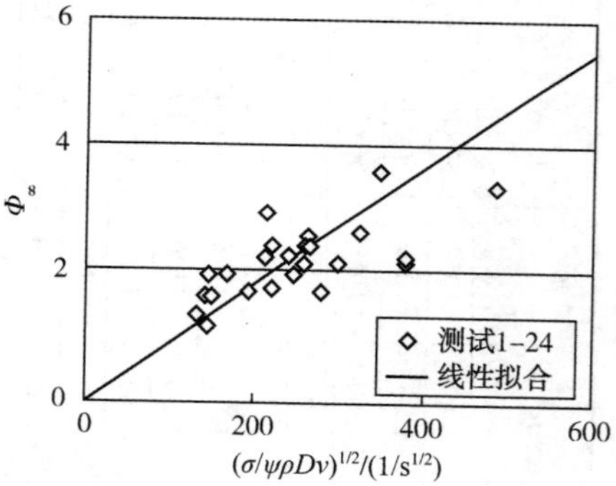

图 3.37　渐近长径比与 $\sqrt{\sigma\psi\rho Dv}$（缩小 x 轴范围）

为了估计平方根，笔者在自然对数尺度上绘制了渐近长径比和 $\sigma/\psi\rho Dv$，该线的斜率为 0.42，接近理论值的一半。$\sigma/\psi\rho Dv$ 组中，特定变量的渐近长径比的个别趋势很难得到，因为经常有多个变量在不同的实验中变化。幸运的是，由于不同的落差高度和碰撞的断裂模量，图 3.38 和图 3.39 显示了这些趋势。

例如，对于 1.83m 的跌落高度，无量纲的严重性是多少？环境空气中碰撞速度的计算值为 4.0m/s，根据该速度值和 Φ_∞ 与 $(\sigma/\psi\rho Dv)^{1/2}$ 的关系，可以得出：

$$S_\infty = \sqrt{8v/g\beta\Delta\tau} = \sqrt{4.0/9.81} \times (2000/18) = 71 \tag{3.69}$$

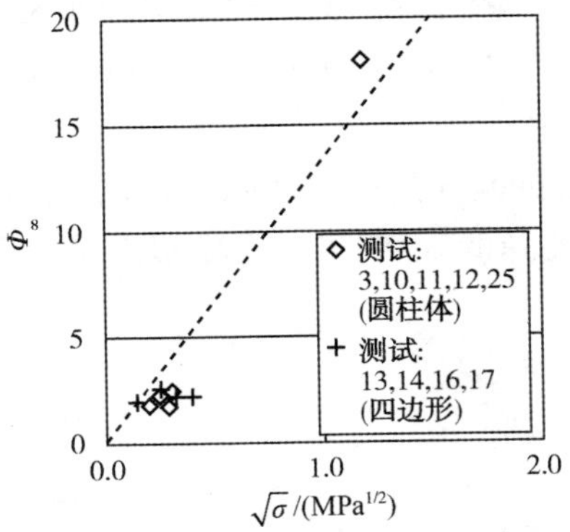

图 3.38　渐近长径比 Φ_∞ 与 $\sqrt{\sigma}$ 的变化趋势

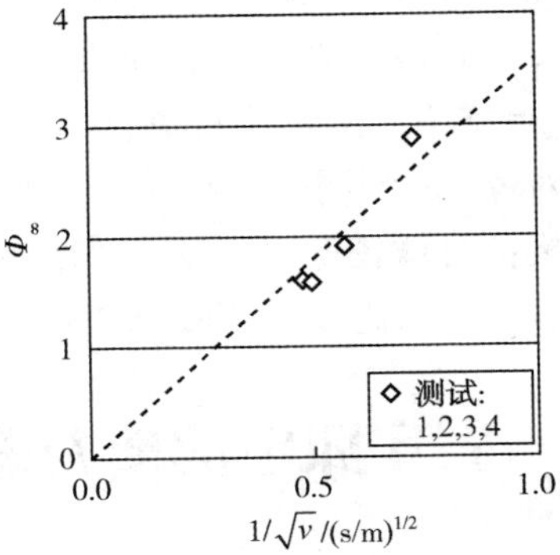

图 3.39　渐近长径比 Φ_∞ 与 $\frac{1}{\sqrt{v}}$ 的变化趋势

该无量纲严重性值 71 可适用于所有催化剂或载体在硬板上从 1.83m 高度跌落的情况。

为了获得第二个渐近长径比 Φ_α，笔者遵循了 Beeckman 等[8]的早期研究结果，笔者发现 Φ_α 通常接近渐近长径比 Φ_∞ 的两倍，可以从图 3.40 处看出这个规律。此外，碰撞速度对 Φ_α 的影响如图 3.41 所示，从图 3.41 中可以看出该推理是令人满意的。

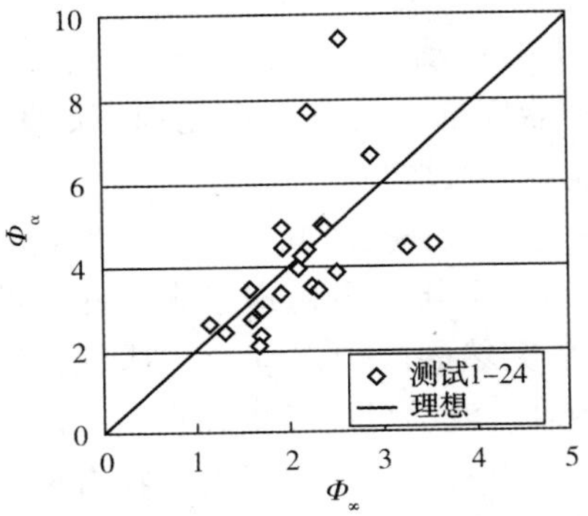

图 3.40　渐近长径比 Φ_α 与 Φ_∞ 的关系

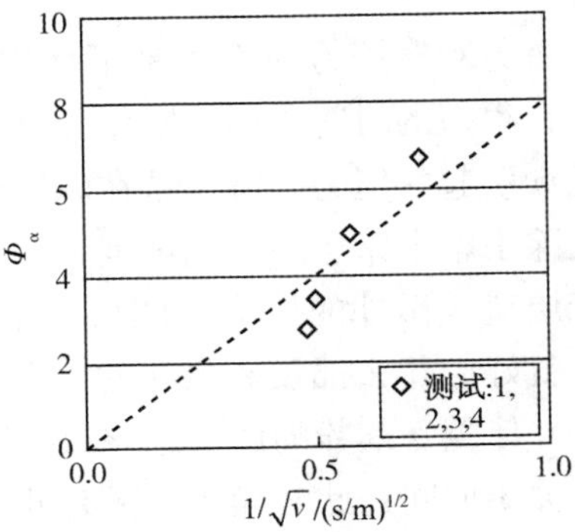

图 3.41　渐近长径比 Φ_α 随 $\frac{1}{\sqrt{v}}$ 的变化趋势

3.5.3.3.4　范例：失重下的催化剂

想象一下在地球、火星和月球上进行的三次相同的跌落测试，这三个测试的渐近长径比 Φ_∞ 在不同重力场情况下会有什么不同？假设跌落高度较低，这样可以忽略大气，从而忽略三个试验中的阻力，公式(3.70)将碰撞速度表示为：

$$v=\sqrt{2hg} \tag{3.70}$$

其中，h 为跌落高度，g 为具体条件下的重力加速度。

笔者假设碰撞的接触时间不受重力的影响，因为粒子受到撞击后的加速度比重力 g 大得多。Φ_∞ 与碰撞速度的关系表明，渐近长径比与 $g^{-0.25}$ 成正比，在地球上 $\Phi_\infty = 3.0$，在火星上 $\Phi_\infty = 3.8$，在月球上 $\Phi_\infty = 4.7$。

对 Φ_∞ 的预测可以在地球上通过调整跌落试验的高度来模拟较低的 g，在地球上模拟月球较低引力场，跌落测试高度需要降低 6.05 倍，而模拟火星的引力场，跌落测试高度需要降低 2.64 倍。

3.6 固定床中的应力断裂

催化剂在固定床中会受到压力。挤出物的重量，尤其是底部，可能会受到很大的压力，有一些外部参考资料可以让我们对此有一个更深的理解。

让我们进一步将碰撞过程中受到碰撞力而导致挤出物断裂延伸到压力导致的固定床催化剂断裂，由于各种复杂的原因，催化剂在固定床中会受到压力，特别是底部的催化剂会受到很大的压力，文献可以让我们对影响因素有一个切实的理解。随着在床层中挤出物的高度增加，由于层层增加的重量而产生的应力也随之增加。然而，研究表明，由于重力向床层壁径向分散，应力的增加随着床层高度的增加而减少。实质上器壁上的摩擦力基本上支撑着床层，阻止重力一直向下传递。

重力和摩擦力的平衡是不稳定的，一个小的扰动可以突然减弱墙壁的摩擦力。在很短的时间内(通常为 1s 到几秒)，容器底部承受整个催化剂床的重量。由扰动引起的压力，特别是在床层底部，可能会大大增加。

除了整个床层的催化剂重量外，还需要考虑床层在短时间内的加速度会给底部床层造成额外的压力。此后，床层很快找到一个新的不稳定平衡，并继续保持，就好像什么都没有发生过一样，只是底部突然的应力波动会造成催化剂断裂，并伴随着细粉的产生，导致后续的操作困难。波动可能发生在设备中断、启动和关闭期间，此时操作既没有处于运行中，也没有处于稳定状态。在有堆积床的反应器工作时，请牢记这一点。当工艺流体为液体时，由于催化剂吸收液体填充粒子间部分空隙，催化剂床层的重量也显著高于干重。除了重量引起的压力外，正常运行期间催化剂床层上的工艺压降也可能造成压力。

由于固定床中的压力变化很大，因此不容易对其进行量化。为了简化任务，考虑非常浅的床层(比如几厘米)，对其外加很大的压力，在进行整体抗压强度测量时，会遇到这种情况。该程序容易控制，并且作为一个既定的 ASTM 程序具有另外的好处。

笔者将进一步限制此处的研究仅限于挤出物，而不是球形、颗粒或用压片造粒机制成的成型体。正如碰撞断裂的情况一样，当强度基于断裂模量时，无量纲群处于断裂现象的核心。很明显，这种尝试只是一级近似，通过进一步的研究可以改进很多。笔者预计，固定床中的断裂产生的压力将比现在大得多。

3.6.1 实验

Beeckman 等[26]提供的实验程序也有视频格式，可通过谷歌搜索“Beeckman JoVE”或 doi：10.3791/57163 进行查阅。此处笔者对研究内容加以总结，笔者总共测试了五种不同的催化剂，它们在形状、尺寸、弯曲强度和密度等性能上有很大差异。不是所有的催化剂都含有沸石晶体，挤压过程中使用的黏合剂通常是二氧化硅或氧化铝。由于保密原因，笔者并未公开这些催化剂的化学成分，但这些信息对研究方法或分析过程没有影响。

长径比的实验测定方法与 3.5.2.1 节中的方法基本相同，前面提到的 Beeckman 等[26]的视频清楚地展示了这个过程。简而言之，从整个催化剂样品中抽取大约 200 个挤出物，并进行光学扫描，然后将扫描结果传输到 Alias 分析软件，该软件单独计算每个挤出物的长径比，并确定所有挤出物的平均长径比。笔者的合作者在 JOVE 上发表的论文中，重复了这一研究。

笔者的合作者用 Instron 仪器测定了每种催化剂的弯曲强度，使用 Bluehill 软件每次分析 25 个挤出物。然后，确定了起始催化剂的弯曲强度的平均值。整体压碎试验与 ASTM D7084-04 试验在本质上相同，只是断裂试验的重点是长径比，而 ASTM 试验的重点是跌落试验中产生的细粒。

使用测试器具的直径约 0.0635m，高度约为 0.54m。将催化剂样品装入外壳，并用直尺将样品铺平整，小心地将顶板和球放在固定床上，进行测量。

JoVE 上的视频展示了整个过程，除了将长径比建模为强度和压碎压力的函数外，笔者还试图在本书中模拟细粉、灰尘和碎屑的形成，这在商业上称为“细粉产生”。在本节结束时，笔者将展示这个简单模型与数据良好的一致性。

3.6.2 理论

描述和量化催化剂挤出物在固定床中受到应力时如何断裂显然并不容易。首先，即使是最简单的情况——单个挤出物的断裂——也取决于床中挤出物支撑点的位置以及与挤出物接触的力的位置和方向。简化一点分析，当受到应力时，挤出物弯曲的量实际上非常小；笔者认为由于弯曲现象，挤出物很少出现新的接触点。第二，催化剂挤出物具有长度分布，因此，即使在中间施加，断裂的力也会如此。由于扭矩的双曲线性质，挤出物长度的分布会有所不同。第三，固定床中挤出物的位置和方向分布极不规则。Wooten[32]对不同类型的装填技术进行了较好的回顾和比较，布袋装填的催化剂床往往具有更高的空隙率，定向装填的催化剂床填料更密，催化剂挤出物的静止位置往往比装填的催化剂挤出物更为水平。在这两种情况下，很难描述固定床中挤出物的局部排列。

笔者认为从简化模型开始较为合理，并将模型预测的平均长径比与五种催化剂的实验数据进行比较；尽管模型简单，一致性非常好。当挤出物断裂时，它们也会产生细颗粒，预测的细颗粒产量也与数据吻合得很好。

虽然在本书中，笔者的重点是预测长径比，但预测固定床断裂引起的细粒也很重要，因为商业设施中的大多数 ASTM D7084-04 试验数据都是基于细粒产生的。

在笔者的简单模型中首先施加力，使挤出物断裂成平均长度；该力由实验确定，作用在挤出物的中间，可以得到断裂模量。该模型假设，在装填过程中，催化剂挤出物平均堆放在45°的位置，该模型还计算了挤出物的面密度和支撑床的单位面积挤出物的平均数量。将施加的应力与床层的弯曲强度相平衡，将产生一个无量纲组，可预测将催化剂断裂至无限小所需的应力，从而导致长径比减小到无限小，以实现新的平衡。

3.6.2.1 催化剂挤出物的面密度

在 Beeckman 等[25]的研究中，发表了许多关于固定床催化剂断裂的文章。首先，需要为支撑催化剂床层重量(也称为负载)的水平层中催化剂挤出物的面密度建立一个表达式。负载可能是床层的重量，也可能是工艺压降，或者可能是运行 ASTM D7084-04 试验中使用的整体抗压强度测量时施加在床上的应力。当观察通过床层的水平切片的负载时，该负载实际上由分布在切片区域上的许多单独催化剂挤出物承载。这样一个切片和单独的接触点，如果能够可视化，将是一个惊人的实验。在这种情况下，切片实际上是由挤出物堆叠形成的不平整表面。固定床的任何水平顶面都可被视为顶层或正在建造床层的起点。

每一层含有单位面积的若干挤出物，笔者假设这些挤出物支撑着上部的催化剂床层。用直径相同的球体填充或用长径比近似统一的短圆柱体填充，其密度与 $1/D^2$ 成正比。这类催化剂是通过滚球造粒或滴球制备的；短挤出物是通过压片机或在模面上切割制备的，我们需要的是相对较长的挤出物。不管催化剂样品是否具有长径分布，假设挤出物都是平均长度。要获取层中挤出物数量的表达式，需要进行以下操作：

①假设一个床层，该床层是通过缓慢跌落堆积而成的，催化剂在静止时不会相互干扰。

②假设床层在长范围内平均呈几何水平，但在只有几个挤出物的区域内，表面非常不均匀。

③任意将顶层指定为0层。根据定义，有一些挤出物被指定给0层，但不知道共有多少挤出物或挤出物处在何处。

创建下一层，或1层：

(a)把挤出物放在床上的任意位置，让它静止。这是分配给层1的第一个挤出物。

(b)稍后一次放置一个挤出物，这些挤出物会接触到0层中的挤出物，但不接触之前分配给第1层的任何单个挤出物。

(c)与之前分配给第1层的挤出物接触的挤出物将属于第2层，因此将从床中移除。

在第1层所有可能的位置被占满后，计算分配给第1层的所有挤出物，然后确定结果。此后，可以继续进行第2层填充。

由于填充过程具有随机性，并不是每一层都有相同数量的挤出物，但仍然可以做出一个较好的估计。每一层的挤出物都会在床的顶部占据一定空间；假设平均位置实际上沿着立方体的长对角线，并且这个长对角线包含平均长度的挤出物。在这种情况下，长对角线被定义为从立方体的一角到另一角的对角线。

将多个立方体有序地堆叠在一起，一个接一个，但不一定是在同一高度，形成方形图案，立方体之间没有开放空间，这是支撑床层的一层中挤出物的数量。以这种方式堆积的催化剂挤出物床层可能更类似于布袋装填，而不是定向装填。催化剂定向装填更像在一个短的平行六面体中，在更水平的位置容纳平均长度的挤出物。

笔者可能过于简化了堆积，但由于笔者没有考虑长度到直径的分布，因此在这一点上设想任何更复杂的情况是没有意义的。后面3.6.2.5节所示的模型预测将证明这些假设是合理的。

公式(3.71)表示若干个平均长度为L的挤出物的面积密度，以长对角线的形式堆积在一个立方体中，其投影因子ζ：

$$\text{面积密度}=\frac{1}{(\zeta L)^2} \tag{3.71}$$

$$\zeta=1/\sqrt{3} \tag{3.72}$$

在Beeckman等[25]的研究中，笔者展示了在长径比为2.5时，这种装填的空隙率为35%，这是一个非常典型的值。事实上，笔者认为测量空隙率可能是一个很好的工具，在考虑长度分布和装填方式时，其可以用来测试一些更复杂的处理方法。

3.6.2.2 断裂力与固定床静载荷的平衡

在推导出沿挤出层的“水平”表面切片的挤出层的面密度的近似表达式后，

接下来可以获得单个挤出物在断裂时所能承受力(断裂力)的近似值。显然，催化剂床层表面是一个复杂的实体。

笔者假设，挤出物在床层顶部的平均位置的一级近似值是一个立方体的长对角线，该立方体位于水平位置，并平铺于催化剂床表面。根据著名的三点弯曲试验，公式(3.73)计算了使挤出物断裂所需的力，如下所示：

$$F_r = \frac{\sigma D^3}{sL} \tag{3.73}$$

如 Wachtman 等[33]所解释的，当挤出物的长径比很小时，非线性行为被引入公式(3.73)。在本书中，笔者将仅使用公式(3.73)表示的细长梁相关性。

断裂力的垂直分量是在催化剂床层垂直方向上的投影，公式(3.74)计算力的分数 γ_a，其由立方体长对角线的垂直投影得到：

$$\gamma_a = \sqrt{2/3} \tag{3.74}$$

笔者还在分析中引入了一个称为“γ_b”的桥接因子，笔者发现，即使是一小袋挤出物，甚至是一个单一的挤出物，也占据床层的一小部分，而床层的尺寸远远大于挤出物自身的尺寸。这个桥接因子可能是未来非常有趣的数值研究的主题，因为它很难建立，为了简单起见，笔者将它设置为一个整体。

公式(3.75)计算了给定长径比的挤出物在不断裂的情况下所能承受的应力 P：

$$P = F_r \left[\frac{1}{\zeta L}\right]^2 \left[\frac{\gamma_a}{\gamma_b}\right] \tag{3.75}$$

公式(3.76)以更简便的形式重新排列了方程式(3.75)，表示平均长径比 Φ，作为应力和床层性质的函数：

$$\Phi = \Psi Be_r^{1/3} \tag{3.76}$$

其中，Ψ 是由挤出物在床层中堆积确定的系数，在一级近似下，公式(3.77)给出了该系数的表达式：

$$\Psi = \left[\frac{\gamma_a}{\zeta^2 \gamma_b}\right]^{1/3} \tag{3.77}$$

根据等式中的参数值计算 ψ 值，根据公式(3.72)和公式(3.74)计算是 $6^{1/6}$，大约为1.35。在断裂过程中，堆积系数可能不是恒定的；由于断裂的发生，挤出物可能更倾向于一个更水平的位置。但与此同时，断裂的挤出物碎片在进入裂缝时也可能会更加垂直地堆叠，这很难预测，实验数据才能阐明这一点，稍后笔者将证明常数 Ψ 可能是一个合理的假设。

该组 Be_r 无量纲，由公式(3.78)给出：

$$Be_r = \sigma / sP \tag{3.78}$$

下标旨在引起人们对断裂现象的注意，该组的物理含义很清楚：它是断裂强度与施加在床层上的应力之比。正如笔者前面提到的，这种断裂强度 σ 与挤出物的拉伸强度相同。这里重要的一点是假设断裂是正确的，断裂力通过弯曲导致断裂所需的力。

在弯曲过程中，沿挤出物轴线方向和垂直于轴线的表面上的应力在挤出物下部最高。当应力达到拉伸强度时，挤出物断裂。让我们回顾一下 Φ 表达式的含义和解释，当固定床的挤出物承受垂直应力时，根据公式(3.75)或公式(3.76)，当施加的应力过高时，挤出物将断裂至比加载的 Φ 值更小的 Φ 值。如果应力过低，则不会发生断裂。因此，有一个临界压力，给定 Φ_0 的床层可以承受而不会断裂，见公式(3.79)：

$$P_c=\sigma\Psi^3/[s\Phi_0^3] \tag{3.79}$$

可以看出，挤出物床层所能承受的临界压力与挤出物的抗拉强度成正比，与挤出物床层平均长径比的三次方成反比。

由于壁面效应床层不容易达到临界压力：因为床层的重量及其应力会向壁面分布并被壁面摩擦力抵消。在整体抗压强度试验中，壁面效应不是问题，因为床层非常浅，只有在非常浅的床层情况下整个断裂才会均匀。

3.6.2.2.1　浅层催化剂床的重量导致的催化剂断裂

由于净重很小，浅床层中因重量应力引起的断裂通常可以忽略不计。通常，装填(碰撞)过程中的断裂更为重要，当考虑压降和工艺重量(由于润湿)时，至少要考虑断裂，见公式(3.80)：

$$P=H_B(1-\varepsilon)\rho g=H_B\rho_B g \tag{3.80}$$

其中，ε 为床层空隙率，ρ 为颗粒密度，ρ_B 为床层体积密度，g 为重力加速度，H_B 为床层深度。

根据第一原理可计算床层底部的应力，现在可以很容易地将公式(3.80)与前面建立的强度结合起来，假设底部的催化剂承受床层的全部重量，而不与壁面相互作用。公式(3.81)表示床层的临界高度，该床层能够承受重量而不发生断裂：

$$H_c=\sigma\Psi^3/[s\rho_B g\Phi_0^3] \tag{3.81}$$

临界高度与挤出型催化剂的抗拉强度成正比，与床层的体积密度成反比，与单批催化剂长径比的三次方成反比。

临界高度对堆积密度和抗拉强度的依赖是直观的，但对长径比的三次幂依赖不是直观的，这是分析的结果。

3.6.2.2.2　由于深层催化剂床的重量导致催化剂断裂

当催化剂床层高度与直径相比变得明显时，情况会发生变化，正如杨森最初发现的那样[34]。情况的不同之处在于，催化剂重量产生的力向外辐射到壁面，增加了壁面摩擦力。这种摩擦力会变得很强，完全抵消了固定床上的任何额外重量，额外的重量不会对床的底部产生额外的压力。

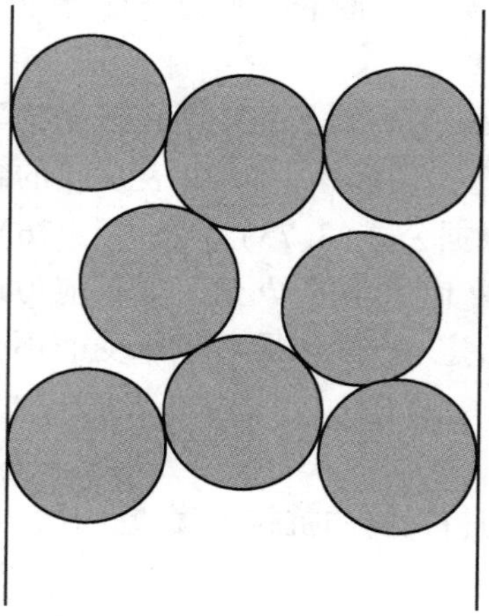
图 3.42　球体在柱中的堆叠

图 3.42 显示了在一个狭窄的管中只有几个球体的堆叠，可以看到壁面和颗粒之间的摩擦力，可以想象挤出物出现类似情况。为了进一步说明，笔者使用一个简单的实验设置，其中垂直安装一根直径为 10cm、长 1m 的塑料管，它位于秤上方约 2cm 处，彼此之间不接触。起初，从上方将挤出催化剂倒入塑料管中时，称重仪记录装入管中催化剂的重量。然而，随着催化剂床层高度的升高，很明显，刻度显示的负载催化剂越来越少，在某些点上显示的不再是后续添加的催化剂的重量。然而，这是一种不稳定的平衡。轻敲立柱将打破摩擦力平衡，并导致秤突然显示整个催化剂柱的重量，随着催化剂的继续加入会再次进入新的不稳定平衡，这个短的时间范围是以几分之一秒来度量的。

笔者在本书开头提到，在启动和关闭等非稳定状态操作期间，重量和壁面相互作用的不稳定平衡可能会导致床层底部发生严重断裂。当固定床在进料或改变进料或改变进料速率时可能会发生震动，上述情况应予以考虑。

杨森的原始模型[34]考虑了壁面摩擦力，如公式(3.82)所示：

$$\pi R^2 P(x+\mathrm{d}x) = \pi R^2 P(x) + \pi R^2 g\rho_B \mathrm{d}x - 2\pi R\mu_w P\mathrm{d}x \tag{3.82}$$

其中，x 是从床层顶部到床层中特定位置的距离，向下为正。摩擦系数 μ_w 量化了壁面摩擦力，笔者参考第 2 章了解了更多关于摩擦及其所带来的问题。此外，关于壁面摩擦力的更多信息，可详细查阅杨森[34]和舒尔茨[35]的研究报道。

将公式(3.82)重新排列得到公式(3.83)，可显示每个位置的应力梯度：

$$\frac{\mathrm{d}P}{\mathrm{d}x} = g\rho_B - 2\mu_w P/R \tag{3.83}$$

因此，对于较小的应力值 P，负载应力的增加与位置深度成正比。随着负载应力的增加，公式(3.83)右侧的第二项变得更大，进而可将应力梯度减小到可以忽略不计的程度。

$$P = (g\rho_B R/2\mu_w)(1-\mathrm{e}^{-2\mu_w x/R}) \tag{3.84}$$

公式(3.84)是公式(3.83)中微分方程的解：

$$P_{x \ll R/2\mu_w} = g\rho_B x \tag{3.85}$$

如前所述，当 x 足够小时，根据公式(3.85)，负载引起的应力随床层位置深度线性增加。

此外，由于壁面摩擦，当 x 足够大时，应力达到公式(3.86)给出的恒定值：

$$P_{x \gg R/2\mu_w} = g\rho_B R/2\mu_w \tag{3.86}$$

根据公式(3.86)，可以根据恒定应力值快速获得由与所述墙体相同材料制成圆柱的壁面摩擦系数的实验值。

3.6.2.3 催化剂断裂过程中粉末的形成

如 ASTM D7084-04 试验中所述，催化剂床层在应力作用下会产生碎屑和细粒，细粉的数量(表示为催化剂总重量的百分比)也可用作为催化剂强度的度量。行业出于放大原因或商业应用，也使用此度量强度。

假设挤出物的每一次断裂都会产生一定量的细粉，当进行一级近似分析时，考虑所有断裂是等效的——与挤出物长度的任何分布或挤出物的方向无关。假定催化剂样品的起始长径比为 Φ_0。

$$b_f = \left(\frac{1}{\rho \Omega D}\right)(1/\Phi_1 - 1/\Phi_0) \tag{3.87}$$

式中，ρ 为颗粒密度，Ω 为横截面积。

加载并进行应力测试后，样品可能具有较小的长径比，等于 Φ_1。现在，根据公式(3.87)，确定 b_f 是一个简单的计算，即将长径比从 Φ_0 更改为 Φ_1 所需的每单位重量的断裂次数：

接下来要做的就是计算每次断裂中产生的粉末总和，可以从 ASTM D7084-04 试验中建立的单个试验中获得。在 Beeckman 等[25]的研究中，笔者通过平均断裂角 θ 等于 1 拉德(约 57°)来模拟断裂现象，假设每一次断裂都会产生相当于 Φ_f 的细颗粒损失，并根据公式(3.88)进行近似计算：

$$\Phi_f = \tan\theta \cong 0.65 \tag{3.88}$$

结合公式(3.87)和公式(3.88)得出公式(3.89)，并得到生成细粒的质量分数。

$$\omega_f = 1/\tan\theta/(1/\Phi_1 - 1/\Phi_0) \tag{3.89}$$

当施加的压力高于临界压力时，根据公式(3.89)得出的质量分数，低于或处于临界压力时，细粉的质量分数为零。

在 Beeckman 等[25]的研究中，笔者计算了细粉生成曲线的斜率，并表明该斜率与抗拉强度以及负载催化剂长径比的二次方成正比。此外，考虑到抗拉强度、长径比和施加应力之间的关系，细粉生成的响应和长径比随应力的下降现在比较容易理解。

3.6.2.4 关于断裂能的考虑

根据定义，能量(功)是施加在物体上的力与在力的方向上移动距离的乘积。

在整体压碎试验过程中，当破碎物压缩床层时，施加在顶面上的短距离作用力对催化剂床层产生功。低于临界压力时，床层没有压痕，因此逐渐升高的压力不会产生功。

一旦达到临界压力(或超过临界压力)，由于催化剂断裂和随后的床层重排，床层开始缩进。对于达到的每个压力点，床层都会达到平衡值，并达到该压力的特定缩进值。床层顶部的力乘以压痕是一个功，当从一开始求和时，得到因断裂而在床层上完成的总功。当床层在一定压力下断裂后达到平衡时，长径比下降，临界压力升高。因此，必须增加压力，以产生进一步的断裂。

断裂能量还包括在断裂中伴随形成的粗粒、细粒和灰尘的能量。虽然摩擦功在颗粒重排过程中也是可能的，但笔者忽略它的贡献，这种摩擦功发生在床层中的任何位置以及沿浅床层壁面的任何位置，床层中的摩擦功可能与体积成正比，而沿壁面的摩擦功可能与垂直壁的表面积成正比。通过进行不同床层体积和壁高的实验，两种摩擦作用可能相互分离，并与断裂功分离。

在本书中，假设测试中所做的所有功都归因于断裂。在某种程度上，这种描述类似于气体压缩过程中发生的情况，只是它是不可逆的。将从临界压力(缩进值为零)到某个压力的功逐步相加，可以使用公式(3.90)计算催化剂样品断裂的总功：

$$\sum(F\times\Delta x_i)=\sum(P\times\text{面积}\times\Delta x_i)=E_b\times(W/\rho\Omega D)(1/\Phi_1-1/\Phi_0) \tag{3.90}$$

其中，W 为试验中催化剂样品的重量，E_b 是单次断裂的能量，Δx 是从一个压力点到下一个压力点的有限差分缩进值。

笔者认为，未来有可能利用分辨率较高的热电偶(分辨率为百分之几)检测催化剂断裂所释放的能量(将其放置在催化剂床层中)，这是非常值得研究的。

3.6.2.5 通过整体抗压强度测试模拟固定床断裂

表 3.19 列出了本研究所用催化剂的相关参数，为了测试这种理论方法，笔者选择的催化剂特性广泛。由于圆柱体、四叶草和三叶草形催化剂在工业上使用量最大，因此笔者选择这三种形状的催化剂开展研究。

表 3.19 本研究中使用的催化剂及其性质

催化剂	形状	D/m	Φ_0	s	ρ_P/(kg/m³)	σ/MPa	P_c/kPa
A	四叶草	1.43×10^{-3}	3.18	2.20	1250	0.81	27.9
B	圆柱体	9.50×10^{-4}	5.92	2.55	750	1.38	6.4
C	圆柱体	8.30×10^{-4}	7.48	2.55	1870	2.83	6.5
D	三叶草	2.89×10^{-3}	2.28	2.28	970	0.76	69.3
E	圆柱体	1.55×10^{-3}	3.54	2.55		1.37	39.7

来源：Courtesy Wiley VCH，doi：10.1002/ceat.201600550。

当初始长径比范围为 2. 3~7. 5 时，催化剂颗粒密度范围为 750~1870kg/m^3。拉伸强度范围为 0. 76~2. 8MPa 时，催化剂挤出物的直径范围超过典型的商业样品。在 Beeckman 等的研究中[25,26]可以发现，笔者的合作者完成了所有的实验工作，他们装填了各类催化剂，施加不同水平的断裂压力。他们逐渐提高压力，催化剂床层在每个压力水平下达到平衡，还测量了缩进值、细粉和催化剂的长径比。

表 3. 20 列出了实验过程得到的数据，使用表 3. 19 中的性能，笔者计算出临界压力，结果如图 3. 43~图 3. 47 所示。由于通过实验很难确定临界压力，只能通过足够的试验来得到一个较好的平均值。然而，由于数据有限，必须处理长径比固有的实验分散性。

表 3. 20　催化剂整体压碎强度测量

催化剂	压力/kPa	缩进/m	质量/kg	目标质量/kg	Φ
A	6. 9	0	5. 31×10^{-2}	0	2. 93
A	13. 8	0	5. 13×10^{-2}	1. 00×10^{-4}	3. 50
A	20. 7	0	4. 96×10^{-2}	3. 00×10^{-4}	3. 09
A	27. 6	0	5. 04×10^{-2}	5. 00×10^{-4}	3. 20
A	41. 4	1. 59×10^{-3}	5. 00×10^{-2}	8. 90×10^{-4}	2. 95
A	55. 2	1. 59×10^{-3}	5. 15×10^{-2}	9. 00×10^{-4}	2. 89
A	82. 7	2. 38×10^{-3}	4. 95×10^{-2}	4. 06×10^{-3}	2. 31
A	110. 3	3. 18×10^{-3}	5. 13×10^{-2}	7. 80×10^{-3}	2. 11
A	165. 5	4. 76×10^{-3}	4. 97×10^{-2}	1. 24×10^{-2}	1. 99
A	220. 6	6. 35×10^{-3}	4. 88×10^{-2}	1. 49×10^{-2}	1. 64
B	13. 8	0. 00E+00	3. 61×10^{-2}	1. 00×10^{-4}	4. 32
B	34. 5	1. 59×10^{-3}	3. 43×10^{-2}	1. 70×10^{-4}	3. 70
B	69. 0	2. 38×10^{-3}	3. 46×10^{-2}	7. 00×10^{-4}	3. 04
C	48. 3	7. 94×10^{-4}	7. 41×10^{-2}	1. 03×10^{-2}	2. 95
C	69. 0	1. 59×10^{-3}	7. 62×10^{-2}	8. 00×10^{-3}	2. 74
C	206. 9	3. 18×10^{-3}	7. 67×10^{-2}	1. 08×10^{-2}	2. 53
D	344. 8	8. 06×10^{-3}	4. 66×10^{-2}	8. 30×10^{-3}	1. 39
E	34. 5	7. 94×10^{-4}	4. 48×10^{-2}	0. 00E+00	3. 12
E	69. 0	1. 59×10^{-3}	4. 63×10^{-2}	2. 16×10^{-4}	2. 41
E	137. 9	3. 97×10^{-3}	4. 31×10^{-2}	2. 09×10^{-3}	2. 27
E	275. 8	4. 76×10^{-3}	4. 06×10^{-2}	6. 31×10^{-3}	1. 59
E	551. 6	6. 35×10^{-3}	3. 43×10^{-2}	1. 28×10^{-2}	1. 77

来源：Courtesy Wiley VCH，doi：10. 1002/ceat. 201600550。

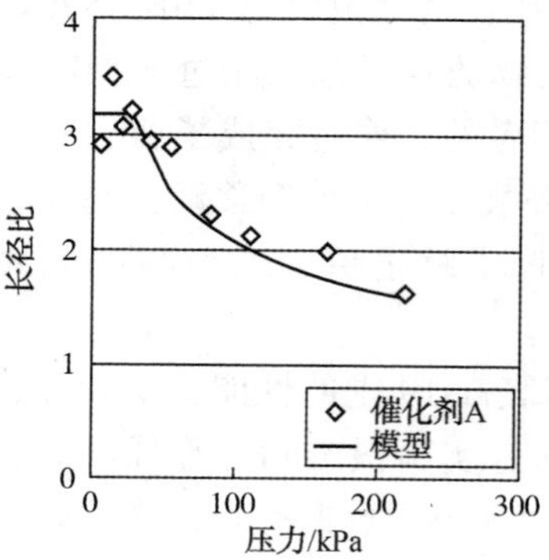

图 3.43　催化剂 A 的预测长径比

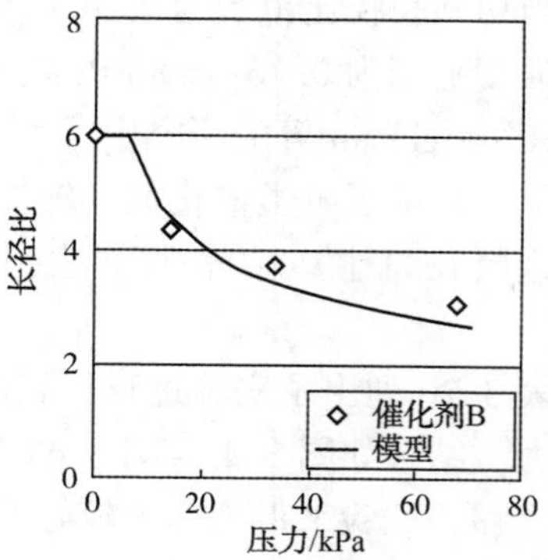

图 3.44　催化剂 B 的预测长径比

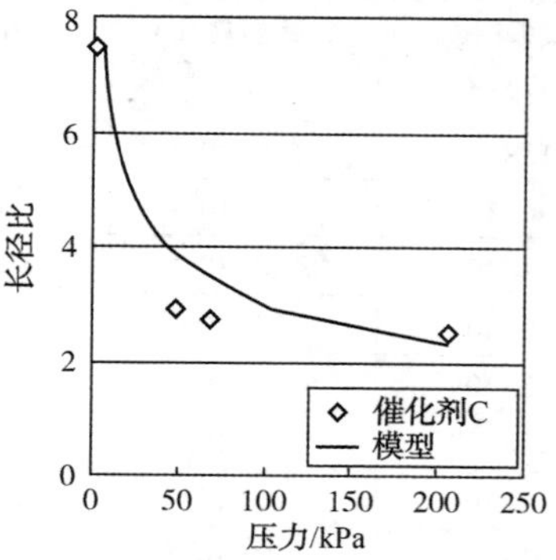

图 3.45　催化剂 C 的预测长径比

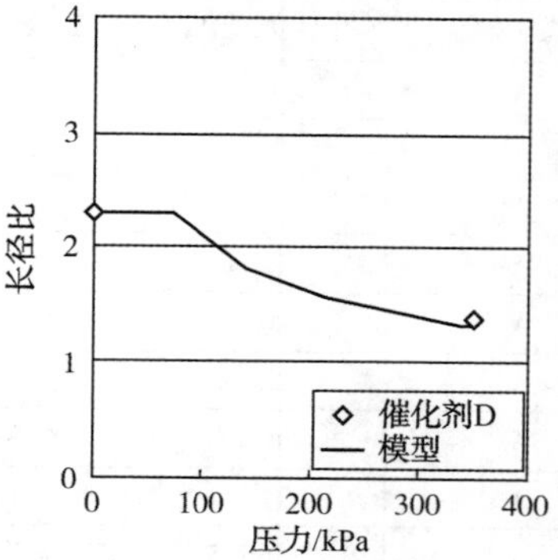

图 3.46　催化剂 D 的预测长径比

图 3.43~图 3.47 中的实线是基于公式(3.76)模型的预测结果，笔者从表 3.19 中选取了模型方程中的所有参数，没有进一步调整。此外，将系数 ψ 的应用理论值取为 1.35。可以看出，模型与实验数据的一致性令人相当满意。当达到临界压力时，数据显示长径比急剧下降，模型可以很好地捕捉到这一点。

以催化剂 A 为例，其临界压力为 28kPa。如果床层高 8m，可以达到这样的重量负荷，是非常可观的，但并不罕见。对于这样高的床层，8m 的计算高度没有考虑壁面摩擦力，所以应力肯定会小一些。在整体压碎试验中，高度是非常有限的，代表了床层中任意不同的一个切面。因此，壁面摩擦在整体压碎试验中不起作用。

表 3.19 中计算的各种临界压力表明，起始长径比在每种催化剂的临界压力变化值中起着重要作用。当压力达到较高值后，压降随压力的增加而减小，这是

不可忽略的。通过使用无量纲组 Be_r，可以将五种催化剂的长径比拟合在一条穿过原点的直线上，结果如图 3.48 所示。

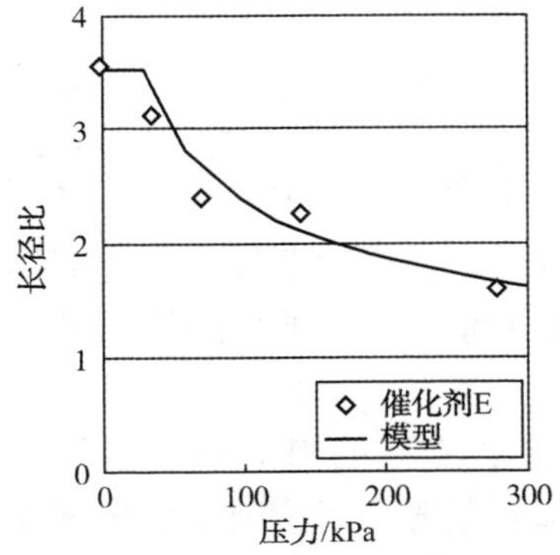

图 3.47　催化剂 E 的预测长径比

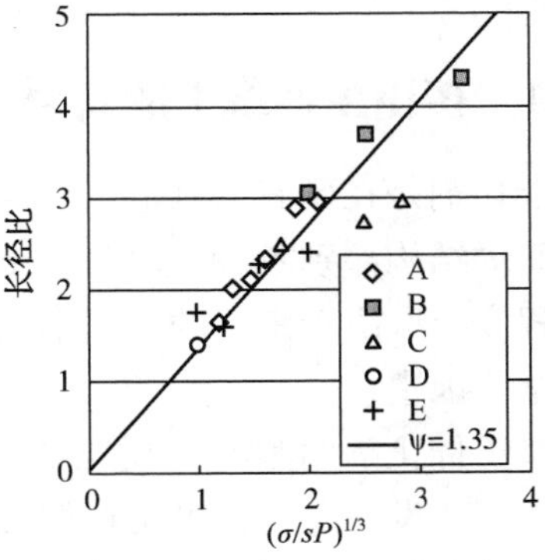

图 3.48　长径比对 $Be_r^{1/3}$ 的相关性

通过原点对一个线性模型进行统计回归分析，并在 95%的置信水平下获得了 1.25×(1±10%)的斜率，斜率接近于理论值 1.35，从图 3.48 中可以清楚地看出，特别是催化剂 C 显示了两个可能导致这种情况的低数据点。然而，由于实验误差是也是实验的一部分，因此没有特殊理由忽略这些数据。

笔者还测量了催化剂 A、C、D 的细粉性质，相关数据在 Beeckman 等的研究[25]及图 3.49 的进一步说明中体现，通过使用无量纲组 Be_r，可以捕捉挤压催化剂在负载压缩下的断裂，Be_r 是描述这一现象的中心。

将固定床的抗弯强度或床层的抗破碎弹性与床层上的压缩负载进行比较，可以得到一个可用于预测长径比减小的无量纲组。笔者认为这种减少对施加的负载有负三分之一的功率依赖性，断裂过程中产生的细粉与负载之间的一致性进一步支持了这种方法。

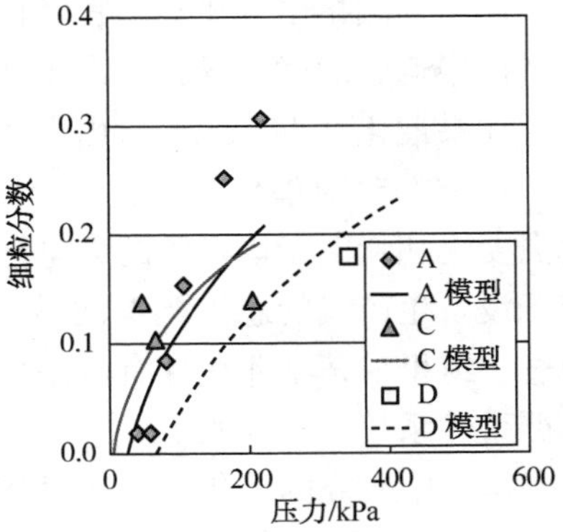

图 3.49　产生的细小颗粒、粉尘和碎片作为负荷的函数

大量的催化剂性质说明了在催化剂因床层应力而断裂的过程中，所有的参数都会起到决定性的作用，只有通过工程分析才能捕捉到催化剂性质的具体影响。模型方程描述了随着断裂细粉的产生，这种特异性足以被观察到，并已经在催化剂行业形成完善的 ASTM D7084-04 测试标准，用于判断催化剂的强度。

3.7 连续设备上的断裂

3.7.1 挤出生产线上的断裂

催化剂是在已有的制造工厂的结构及特定的生产设备上生产的，尽管不同工厂之间的结构差别不大，但其各个制备单元的设备通常有所差异。设备的选择在很大程度上取决于工厂的可用空间、设备的占地面积、设备的可用性以及人员进出安全等因素。

对于催化剂的某些性质，如表面积和孔体积，工厂的组成结构不是决定因素。然而，设备的结构确实在催化剂长径比中起着重要作用，因为催化剂在设备中的断裂以及催化剂从一台设备传输到另一台设备期间的断裂情况取决于对催化剂处理方式的严重程度。

对于大规模的催化剂生产制造，催化剂样品通常通过自动取样器获得，收集在容器中。取得代表性样品，并了解它所代表的批次或批次生产量的大小至关重要。

接下来，笔者将描述一项建模工作，该工作应用在连续且不变的设备生产线上，用于预测挤出催化剂的长径比。在该模型中，假设催化剂在一系列连续的单次碰撞中遇到的碰撞导致其发生断裂。

如果催化剂直接源于挤出生产线，且起始挤出物的长度较长，则可以使用基本方程(3.65)对催化剂经过单个设备后的长径比进行建模，其中包含无量纲标准化强度组和特定于该设备的无量纲标准化严重性系数。笔者认为应该可以使用特定于设备生产线的总体严重性系数来描述一系列连续设备。笔者将在下文说明，通过一组里卡蒂型非线性有限差分方程，可以从单个设备的严重性中获得工厂总体严重性系数。

本书中研究的催化剂是通过挤出工艺获得的，这些催化剂在整个生产线中的长径比通常远高于2。对于挤出催化剂，除了模具磨损引起的微小变化外，催化剂的直径和横截面变化不大。

各个催化剂颗粒之间长径比的差异主要是由挤出物的实际长度的差异引起的。对于大的样本，长径比通常呈现为高斯型分布。本书没有考虑用造粒机制造的颗粒或球形催化剂，粒状催化剂通常很短，长径比仅为0.5~1.5。

催化剂的自然断裂发生在催化剂的传送和搬运过程中，强制断裂(也称为催化剂的破损)发生在生产催化剂的分级和筛分过程中。因此，催化剂断裂是催化剂强度和催化剂处理过程严重程度之间的平衡。在催化剂制造工厂中，结构强度较低的催化剂会制备成低长径比的颗粒，而结构强度高的催化剂会制备成高长径比的颗粒。

本书的研究目标是将催化剂的长径比与其机械强度和在生产线上经历的严重程度间建立定量联系。从商业角度评估，催化剂挤出物沿连续设备生产线的断裂通常按照随机误差处理。本书将提供一种方法，该方法结合了有关单个设备操作严重程度和催化剂强度的信息，以预测催化剂在经过一系列连续设备线后的长径比。该方法的前提是假设所有断裂都是由催化剂挤出物与催化剂表面或床层的撞击或碰撞引起的。

3.7.1.1 单台设备的严重性函数

对于理想材料，公式(3.91)和公式(3.92)给出了单台设备中挤出物因碰撞而断裂的描述：

$$\Phi_{j+1}=2\Phi_{\infty}-\Phi_{\infty}^{2}/\Phi_{j}\quad (j=0,\ 1,\ 2,\ \cdots\text{且 }\Phi_{j}\geqslant\Phi_{\infty})\tag{3.91}$$

$$\Phi_{j+1}=\Phi_{j}\quad (j=0,\ 1,\ 2,\ \cdots\text{且 }\Phi_{0}<\Phi_{\infty})\tag{3.92}$$

在公式(3.91)和公式(3.92)中，Φ_0 是起始长径比，而 Φ_j 是挤出样品经历 j 次连续碰撞后的长径比，Φ_{∞} 是经过大量相同碰撞后得到的渐近长径比，它是材料强度和碰撞严重程度的函数。除了第一条渐近线之外，对于足够长的挤出物，长径比在仅经历一次碰撞后达到第二条渐近线。对于理想材料，公式(3.93)表明第二条渐近线等于渐近长径比 Φ_{∞} 的两倍：

$$\lim_{\Phi_0\to\infty}\Phi_1=2\Phi_{\infty}\tag{3.93}$$

在理想材料的碰撞断裂模型中，只有渐近长径比 Φ_{∞} 一个参数需要确定。在实验中，可以使材料重复通过特定的单元操作直到达到渐近值来确定 Φ_{∞}。事实上，可以将挤出物反复试验几次，然后使用公式(3.91)进行模型拟合，进而获得渐近线的最佳拟合结果。

催化剂经历一次操作，可以粗略得到渐进长径比，Φ_0 和 Φ_1 分别是进料的长径比和产品的长径比，且公式(3.94)是从公式(3.91)总结获得的，只适用于单次操作的催化剂颗粒样品：

$$\Phi_1=2\Phi_{\infty}-\Phi_{\infty}^{2}/\Phi_0\tag{3.94}$$

解公式(3.94)的渐近长径比得到公式(3.95)：

$$\Phi_{\infty}=\Phi_0\left(1-\sqrt{1-\Phi_1/\Phi_0}\right)\tag{3.95}$$

为了将渐近长径比与碰撞严重性联系起来，在 Beeckman 等的[22]研究中，笔者在由弯曲模式下碰撞力和挤出物断裂力之间建立平衡。由牛顿第二定律得出挤出物因碰撞所产生的力，即动量的变化除以碰撞的接触时间。在弯曲模式下，挤出物的断裂力由断裂模量得到。将这种力平衡应用于渐近长径比，可以将碰撞的严重程度和挤出物的强度写成两个单独的量，如公式(3.96)和公式(3.97)所示：

$$\Phi_{\infty}=(1/S_{\infty})\sqrt{Be_{g}} \tag{3.96}$$

$$Be_{g}=\sigma/\psi\rho Dg \tag{3.97}$$

其中，σ 是挤出物的断裂模量，ψ 是挤出物的形状因子，ρ 是挤出物的密度，D 是挤出物的直径，g 是重力加速度。Be_g 是归一化到重力加速度的无量纲组，子指数为 g。S_{∞} 为碰撞的渐近严重性，它是无量纲的，也被归一化为重力加速度 g，可用公式(3.98)表示：

$$S_{\infty}=\sqrt{8v/\beta g\Delta\tau}\,S_{\infty}=\sqrt{8v/\beta g\Delta\tau} \tag{3.98}$$

其中，v 是碰撞速度，$\Delta\tau$ 是碰撞的接触时间。

v 与 $\Delta\tau$ 的比值是挤出物与表面碰撞时减速的度量，严重性是通过挤出物减速度的平方根来衡量的。Be_g 无量纲组包含关于材料强度的信息，渐近严重性 S_{∞} 包含关于碰撞强度的信息。通过公式(3.95)确定渐近长径比 Φ_{∞} 后，确定 Be_g 所需的催化剂性质，之后可以很容易地获得渐近严重性 S_{∞}。

在 Beeckman 等的研究中[22]，实验表明，对于收集到的 25 种催化剂而言，$\beta\Delta\tau$ 组在第一近似值中是一个与挤出物性质无关的常数。这 25 种催化剂包括硅基催化剂、氧化铝基催化剂、仅干燥的催化剂、在约 800~1100℉下焙烧的催化剂、沸石基催化剂和碳基催化剂。渐进严重性是比较催化剂在单个设备或操作中因碰撞而断裂的有用手段，它可以从任何初始长径比大于 Φ_{∞} 的催化剂挤出物中获得。

3.7.1.2 连续设备的严重性推导

本书展示了一种在起始长径比 Φ_0 较大时结合设备进行碰撞断裂的方法，在挤出生产线中，催化剂条离开挤出机模具的时间一般很长。挤出后，催化剂条在通过带式干燥器时完成干燥。因此，分析的起点应是位于带式干燥器出口处的催化剂条。当催化剂通过设备传输时，它会从不同的高度落下，经历一系列连续的碰撞；每一粒催化剂跌落的严重性都由工厂的组成结构和设备决定。例如，当催化剂从干燥带落到传送带上，或从一个传送带落到另一个传送带上，或从传送带落入桶式提升机时，催化剂都会受到冲击，经历碰撞。笔者认为该方法也适用于催化剂筛分操作，因为除了实际的下降幅度之外，设备的振动频率和振幅是设定的，并且与所制造的催化剂颗粒尺寸无关(筛网的目数除外，忽略此种差异)。

催化剂在每次跌落或碰撞后，其长径比会下降，催化剂最终长径比的大小取决于其在跌落前的长径比和碰撞的严重性。在一些情况下，催化剂的长径比也有可能在碰撞过程中保持不变，例如，在某个步骤中，催化剂碰撞的严重性太低导致进一步碰撞。对于此类分析，假设除了长径比之外，催化剂在通过设备生产线时保持不变(即，整个设备生产线中的 Be_g 组保持不变)。

从干燥床落到传送带上的颗粒用字母 A 表示，这是碰撞的第一个破碎步骤。

当起始长径比 Φ_0 较大时，落到传送带上后的挤出物的长径比 Φ_A 由公式(3.99)表示：

$$\Phi_A = 2\Phi_{\infty,A} - \Phi_{\infty,A}^2/\Phi_0 \cong 2\Phi_{\infty,A} \tag{3.99}$$

其中，$\Phi_{\infty,A}$是步骤 A 的渐近长径比。

假设这个操作之后发生了第二次碰撞，以字母 B 命名，挤出物经历步骤 A 和步骤 B 后的长径比 Φ_{AB}用公式(3.100)和公式(3.101)表示：

$$\Phi_{AB} = 2\Phi_{\infty,B} - \Phi_{\infty,B}^2/\Phi_A \quad (\Phi_A \geqslant \Phi_{\infty,B}) \tag{3.100}$$

$$\Phi_{AB} = \Phi_A \quad (\Phi_A < \Phi_{\infty,B}) \tag{3.101}$$

其中，$\Phi_{\infty,B}$表示步骤 B 的渐近长径比。

公式(3.101)包含了步骤 B 中碰撞严重性太低导致催化剂长径比没有减小的情况，假设在步骤 B 之后还有另一个以字母 C 命名的碰撞，公式(3.102)和公式(3.103)表示操作 A、B 和 C 后挤出物的渐进长径比 Φ_{ABC}：

$$\Phi_{ABC} = 2\Phi_{\infty,C} - \Phi_{\infty,C}^2/\Phi_{AB} \quad (\Phi_{AB} \geqslant \Phi_{\infty,C}) \tag{3.102}$$

$$\Phi_{ABC} = \Phi_{AB} \quad (\Phi_{AB} < \Phi_{\infty,C}) \tag{3.103}$$

其中，$\Phi_{\infty,C}$是步骤 C 后催化剂的渐近长径比。

公式(3.103)包含了步骤 C 的碰撞严重性太低导致长径比没有进一步下降的情况，继续对包含每个碰撞步骤的公式(3.99)~公式(3.103)进行分析，可以计算出碰撞对产品的最终影响。虽然公式很简单，但它们是非线性的，必须对其连续求解。值得注意的是，渐近长径比 $\Phi_{\infty,A}$、$\Phi_{\infty,B}$和 $\Phi_{\infty,C}$都与$\sqrt{\sigma/\psi\rho Dg}$成正比；因此，所有量 Φ_A、Φ_{AB}和 Φ_{ABC}也与$\sqrt{\sigma/\psi\rho Dg}$成正比。催化剂最终长径比的计算公式如公式(3.104)所示：

$$\Phi_{ABC\cdots} = (1/S_{ABC\cdots})\sqrt{\sigma/\psi\rho Dg} \tag{3.104}$$

其中，$\Phi_{ABC\cdots}$是最终催化剂长径比，$S_{ABC\cdots}$是某连续设备组的严重性。

谨记，$S_{\infty,A}$代表操作 A 的渐近严重性，因为它是通过渐近长径比 $\Phi_{\infty,A}$定义的，是在多次撞击后达到的。$S_{ABC\cdots}$代表一系列步骤的严重性，A→B→C→…，每个步骤只执行一次，并按特定顺序执行。

对于只有 A→B→C 三个步骤影响的情况，可以通过公式(3.105)~公式(3.109)从各个渐进严重性 $S_{\infty,A}$、$S_{\infty,B}$和 S_∞ 计算催化剂挤出物一次性通过步骤 A、A→B 和 A→B→C 的严重性 S_A、S_{AB}和 S_{ABC}：

$$S_A = S_{\infty,A}/2 \tag{3.105}$$

$$S_{AB} = (2/S_{\infty,B} - S_A/S_{\infty,B}^2)^{-1} \quad (S_A \leqslant S_{\infty,B}) \tag{3.106}$$

$$S_{AB} = S_A \quad (S_A > S_{\infty,B}) \tag{3.107}$$

$$S_{ABC} = (2/S_{\infty,C} - S_{AB}/S_{\infty,C}^2)^{-1} \quad (S_{AB} \leqslant S_{\infty,C}) \tag{3.108}$$

$$S_{ABC} = S_{AB} \quad (S_{AB} > S_{\infty,C}) \tag{3.109}$$

公式(3.105)~公式(3.109)序列方程形成了一个熟悉的有限差分里卡蒂方程，如果还有更多的步骤，那么可以按照笔者类似的方式概述全部过程，以获得整体的碰撞严重性。关于严重性排序的问题，笔者在与 Fassbender 等[8]合著的文章中进行了解释，各个严重性需要按照它们出现在设备中的正确顺序进行组合，因为：

$$S_{AB} \neq S_{BA} \tag{3.110}$$

如果步骤 A、B、C……都是相同的，并且有很多步骤，那么 $S_{ABC\cdots}$ 的严重性将等于 $S_{AAA\cdots}$。因此，对于许多相同的连续脉冲断裂步骤，它将等于渐近严重性 $S_{\infty,A}$，且很容易得到验证。

根据公式(3.104)，在 y 轴上给定设备组的最终长径比 $\Phi_{ABC\cdots}$ 作为 x 轴上的 $\sqrt{\sigma/\psi\rho Dg}$ 的函数，产生一条通过原点的直线，这条直线的斜率是设备综合严重性的倒数。借助工程分析，无须了解现有工厂中的所有详细步骤，只需了解所有步骤都会导致碰撞断裂(也称为催化剂的脉冲断裂)，基于 Φ 与 $\sqrt{Be_g}$ 的函数关系图(来自一个或几个等级的催化剂)可以获得整体严重性，然后可以使用此信息来比较制造工厂中单个产品生产线的严重性或工厂之间的严重性。

3.7.1.3 商业工厂应用

表 3.21 列出了在同一条连续设备生产线上生产的八种挤出催化剂的产品特性。为了在广泛的催化剂性能范围内验证该方法，笔者将特性参数做了些改变，其中直径和密度提升了约两倍，断裂模量提升了约三倍。所有单独的催化剂颗粒跌落都会导致脉冲断裂，并且可以使用上述分析过程进行处理。每个数据点代表几批催化剂的平均值，并且催化剂的数量相当大，具有代表性，符合工厂的预期。出于保密的需要，无法披露催化剂的详细化学性质和组成，但这些性质不影响测试过程和结果。

表 3.21 催化剂性能

催化剂	形状	D/m	ρ/(kg/m³)	ψ	σ/MPa	Be_g	Φ
A	四叶草	1.50×10^{-3}	1023	1.81	6.73	2.47×10^{5}	2.5
B	四叶草	1.21×10^{-3}	925	1.81	5.46	2.76×10^{5}	3.4
C	圆柱体	1.55×10^{-3}	900	2.00	8.83	3.23×10^{5}	3.2
D	四叶草	1.07×10^{-3}	573	1.81	7.56	6.96×10^{5}	4.8
E	四叶草	1.97×10^{-3}	880	1.81	4.21	1.36×10^{5}	2.2
F	圆柱体	1.56×10^{-3}	950	2.00	12.0	4.13×10^{5}	3.2
G	圆柱体	1.57×10^{-3}	810	2.00	5.58	2.23×10^{5}	2.5
H	圆柱体	1.51×10^{-3}	690	2.00	6.25	3.07×10^{5}	3.5

图 3.50 显示了不同催化剂的长径比与$\sqrt{Be_g}$组的函数关系，在 95%置信水平下的线性统计分析表明，截距与零没有显著差异；因此，与零截距的线性相关在统计上是合理的。从图 3.50 中直线的斜率可以得出该设备组的无量纲严重性为 175。对于不同的工厂或给定工厂中的不同设备组，这种无量纲斜率是不同的，它使量化一个工厂的严重性成为可能。基于该模型，还能够定量设计和评估工厂或改变给定工厂的结构。

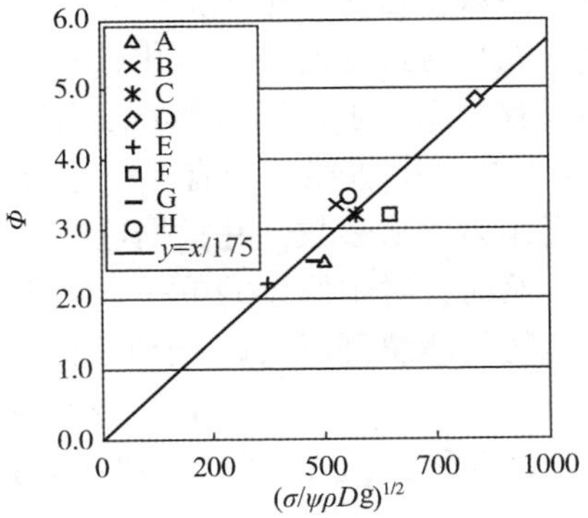

图 3.50　长径比关联

从 Be_g 组中得到的一个启示是，催化剂的长径比随着挤出物的断裂模量 σ 的增加、密度 ρ 的减小、直径 D 的减小和形状因子 ψ 的增加而增加。这些趋势往往很难从原始工厂数据中捕捉到，因为不同等级的挤出物性能会发生变化。这种工程分析有助于描述单个设备和连续设备的脉冲断裂，同时也有助于商业工厂的建筑设计。

断裂模量能够将挤出催化剂的断裂弹性与商业工厂中设备处理的严重性联系起来，分析表明，无量纲强度组是催化剂断裂行为的核心。

3.7.2　可变长径比催化剂的断裂

3.7.2.1　理论

催化剂的机械强度是催化剂制造厂商关注的重要特性，因为它影响着催化剂生产的许多方面，催化剂的长径比是一个关键变量。长径比由两个组控制：无量纲归一化组 Be_g 和无量纲严重性因子 S_g。

一般情况下，催化剂载体从工厂的库房中获得或从第三方购买；因此，起始长径比是一个变量。不能假设长径比很大，但可以假设它至少满足每个工厂特定的规格或采购合同中规定的最小值。催化剂载体通常会经过各种处理，例如交换、蒸汽焙烧、金属浸渍、干燥和焙烧，这些处理因载体的等级不同而有所不同。处理设备还可能包括浸渍容器、旋转焙烧炉、固定床焙烧炉和筛分设备。在处理过程中，催化剂的弯曲强度可能会增加，也可能会减弱。暴露在湿气氛中的催化剂强度往往会变弱，而焙烧去除水分会使其强度增强，对实验室制备的少量催化剂进行三点弯曲试验可证明上述假设。

催化剂可以在不同跌落高度的碰撞后断裂，也可以在固定床内受应力断裂，与床层性质有关，在卸载时催化剂也会发生不同严重性的碰撞。由于场景非常复杂，所以笔者将整个过程合并到一个单一的影响步骤中，将严重性视为要评估的单个参数。这些变量包括起始长径比、最终催化剂的弯曲强度和操作的严重性。这可能是对过程的过度简化，它可能对某些工厂起作用，但对其他工厂则不然。如果有工厂属于后一种情况，则可以将该过程组织成一个或多个系列步骤，如3.7.1.2节中所述。当有多个连续操作且起始值为 Φ_0 时，可以考虑使用渐近严重度作为评估参数，并根据这些参数值评估设备生产线的性能。

然而，对于假设的单一影响步骤，公式(3.111)描述了在给定的单一操作中挤出物的断裂(同样适用于理想材料)：

$$\Phi_{j+1}=2\Phi_{\infty}-\Phi_{\infty}^{2}/\Phi_{j}\quad(j=0,\ 1,\ 2) \tag{3.111}$$

由公式(3.112)可知，单次碰撞的渐近长径比 Φ_{∞} 与材料的强度和碰撞的严重性有关：

$$\Phi_{\infty}=S_{\infty}^{-1}\times\sqrt{\sigma/\psi\rho Dg}=S_{\infty}^{-1}\times\sqrt{Be_{\mathrm{g}}} \tag{3.112}$$

总体而言，对于单次碰撞断裂的步骤可以按公式(3.113)和公式(3.114)描述：

$$\Phi_{\mathrm{C}}=2\Phi_{\infty,\mathrm{C}}-\Phi_{\infty,\mathrm{C}}^{2}/\Phi_{\mathrm{S}} \tag{3.113}$$

$$\Phi_{\infty,\mathrm{C}}=S_{\infty,\mathrm{C}}^{-1}\times\sqrt{Be_{\mathrm{g,C}}} \tag{3.114}$$

其中，Φ_{C} 是催化剂的最终长径比，Φ_{S} 是载体的长径比，$\Phi_{\infty,\mathrm{C}}$是催化剂的渐近长径比。

术语 $S_{\infty,\mathrm{C}}$代表工厂将载体转化为最终催化剂的操作的标准化严重性，$Be_{\mathrm{g,C}}$组代表基于最终催化剂性质的无量纲归一化组 Be_{g}。

当然，如果公式(3.115)成立：

$$\Phi_{\infty,\mathrm{C}}\geqslant\Phi_{\mathrm{S}} \tag{3.115}$$

则有如下公式：

$$\Phi_{\mathrm{C}}=\Phi_{\mathrm{S}} \tag{3.116}$$

当起始长径比 Φ_{S} 为任意值时，只有在单个操作A的情况下，才可以直接得到一个适用于任意催化剂的规律。将公式(3.113)的两边除以 $\sqrt{Be_{\mathrm{g}}}$。得出公式(3.117)：

$$\Phi_{\mathrm{C}}/\sqrt{Be_{\mathrm{g}}}=2/\mathrm{S}_{\infty,\mathrm{C}}-\mathrm{S}_{\infty,\mathrm{C}}^{-2}/(\Phi_{\mathrm{S}}/\sqrt{Be_{\mathrm{g}}}) \tag{3.117}$$

因此，将 $\Phi_{\mathrm{C}}/\sqrt{Be_{\mathrm{g}}}$ 作为 $(\Phi_{\mathrm{S}}/\sqrt{Be_{\mathrm{g}}})^{-1}$ 的函数绘制图形，应该得到一条具有斜率和截距的直线，这两者都与操作的渐近严重性有关。从公式(3.117)中可以看出，渐进严重性得到了最佳的统计拟合。

截距等于 $2/S_{\infty,\mathrm{C}}$，而斜率等于 $-S_{\infty,\mathrm{C}}^{-2}$，可以看出，它们不是独立的。所以，典型的最佳拟合双参数最小二乘实际上是受到约束的，但其成为一个非线性单参数最小二乘拟合。

3.7.2.2 实验

表 3.22 列出了从两个商业工厂 A 和 B 中选择的各种等级催化剂的长径比特性，大部分催化剂性能数据从现有工厂数据库中获得，包括形状、直径、密度、起始和最终长径比，剩下的就是要确定样品的断裂模量。最终的催化剂样品从仓库中获得，并在测量弯曲强度之前进行了吹扫和清理。

表 3.22 工厂 A 和 B 的各种等级催化剂的长径比特性

等级	厂家	形状	Φ	尺寸	直径/in	密度/(g/cm³)	载体断裂模量 *MOR*/psi	Φ（载体）	催化剂断裂模量/psi	Φ（催化剂）	最终催化剂破碎强度/(lbf/in)
A	A	四叶草	1.81	1/16″	0.059	1.02	921	2.6	718	2.3	80
A	A	四叶草	1.81	1/16″	0.059	1.01	1040	2.6	786	2.9	82
A	A	四叶草	1.81	1/16″	0.059	1.02	883	2.3	817	2.3	66
A	A	四叶草	1.81	1/16″	0.059	1.04	1060	2.6	NA	2.5	81
B	A	四叶草	1.81	1/20″	0.048	0.92	666	3.4	775	3.2	57
B	A	四叶草	1.81	1/20″	0.047	0.93	919	3.3	501	2.8	62
C	A	圆柱体	2	1/16″	0.061	0.9	1280	3.2	1750	3.2	161
D	A	四叶草	1.81	1/20″	0.042	0.58	1170	5.5	1750	3.8	122
D	A	四叶草	1.81	1/20″	0.042	0.57	1070	4.9	1240	4.3	142
D	A	四叶草	1.81	1/20″	0.042	0.57	1050	4.1		5.0	108
E	A	四叶草	1.81	1/10″	0.076	0.88	564	2.4	1060	2.1	NA
E	A	四叶草	1.81	1/10″	0.078	0.88	591	2.1	757	2.1	NA
E	A	四叶草	1.81	1/10″	0.079	0.88	509	2.3	664	2.2	NA
E	A	四叶草	1.81	1/10″	0.078	0.88	778	2.1	NA	2.1	NA
F	A	圆柱体	2	1/16″	0.062	0.94	1670	2.8	1550	2.6	166
F	A	圆柱体	2	1/16″	0.061	0.96	1700	3.3	1780	2.8	165
F	A	圆柱体	2	1/16″	0.062	0.94	1600	3	1500	2.5	134
F	A	圆柱体	2	1/16″	0.061	0.96	2000	3.8	1760	2.6	183
G	A	圆柱体	2	1/16″	0.061	0.81	883	3.1	1260	2.2	110
G	A	圆柱体	2	1/16″	0.063	0.81	804	2.5	1410	2.3	73
G	A	圆柱体	2	1/16″	0.0625	0.81	772	2.38	1400	1.9	103
G	A	圆柱体	2	1/16″	0.061	0.81	776	2.1	1330	2.3	73
H	A	圆柱体	2	1/16″	0.06	0.69	836	4.3	842	3.1	109
H	A	圆柱体	2	1/16″	0.06	0.69	825	2.7	1380	2.9	149

续表

等级	厂家	形状	*Φ*	尺寸	直径/in	密度/(g/cm^3)	载体断裂模量 *MOR*/psi	*Φ*(载体)	催化剂断裂模量/psi	*Φ*(催化剂)	最终催化剂破碎强度/(lbf/in)
H	A	圆柱体	2	1/16″	0. 058	0. 69	1060	3. 5	1330	3. 0	NA
A	B	四叶草	1. 81	1/16″	0. 058	1. 04	1310	2. 6	1160	2. 4	97
I	B	四叶草	1. 81	1/16″	0. 062	0. 91	1400	2. 6	1570	2. 7	153
I	B	四叶草	1. 81	1/16″	0. 062	0. 88	1450	3. 0	1590	2. 6	175
I	B	四叶草	1. 81	1/16″	0. 062	0. 9	1630	2. 7	1690	2. 7	147
I	B	四叶草	1. 81	1/16″	0. 061	0. 87	950	3. 0	1290	2. 8	155
I	B	四叶草	1. 81	1/16″	0. 059	0. 91	1510	2. 3	1840	2. 5	153
J	B	圆柱体	2	1/16″	0. 061	0. 93	1620	2. 8	1430	2. 5	116
J	B	圆柱体	2	1/16″	0. 063	0. 91	1250	3. 3	1310	2. 5	120
J	B	圆柱体	2	1/16″	0. 063	0. 94	1470	2. 5	1620	2. 6	118
J	B	圆柱体	2	1/16″	0. 062	0. 98	1400	3. 0	1630	2. 6	125
K	B	圆柱体	2	1/16″	0. 061	1. 12	2210	4. 0	NA	2. 3	102
K	B	圆柱体	2	1/16″	0. 062	1. 12	1930	3. 5	1800	2. 4	106
K	B	圆柱体	2	1/16″	0. 062	1. 15	2540	2. 8	1940	2. 5	112
K	B	圆柱体	2	1/16″	0. 063	1. 12	1410	3. 5	NA	2. 8	111
L	B	四叶草	1. 81	1/20″	0. 047	0. 69	1698	3. 7	837		

注：1″=1in=2. 54cm；1lb=0. 454kg；145psi=1MPa。

3. 7. 2. 2. 1　载体和最终催化剂之间的长径比比较

A 厂和 B 厂的催化剂制备工序中都包含复杂多样的操作，图 3. 51 和表 3. 22 显示了工厂 A 的最终催化剂长径比和载体长径比的函数。在理想情况下，最终催化剂的所有长径比应低于或等于等值线。等值线以上的长径比可能意味着起始长径比或最终长径比存在采样/测量误差。有些载体本身具有良好的长径比，但是在二次操作后，长径比会远低于起始值，该结果的效果比较差，图 3. 52 显示了工厂 B 的类似长径比比较。

3. 7. 2. 2. 2　催化剂和载体的弯曲强度比较

如前所述，唯一要得到的数据是最终催化剂的破裂模量。表 3. 22 显示了催化剂的该性能，根据等级的不同，催化剂将受到不同程度的处理，这些处理可能会改变催化剂的弯曲性能，或提升或降低。弯曲强度可以在实验室中进行测试，并可以在每个中间步骤后测量该值，中间步骤可以是离子交换、浸渍过程等。

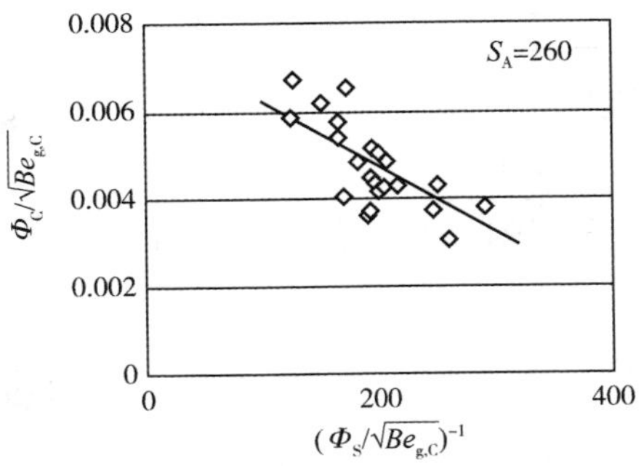

图 3.51　A 厂严重性

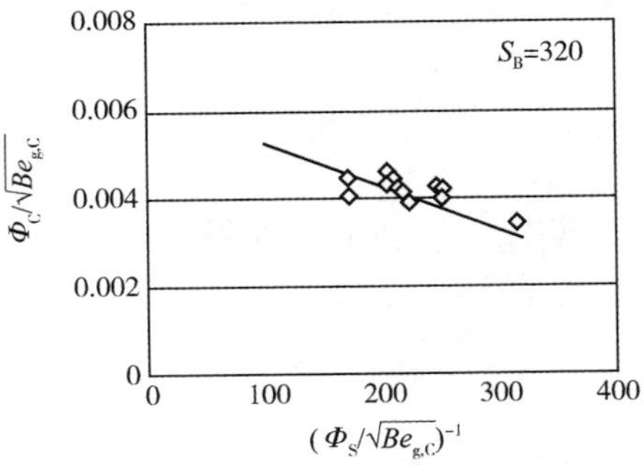

图 3.52　B 厂严重性

表 3.23　工厂 A 和 B 的严重性

工厂的 A 严重性	260
工厂的 B 严重性	320

从单次碰撞步骤和公式(3.117)中，可以看到，将 $\Phi_C/\sqrt{Be_{g,c}}$ 作为$(\Phi_S/\sqrt{Be_{g,c}})^{-1}$的函数绘制成一条直线，与催化剂的等级无关，因为斜率或截距仅取决于工厂的严重性，该直线的斜率等于$-S_{\infty,C}^{-2}$，y 轴截距值为 $2/S_{\infty,C}$。

图 3.51 和图 3.52 是两工厂严重性的图，线性仅由一个参数 $S_{\infty,C}$确定，该参数是该工厂的无量纲严重性，通过非线性回归获得，如实线所示。对于这两个工厂，最小二乘法拟合是公平的，但对于单一碰撞步骤的简化方法，需要改进简化方法。

单一影响步骤能够很好地预测两个工厂的数据趋势，如表 3.23 所示，工厂 B 的严重性高于工厂 A 的严重性。有经验的技术人员和操作人员都了解这些信息，但到目前为止还很难量化，本书开发的一般方法提供了比较每个工厂的挤压弯曲强度质量和量化严重性差异的可能性。

3.8　用于制造业的统计方法

将统计方法用于样品的化学分析，有可能处理难以通过视觉辨别的材料充分混合过程。

3.8.1　粉末的干混

从混合粉末的容器中提取的样品，分析一种或多种成分，如二氧化硅、氧化铝等。当取样具有代表性时，分析显示成分一致，符合标准物质平衡，通过标准偏差表示，公式(3.118)计算了相对标准偏差 σ_m：

$$\sigma_m = \frac{1}{\hat{C}}\sqrt{\frac{\sum(C_i - \hat{C})^2}{(n-1)}} \tag{3.118}$$

其中，C_i 是分析时的浓度，$\hat{C}$ 是从公式(3.119)中提取的第 n 个样品中组分的平均浓度：

$$\hat{C} = \frac{\sum C_i}{n} \tag{3.119}$$

如果相对标准偏差低于0.05(5%)阈值，认为该材料混合良好，前提是必须选择阈值，还必须考虑分析本身的相对标准偏差 σ_a，混合的相对标准偏差不能小于分析的相对标准偏差。从物料平衡的角度来看，$\hat{C}$ 的值应该与预期值相匹配，否则，需要调查并找出根本原因。

3.8.2 新批次的期望值与历史值对比

有时工厂会开始重新生产它过去生产的某等级催化剂，第一批生产的催化剂自然会出现这个问题，即这批是否与以前生产的产品性能一致。绘制历史数据图，查看新批次数据在图中的位置。如果新数据完全属于历史数据范围，那么就没有问题，生产可以继续进行。如果新数据落在历史数据之外，需要可靠的统计分析，以确定下一步的操作。

例如，基于历史水平，可以计算主要的性能的平均值和标准偏差。有了这些数据，可以计算出历史平均值附近的90%置信区间，以便使新批次成为该分布的一部分。

符号说明

a　碰撞减速度(m/s^2)

b_f　每单位质量的断裂次数

Be　定义为 $\sigma/\psi\rho Da$ 的无量纲群

Be_g　无量纲归一化组，定义为 $\sigma/\psi\rho Dg$

Be_r　无量纲群，定义为 σ/sP

C　从条外层到中心轴(质心)的距离(m)

C_i　样品 i 中着色剂的浓度(au，任意单位)

$\hat{C}$　着色剂的平均浓度(au)

CSB　球形催化剂的抗压强度(N)

D　挤出物直径(m)

E_B　断裂能(J)

E　杨氏弹性模量(Pa)

F　力(N)

F_i　碰撞力(N)

F_r　断裂力(N)

g　重力加速度(m^2/s)

G　相对碰撞减速度，定义为 $G=a/g$

h　高度(m)

$H_{k,j}$　断裂函数

H_B　床层深度(m)

H_C　临界床层深度(m)

i　整数计数

I　惯性矩(m^4)

j　整数计数

L　平均挤出长度(m)

n　样本数

m　挤出物质量(kg)

M　碰撞板质量(kg)

MOR　断裂模量(Pa)

N_j　J 次破碎后观察到的挤出物数量

P　床层局部应力(Pa)

P_c　长径比为 Φ_0 的床层中的临界应力(Pa)

R　半径(m)

s　形状系数($s=cD^3/4I$)

S　操作的无量纲严重性

S_∞　无量纲的渐近严重性

SCS　挤出物的侧压强度(N/m)

u　公式中定义的斜率与截距的比率，见式(3.18)

v　碰撞速度(m/s)

v'　碰撞后速度(m/s)

v_P　碰撞后撞击板的速度(m/s)

v_t　终端速度(m/s)

w　弯曲试验中支撑点之间的宽度(m)

W　催化剂床层质量(kg)

W_a　砧宽(m)

W_f　催化剂细粉质量(kg)

W_s　两个支撑点之间的距离(m)

x　坐标

x_i　床的缩进(m)

Z　文中定义，见式(3.37)

希腊符号

α　参数，见表3.1

β　碰撞相互作用因子

γ　式(3.9)中定义的参数；$\gamma=(\Phi_\alpha-\Phi_\infty)/(\Phi_0-\Phi_\infty)$

γ_a　床上挤压物的平均取向系数

γ_b　床桥接因子

Γ　达到渐近长径比Φ_∞的正向分数差

δ　偏差(m)

ε　床空隙率

θ　挤出物的平均断裂角(rad)

κ　参数，定义见式(3.56)

μ_w　壁面摩擦系数

ζ　投影系数

ρ_g　环境空气密度(kg/m^3)

ρ　催化剂密度(kg/m^3)

ρ_B　催化剂床层密度(kg/m^3)

σ　抗拉强度，也称为断裂模量(Pa)

σ_m　混合的相对标准偏差

σ_a　分析测试的相对标准偏差

$\Delta\tau$　碰撞持续时间(s)

φ　定义为Ω/D^2，见表3.1

φ_{GR}　黄金比例$=(1+\sqrt{5})/2$

Φ　挤出物的长径比

Φ_0　挤出物初始长径比(施加载荷之前或之前碰撞)

Φ_j　连续断裂后的长径比

Φ_{∞}　多次重复断裂后的渐近长径比

Φ_{α}　一个足够长的挤出物的渐近长径比

Φ_{f}　单次断裂中催化剂到细粉的损失，表示为长径比的损失

χ　跌落中长径比的前向分数变化

ψ　形状因子($\psi = s\Omega/D^2$)，见表 3.1

Ψ　在等式(3.76)中定义的固定床的比例因子

ω_{f}　细粉的质量分数

Ω　挤出物截面积(m^2)

下标

A、B、C　指定对设备 A、B、C 的特定影响

ABC　按 A→B→C 顺序指定单一连续影响

参考文献

[1] Le Page, J. F. (1987). Applied Heterogeneous Catalysis. Paris, France: Institut Français du Pétrole Publications, Éditions Technip.

[2] Woodcock, C. R. and Mason, J. S. (1987). Bulk Solids Handling: An Introduction to the Practice and Technology. New York: Chapman & Hall.

[3] Bertolacini, R. J. (1989). Mechanical and Physical Testing of Catalysts, ACS Symposium Series. Washington D. C.: American Chemical Society.

[4] Wu, D. F., Zhou, J. C., and Li, Y. D. (2006). Distribution of the mechanical strength of solid catalysts. Chemical Engineering Research and Design 84 (12): 1152-1157. https://doi.org/10.1205/cherd05015.

[5] Li, Y., Wu, D., Chang, L. et al. (1999). A model for the bulk crushing strength of spherical catalysts. Industrial and Engineering Chemical Research 38 (5): 1911-1916. https://doi.org/10.1021/ie980360j.

[6] Li, Y., Wu, D., Zhang, J. et al. (2000). Measurement and statistics of single pellet mechanical strength of differently shaped catalysts. Powder Technology 113: 176-184.

[7] Staub, D., Meille, S., Corre, V. et al. (2015). Revisiting the side crushing test using the three-point bending test for the strength measurement of catalyst supports. Oil & Gas Science and Technology 70 (3): 475-486. https://doi.org/10.2516/ogst/2013214.

[8] Beeckman, J. W., Fassbender, N. A., and Datz, T. E. (2016). Length to diameter ratio of extrudates in catalyst technology I. Modeling catalyst breakage by impulsive forces. AICHE Journal 62: 639-647. https://doi.org/10.1002/aic.15046.

[9] Papadopoulos, D. G. (1998). Impact breakage of particulate solids. PhD thesis. University of Surrey.

[10] Salman, A. D., Biggs, C. A., Fu, J. et al. (2002). An experimental investigation of particle fragmentation using single particle impact studies. Powder Technology 128: 36-46.

[11] Subero-Couroyer, C., Ghadiri, M., Brunard, N., and Kolenda, F. (2005). Analysis of catalyst particle strength by impact testing: the effect of manufacturing process parameters on the particle strength. Powder Technology 160: 67-80.

[12] Bridgwater, J. (2007). Particle Breakage Due to Bulk Shear, Chapter 3, Handbook of Powder Technology, 1e. Amsterdam, Netherlands: Elsevier B. V.

[13] Bridgwater, J., Utsumi, R., Zhang, Z., and Tuladhar, T. (2003). Particle attrition due to shearing - the effects of stress, strain and particle shape. Chemical Engineering Science 58 (20): 4649-4665. https://doi.org/10.1016/j.ces.2003.07.007.

[14] Li, Y., Li, X., Chang, L. et al. (1999). Understandings on the scattering property of the mechanical strength data of solid catalysts: a statistical analysis of iron-based high-temperature shift catalysts. Catalysis Today 51: 73 - 84. https://doi.org/10.1016/S0920 - 5861 (99) 00009-7.

[15] Heinrich, S. (2016). Multiscale strategy to describe breakage and attrition behavior of agglomerates. 2016 Frontiers in Particle Science & Technology Conference, Houston, TX.

[16] Wassgren, C. (2016). Discrete element method modeling of particle attrition. 2016 Frontiers in Particle Science & Technology Conference, Houston, TX.

[17] Potapov, A. (2016). Approaches for accurate modeling of particle attrition in DEM simulations. 2016 Frontiers in Particle Science & Technology Conference, Houston, TX.

[18] Hosseininia, E. and Mirgashemi, A. (2006). Numerical simulation of breakage of two-dimensional polygon-shaped particles using discrete element method. Powder Technology 166: 100-112. https://doi.org/10.1016/j.powtec.2006.05.006.

[19] Potyondy, D. (2016). Bonded-particle modeling of fracture and flow. 2016 Frontiers in Particle Science & Technology Conference, Houston, TX.

[20] Carson, J. (2016). Effective use of discrete element method (DEM) modeling of particle attrition applications and understanding unforeseen consequences with attrition reduction design techniques. 2016 Frontiers in Particle Science &Technology Conference, Houston, TX.

[21] Beeckman, J. (2016). Modeling catalyst extrudate breakage by impulsive forces, 2016 Frontiers in Particle Science & Technology Conference, Houston, TX.

[22] Beeckman, J. W., Fassbender, N. A., and Datz, T. E. (2016). Length to diameter ratio of extrudates in catalyst technology Ⅱ. Bending strength versus impulsive force. AICHE Journal 62: 2658-2669. https://doi.org/10.1002/aic.15231.

[23] Wu, D., Song, L., Zhang, B., and Li, Y. (2003). Effect of the mechanical failure of catalyst pellets on the pressure drop of a reactor. Chemical Engineering Science 58(17): 3995-4004. https://doi.org/10.1016/S0009-2509(03)00286-0.

[24] Timoshenko, S. P. and Goodier, J. N. (1951). Theory of Elasticity. New York: McGraw-Hill Book Co.

[25] Beeckman, J. W., Fassbender, N. A., Cunningham, M., and Datz, T. E. (2017). Length to diameter ratio of extrudates in catalyst technology Ⅲ. Catalyst breakage in a fixed bed. Chemical Engineering and Technology 40: 1844-1851. https://doi.org/10.1002/ceat.201600550.

[26] Beeckman, J. W., Fassbender, N. A., Datz, T. E. et al. (2018). Predicting catalyst extrudate breakage based on the modulus of rupture. Journal of Visualized Experiments 135 https://doi.org/10.3791/57163.

[27] Hertz, H. (1891). Journal fur die Reine und Angewandte Mathematik 92: 155.

[28] Hertz, H. (1895). About the Contact of Solid Elastic Bodies: Collected Works, vol. 1. Leipzig.

[29] Gugan, D. (2000). Inelastic collision and the Hertz theory of impact. American Journal of Physics 68: 920-924.

[30] Leroy, B. (1985). Collision between two balls accompanied by deformation. American Journal of Physics 53 (4): 346-349.

[31] Bokor, A. and Leventhall, H. G. (1971). The measurement of initial impact velocity and contact time. Journal of Physics D: Applied Physics 4: 160.

[32] Wooten, J. T. (1998). Dense and sock catalyst loading compared. Oil & Gas Journal96: 66-70.

[33] Wachtman, J. B., Cannon, W. R., and Matthewson, M. J. (2009). Mechanical Properties of Ceramics, 2e. Hoboken, NJ: Wiley.

[34] Janssen, H. A. (1895). Getreidedruck in Silozellen. Zeitung des vereins deutscher ingenieure 39: 1045-1049.

[35] Schulze, D. (2008). Powders and Bulk Solids-Behavior, Characterization, Storage and Flow. Berlin, Germany: Springer.

4 催化剂网络中的稳态扩散与一级反应

4.1 简介

经过近一个世纪的发展，描述催化剂中反应和扩散的经典连续介质方法成为一个非常成熟的独特领域。从 Thiele[1] 开创性的工作开始，他的分析仍然是任何学术型催化剂工程学科或商业催化剂实验室的主要分析方法。连续介质方法有非常好的解决方案，并且有大量的参考文献，在着手任何类型的催化剂研究之前都应该查阅。在经典的化学工程文献中，包含很多智慧的分析、全面的评述和教科书似的内容，根据动力学、扩散率、形状、尺寸和质地捕捉催化剂处理的许多细微差别。例如，Froment 和 Bischoff[2]、Froment 等[3]、Satterfield[4]、Aris[5]、Hill[6]、Hegedus 和 McCabe[7]、Hegedus 等[8]、Chen 等[9]，Becker 和 Pereira[10]、Reyes 和 Iglesia[11]的文献可查阅到上述内容。

基于数学分析，预先假设催化剂是均匀和各向同性的。大多数情况下，假设催化剂颗粒在位置和方向上都是完全均匀的。由 Kirkpatrick[12] 首创的有效介质近似（EMA）被应用于 Mo 和 Wei[13] 的研究中，该技术用有效介质近似结构取代了催化剂的不规则结构描述分子的扩散，这项技术在许多领域中也被应用于无序介质的传输和有效性研究。然而，最后为了验证或验证这些假设，我们仍然使用最先进的数值求解器对非常大的稀疏矩阵进行大系统随机计算。为了获得良好的精度，特别是在渗流阈值附近，计算工作量很大。在 Beeckman[14] 的研究中，笔者展示了通过带有随机堵塞的矩形网络的大量渗流路径的可能性。

在经典的处理方法中，物料平衡是在两个垂直于感兴趣方向且彼此之间距离极小的区域切片之间形成的。所谓的“感兴趣方向”，笔者指的是沿着轴线的平板和径向的圆柱体或球体。切片的平均常数性质用来量化摩尔通量和反应速率。有时，当工艺或应用需要时，还会介绍催化活性概况。从数学上讲，物料平衡随后转化为控制反应的微分方程(DE)。在适当的边界条件下求解 DE，可以得到催化剂内部的反应物浓度分布和通过效率因子得到催化剂的性能。

催化剂本质上是由小颗粒挤压密实填充形成的，而小颗粒本身通常是通过更小颗粒的沉淀和共沉淀形成的，这些颗粒的大小从几分之一纳米到几微米不等。

因此，催化剂中颗粒之间的空隙空间组成极好的节点网络[15]，这些节点由气孔(通道)连接起来。此时存在一个问题，即从薄片到薄片的物料平衡如何确保节点到节点的物料平衡。当然，并不是所有的节点都位于切片中，孔隙的长度大于无穷小的距离。目前还不清楚如何在催化剂的节点到节点结构中实现物料平衡，这是传统方法的一个缺点。局部物料平衡的困难源于一个事实，即没有任何物料被构建到经典的方法中，从而允许人们去研究。利用多孔性和弯曲系数，可以将催化剂的复杂结构转化为有效的扩散系数。通过孔隙率测量数据还可以得到催化剂的表面积，与表面的化学反应的联系使我们可以量化化学反应速率。多年来，有效扩散系数和化学反应速率在分析中都得到了很好的应用。但是如何保证每个节点的局部物料平衡，以及在分析中坚持闭合的优势和影响如何，笔者一直在思考。

为了提高清晰度和透明度，而不是用复杂的公式给读者带来不必要的负担，笔者考虑构建一个简单的工程模型，并假设化学反应仅限于节点中的一级反应，而连接节点的通道仅起传质作用。对于催化剂几何形状，一般常使用平板几何形状，对于圆柱体和球体甚至任意形状的催化剂都可以沿着类似的方法进行处理。这里考虑网络的多样性以及对它们如何处理和解决，有望对催化剂的反应和扩散领域作出贡献。

首先，对于那些可能不熟悉相关文献的人，笔者给出了催化剂中扩散伴随一级反应的经典解。它的数学解是众所周知的，笔者在这里给出它的目的有两方面：为了方便新手读者；这些解的数学形式将在后文处理网络时提供参考。

在经典方法之后，笔者研究了规则网络，顾名思义，这种网络具有周期性结构，逐层结构反复出现，是处理沸石等材料的较好工具，稍后将讨论一种通用的结构。这种方法允许人们用矩阵形式写出解，但表达式与经典解非常相似。对于参数空间的具体划分，笔者将证明矩阵解在功能上与经典解相同，解是解析式的，因此节点的数量并不重要。解可以是二维或三维结构，如 Beeckman[16] 所示。更复杂的结构也可以用这种方法处理，例如 ZSM-5 的结构可以采用双层结构来解决，虽然它比较复杂，此处不做赘述。该结构具有周期性，因此可以利用有限差分矩阵技术来求解物料平衡问题。

在完成规则网络处理(4.3.3 节)之后，笔者将处理不规则或任意网络，网络方法再次以矩阵方程的形式给出解。然而，这些网络的普遍性并不允许我们提到具体的解决方案，只得到矩阵形式的特解，而没有找到与矩阵性质或矩阵形式相关的特解。作为解决方案的例子，笔者给出了两个：舒尔补决定了进入网络表面的反应物的摩尔通量；决定内部节点浓度的权重系数矩阵，它是位于网络外围节点浓度的函数。

最后，在4.3.5节，笔者将讨论无定形催化剂网络的处理方法。笔者希望能够说服读者，这里考虑的网络是非常现实的。尽管我们在实验室或制造厂制备催化剂时非常小心，旨在确保它们非常均匀，但性能的测量结果说明还是存在一些问题。催化剂颗粒中的网络绝对是巨大的，它们的表面积、传质和化学反应性能等局部特性会在点与点之间突然发生变化。为了模拟这些突变和这些特性的可变性，笔者引入了“白噪声”的概念。笔者将展示，尽管乍一看网络和变异性的大小看起来非常复杂，但最终将证明该方法具有非常大的优势，特别是在处理很大程度上的点对点网络中“白噪声”的变化。

笔者认为该问题的参数空间包含三个方面：

①扩散：节点间传质系数的分布。

②反应：节点表面积和速率常数的分布。

③催化剂：用来描述催化剂颗粒的网络大小和结构。

通常，我们只看两组参数，即与扩散有关的和与反应有关的。此外，在文献中，通常认为与反应和扩散有关的参数沿感兴趣的方向是恒定的。当求解常系数的DE时，考虑的网络大小基本上是无穷大的，因为我们观察的层之间的距离是无穷小的。

当考虑到网络在非常短但有限的距离内节点到节点的属性发生突然变化时，笔者发现拥有适当大小的网络是很重要的。由于节点与节点之间的属性变化很大，为了真实地表示催化剂，需要考虑从网络外围到核心的兴趣方向上几百到几千层。然而，目前学生和研究人员配备有Mathcad、MATLAB或其他适当的矩阵数值包的PC，可以很好地处理所需网络的大小。

在本章后面，第4.3.5节中，笔者会介绍将三重参数空间，仅考虑深度网络和反应扰动，可以获得催化剂中反应和扩散问题的非常具体的解决方案，这些解决方案是分析性的，但属于特殊类型。笔者在下文将解释深层网络和反应扰动的确切含义。笔者认为，对于那些熟悉催化剂中的扩散和反应以及有效介质理论的人，第4.3.5节的内容能够引起阅读兴趣，并为大家提供一个关于该主题的新视角。

此外，理论和模拟表明，对于所研究的案例，催化剂的性能可以应用局部的算术平均值，但不一定是最优的。事实上，许多属性的平均值可以被随意定义，但如何找到最优结果(即，导致正确数学解决方案的平均属性)是一个问题。为了不让读者失望，笔者承诺这个问题是有答案的，在后文会详细给出。

4.2 经典连续介质方法

笔者参考了第4.1节中阐述的文献，并进行全面阅读。此处，笔者以具有平板几何结构的催化剂为例，扩散和一级反应的解由公式(4.1)中所示的DE控制：

$$D_e \frac{d^2C}{dx^2}=kSC \tag{4.1}$$

边界条件：

$$C_{x=L}=C_L \tag{4.2}$$

$$\left(\frac{dC}{dx}\right)_{x=0}=0 \tag{4.3}$$

其中，x 是指定的坐标，C 是位置 x 的反应物浓度，L 是催化剂板的厚度，D_e 是有效扩散系数，k 是速率常数，S 是催化剂的比表面积，参数 D_e、k 和 S 被认为是沿 x 方向坐标的常数，有效扩散系数 D_e 可由公式（4.4)进一步表示：

$$D_e=(D_m^{-1}+D_K^{-1})^{-1}(\theta/\tau) \tag{4.4}$$

其中，D_m 为整体分子扩散系数，D_K 为克努森扩散系数，孔隙率 θ 考虑了催化剂内部有限的可扩散的开放空间，弯曲系数 τ 考虑了当遇到障碍物(固体催化剂表面)时分子改变方向的需要。孔隙率可以用标准方法进行精确的实验测量，弯曲度有一个相当广泛的可接受范围，如果可能的话，应通过独立的方法进行测量和确认。在催化剂床层前脉冲注入示踪剂并在床层出口处进行气相色谱分析表征可以帮助实现上述目标，通过对床层中色散和颗粒内扩散所改变的脉冲形状进行建模，可以得到有效的扩散系数。适当的时候，维克·卡伦巴赫扩散池也能有所帮助。当测量催化剂和应用有效扩散系数时，当它不是在反应中使用的形式时，要提高注意。例如，将催化剂粉碎成粉末并重新成球使其适合于扩散池可以明显地改变其扩散性能。

公式(4.1)中DE的解为：

$$C(x)=C_L\frac{\cosh(\xi\phi)}{\cosh(\phi)} \tag{4.5}$$

其中，ξ 是定义为 x/L 的无量纲坐标，而 ϕ 是等式(4.6)中定义的蒂勒模量：

$$\phi=L\sqrt{\frac{kS}{D_e}} \tag{4.6}$$

进入平板的反应物的摩尔通量 F 见公式(4.7)：

$$F=D_e\left(\frac{dC}{dx}\right)_{x=L}=C_L\left(\frac{D_e}{L}\right)\phi\tanh(\phi) \tag{4.7}$$

公式(4.8)中所给出的平板催化剂的有效系数可以得出一个测量值，即催化剂的使用效率：

$$\eta=\frac{\tanh(\phi)}{\phi} \tag{4.8}$$

稍后，笔者将展示方程式中描述的解，公式(4.5)~公式(4.8)将回到适当的网络对应对象。

顺便说一句，考虑相同的平板布置，但在起点，笔者认为平板对浓度 $C_0=0$ 的大体积流体开放，通过标准技术得到解，得到公式(4.9)：

$$C(x)=C_L\frac{\sinh(\xi\phi)}{\sinh(\phi)} \tag{4.9}$$

在 $x=L$ 处进入板的物料通量在公式(4.10)中给出：

$$F_{x=L}=D_e\left(\frac{dC}{dx}\right)_{x=L}=D_e\left(\frac{C_L}{L}\right)\frac{\phi}{\tanh(\phi)} \tag{4.10}$$

在 $x=0$ 处离开板的物料通量在公式(4.11)中给出：

$$F_{x=0}=D_e\left(\frac{dC}{dx}\right)_{x=0}=D_e\left(\frac{C_L}{L}\right)\frac{\phi}{\sinh(\phi)} \tag{4.11}$$

通过公式(4.11)可以得到一个有趣的实验安排，例如一边用反应物冲洗，另一边用惰性载体连续冲洗维克·卡伦巴赫扩散池。

为了完整起见，需要考虑板的两侧都是开放的，并且在两端施加相同的浓度 C_e。然后通过公式(4.12)获得反应物的浓度：

$$C(x)=C_e\left[\frac{\sinh(\xi\phi)}{\sinh(\phi)}+\frac{\sinh((1-\xi)\phi)}{\sinh(\phi)}\right] \tag{4.12}$$

4.3 网络法

催化剂可以看作由许多具有催化活性节点构成的催化结构网络，这些催化节点通过孔道相互连接并进行物质传递，节点按接触形式分为两类，一类是直接与催化剂外部流体直接接触的外部节点，其节点的浓度与外部流体浓度相一致，没有传质阻碍，所以一般认为外部节点的浓度是一个自变量。而大多数节点只能从其周围的其他节点获得流体，且受到一定的传质阻碍，此类节点被称为内部节点，内部节点中的浓度是因变量。本文的目标是确定内部节点的浓度与外部节点的浓度以及网络属性的函数关系。

4.3.1 节点间传质

在模型中，传质用传质系数 v 表示，相邻两个节点浓度分别为 C_1、C_2，单位时间的摩尔通量见公式(4.13)：

$$f=v(C_1-C_2) \tag{4.13}$$

对于节点之间具有圆柱形孔隙连接的规则网络，传质系数 v 可通过公式(4.14)计算得到：

$$v=\frac{\pi\gamma^2 D}{L} \tag{4.14}$$

其中，γ 是孔隙半径，D 是扩散系数，L 是两个节点之间的距离。

对于不规则孔道，计算时不能用圆柱孔假设，而应该根据实际情况对传质系数 v 进行自由选择分布，分布可以任意选择，但在如下示例中，只能采用两个极限 v_1 和 v_1+v_2 之间的随机均匀分布，或采用均值 μ 和方差 σ^2 的高斯分布，在示例中这样做是因为 Mathcad 软件可以很方便地生成一组属于任意一个极限的随机数值。对于均匀分布，Mathcad 使用 rnd(x) 函数，该函数每次生成一个介于 0 和 x 之间的随机数。而对于高斯分布，rnorm 函数(g，μ，σ)生成任一具有高斯分布的随机数向量 g，然后通过公式(4.15)获得 v 的值：

$$v=v_1+\mathrm{rnd}(v_2) \tag{4.15}$$

或者通过公式(4.16)得到以 i 为变量的 g 函数：

$$v=g(i) \tag{4.16}$$

4.3.2 节点中的一级反应

如考虑一级反应只发生在节点中，在规则网络中，假设所有的节点都是相同的，可由公式(4.17)得到反应速率：

$$R=k^+ +C \tag{4.17}$$

其中，k^+ 是速率常数，C 是节点的浓度。

对于不规则网络中的节点，反应速率见公式(4.18)：

$$R=kSC \tag{4.18}$$

其中，k 为反应速率系数，S 为分配给节点的表面积。在下文例子中使用的 S 值属于两个极限之间的均匀分布或高斯分布，但任何分布都可以应用。速率系数 k 被认为是一个常数，但也可以当作任意分布应用。

本节研究了在节点网络中传质与反应的相互作用，对于反应速率，局部节点表面积的选择可以通过适当的速率系数的选择来抵消，从而与传质系数保持平衡。这样就可以从理论上评估催化剂网络中的传质极限，同时可以自由选择所考虑网络的传质系数和表面积分布。

4.3.3 规则网络

4.3.3.1 引言

本节详细阐述了一种方法，在存在传质限制的情况下，用一级动力学严格求解孔隙网络节点中的物料平衡集合。网络通常被认为在一维上具有线性节点连通性，在二维上具有方形节点连通性，在三维上具有立方节点连通性。该方法得到了孔隙网络周边节点的传质通量与这些节点的浓度函数的显式解。复杂的边界条件，如常见的网络边界阻塞，用此方法可以很容易地处理，并且大大减少了计算的工作量。在 Beeckman[16] 早期出版物的基础上，本书进一步介绍了各种孔隙网络中存在传质限制的一级反应的解析解。由于网络的离散性质保持不变(即它们不会被其连续对应物取代)，因此解决方法是详细的，同时还量化了扩散回孔隙网络的未反应的反应物。矩阵差分法是求解节点内连续性方程组的首选方法，正如我们将要展示的，这些网络的矩阵解可以用类似于网络连续介质对应解的数学形式表示，而经典的蒂勒模数则用类似特征的矩阵代替。例如，当只考虑扩散时，这个矩阵是奇异矩阵(蒂勒模数为 0)，而当包括反应时，它就是非奇异矩阵(一个非零蒂勒模数)。由于沸石固有的周期性，这种方法比较适合于解决沸石结构中的扩散-反应问题。

4.3.3.2 一维网络：一串节点

如图 4.1 所示的一串节点，它们具有化学反应常数 k^+，并由传质系数为 v 的通道连接。字符串中有 N 个内部节点，且两端各有两个开放节点。在字符串的最左边，反应物的浓度设置为零，而在最右边的 $N+1$ 位置，浓度设置为 C_e。在每个内部节点中进行物料平衡计算，从而得到公式(4.19)：

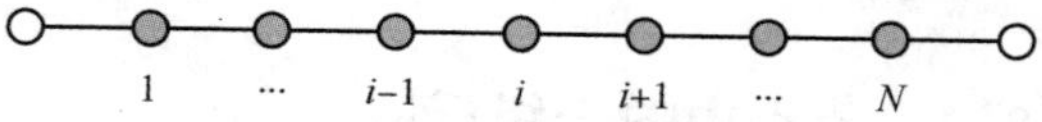

图 4.1 两侧开放节点示意图

$$\begin{vmatrix} k^+ + 2v & -v & 0 \\ -v & k^+ + 2v & -v \\ 0 & -v & k^+ + 2v \end{vmatrix} \begin{vmatrix} C_1 \\ C_i \\ C_N \end{vmatrix} = \begin{vmatrix} 0 \\ 0 \\ vC_e \end{vmatrix} \tag{4.19}$$

$$k = k^+ + 2v \tag{4.20}$$

结合公式(4.20)，公式(4.19)可转化为公式(4.21)：

$$\begin{vmatrix} C_1 \\ C_i \\ C_N \end{vmatrix} = \begin{vmatrix} k/v & -1 & 0 \\ -1 & k/v & -1 \\ 0 & -1 & k/v \end{vmatrix}^{-1} \begin{vmatrix} 0 \\ 0 \\ C_e \end{vmatrix} \tag{4.21}$$

根据 Levy 和 Lessman[17] 的标准有限差分技术，可以得到一个解析值。φ 的定义见公式(4.22)：

$$\varphi = (N+1)\,a\cosh(k/2v) \tag{4.22}$$

然后由公式(4.23)得到位于 i 位置的内部节点浓度的解析解：

$$C_i = C_e \frac{\sinh(\varepsilon\varphi)}{\sinh(\varphi)} \quad (i=1,\ \cdots,\ N) \tag{4.23}$$

位置 i 节点的无因次位置 ξ 如式(4.24)所示：

$$\varepsilon = \frac{i}{N+1} \tag{4.24}$$

从公式(4.9)和公式(4.23)，可以清楚地看出一串节点中，在经典连续介质情况下，因子 φ 在形式上扮演了蒂勒模数 ϕ 的角色。

如果最左边的节点也有一个浓度 C_e，则解析式由公式(4.25)表示：

$$C_i = \left[C_e \frac{\sinh(\varepsilon\varphi)}{\sinh(\varphi)} + \frac{\sinh(1-\varepsilon)\varphi}{\sinh(\varphi)} \right] C_e \tag{4.25}$$

同样，φ 扮演 ϕ 的角色。

假设有一个与图 4.1 相同的节点串，但是关闭了节点 1 左边的通道。公式(4.26)表示了每个节点的物料平衡：

$$\begin{vmatrix} k^+ + v & -v & 0 \\ -v & k^+ + 2v & -v \\ 0 & -v & k^+ + 2v \end{vmatrix} \begin{vmatrix} C_1 \\ C_i \\ C_N \end{vmatrix} = \begin{vmatrix} 0 \\ 0 \\ vC_e \end{vmatrix} \tag{4.26}$$

节点中浓度的解析值由式(4.27)得到：

$$C_i = \frac{\cosh(\varepsilon\varphi)}{\cosh(\varphi)} C_e \tag{4.27}$$

$$\varphi = (N+1/2)\, a\cosh(\kappa/2v) \tag{4.28}$$

而节点的无因次位置 ξ 则由式(4.29)给出：

$$\xi = \frac{i-1/2}{N+1/2} \tag{4.29}$$

因此，这里因子 φ 再次扮演经典的蒂勒模数 ϕ 的角色。一串节点中的浓度在形式上与经典连续介质近似表达式相同，唯一的区别是 φ 的形式和表达式有所不同。为了解决这个问题，考虑建立一种参数空间，并把反应看作扩散场的扰动。对于 k^+ 作为 v 的扰动意味着 $k^+/ v \leqslant 1$，因此得到式(4.30)：

$$\lim_{k^+/v \to 0} \left[a\cosh(1+k^+/2v) \right] = \sqrt{k^+/v} \tag{4.30}$$

$$\varphi = (N+1)\sqrt{\frac{k^+}{v}} \tag{4.31}$$

$$\varphi = (N+1/2)\sqrt{\frac{k^+}{v}} \tag{4.32}$$

式(4.31)或式(4.32)有扰动时 φ 的表达式也与式(4.6)中蒂勒模的经典连续介质表达式相同。由于 k^+ 是扩散场的扰动，因此有必要为 N 选择足够大的值，以获得实质性的传质限制。因此，我们必须考虑一条非常长的传质节点。

4.3.3.3 具有方形连通性的二维网络

4.3.3.3.1 一个四面开放的矩形网络

考虑如图 4.2 所示的二维矩形孔网络，允许在节点内进行一级不可逆反应 A

→B。假设所有平行于 x 轴的孔都是相同的，其质量传递系数为 v_x，平行于 y 轴的孔的质量传递系数是 v_y。即使是沸石晶体，连接节点的孔通常也不是一个均匀的截面，而是具有复杂形状和电子效应的通道。因此，基于从头计算，可以选择获得通道和扩散分子的特定传质系数。

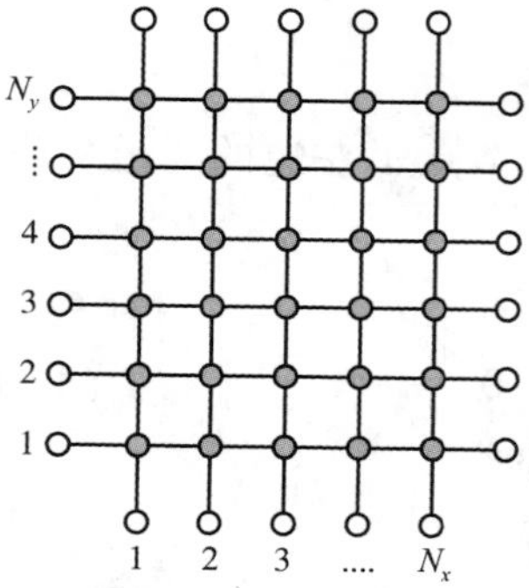

图 4.2　全开放的网络节点

孔隙网络中每个内部节点的位置由一组分别沿 x 轴和 y 轴的整数坐标 (i, j) 定义，其范围由式(4.33)给出：

$$i=1,\ 2,\ \cdots,\ N_x;\ j=1,\ 2,\ \cdots,\ N_y \quad (4.33)$$

总共有 $N_x \times N_y$ 个内部节点，A 组分在内部节点中的浓度记为 $C_{i,j}$，空隙网络中四个边的每个外部节点可看作是相同的。例如，位于 x 轴上的外部节点的位置是用其整数坐标定义的 $(i, 0)$，其范围由式(4.34)给出：

$$i=1,\ 2\cdots,\ N_x \quad (4.34)$$

为了验证这个假设，首先求解位于式(4.35)内部节点中的浓度的相互关系：

$$i=k;\ j=1,\ 2,\ \cdots,\ N_y \quad (4.35)$$

有其他外部节点浓度设置为零时，作为位于式(4.36)外部节点浓度的函数为：

$$i=N_x+1;\ j=1,\ 2\cdots,\ N_y \quad (4.36)$$

内部节点的浓度写成列向量形式，如式(4.37)所示：

$$\boldsymbol{C}(k)=|C_{k,N_y}\quad C_{k,N_{y-1}}\cdots C_{k,1}|^{\mathrm{T}}=(N_y\times 1) \quad (4.37)$$

$$k=1,\ 2,\ \cdots,\ N_x \quad (4.38)$$

当 $i=N_x+1$ 时，垂直于 x 轴的外部节点的浓度类似地写成列向量形式，如式(4.39)所示：

$$\boldsymbol{C}(N_x+1)=|C_{N_{x+1},N_y}\quad C_{N_{x+1},N_y-1}\quad\cdots\quad C_{N_{x+1},1}|^{\mathrm{T}}=(N_y\times 1) \quad (4.39)$$

由层 $k>1$ 的节点中的物料平衡得出式(4.40)：

$$-\boldsymbol{C}(k-1)+\boldsymbol{K}\boldsymbol{C}(k)-\boldsymbol{C}(k+1)=\boldsymbol{0}\quad (k=2,\ \cdots,\ N_x) \quad (4.40)$$

矩阵 $\boldsymbol{K}$ 的维数为 $(N_y\times N_y)$，且是三对角的，如式(4.41)所示：

$$\boldsymbol{K}=\frac{1}{v_x}\begin{vmatrix} \kappa & -v_y & & & \\ -v_y & \kappa & -v_y & & \\ & \cdot & \cdot & \cdot & \\ & & -v_y & \kappa & -v_y \\ & & & -v_y & \kappa \end{vmatrix} \quad (4.41)$$

$$\kappa = k^{+} + 2(v_x + v_y) \tag{4.42}$$

由于浓度 $\boldsymbol{C}(0)$ 被定义为 0，内部节点第一层的物料平衡如式(4.43)所示：

$$\boldsymbol{KC}(1) - \boldsymbol{C}(2) = \boldsymbol{0} \tag{4.43}$$

现在定义 $\boldsymbol{\Psi}(k)$ 为以 $(N_y \times N_y)$ 为权重因子的矩阵，其将网络中 $I=k$ 层节点的浓度与 $I=k+1$ 层节点的浓度联系起来，并使任意 $C(k+1)$ 从 $k=0$ 层延伸到 $k+1$。每一个定义，可得一个公式，见式(4.44)：

$$\boldsymbol{C}(k) = \boldsymbol{\Psi}(k)\boldsymbol{C}(k+1) \tag{4.44}$$

借助于式(4.43)，当 $k=1$ 时，得到式(4.45)：

$$\boldsymbol{\Psi}(1) = \boldsymbol{K}^{-1} \tag{4.45}$$

将式(4.44)结合 $k>1$ 的物料平衡式(4.40)，得到式(4.46)：

$$[\boldsymbol{\Psi}(k-1)\boldsymbol{\Psi}(k) - \boldsymbol{K\Psi}(k) + \boldsymbol{I}]\boldsymbol{C}(k+1) = \boldsymbol{0} \tag{4.46}$$

其中，I 是维数为 $(N_y \times N_y)$ 的单位矩阵。由于向量 $C(k+1)$ 是任意的，由式(4.46)可以得到式(4.47)中的里卡蒂方程：

$$\boldsymbol{\Psi}(k-1)\boldsymbol{\Psi}(k) - \boldsymbol{K\Psi}(k) + \boldsymbol{I} = \boldsymbol{0} \tag{4.47}$$

无限网格($k \to \infty$)由式(4.48)表示：

$$\boldsymbol{\Psi}_{\infty}^{2} - \boldsymbol{K\Psi}_{\infty} + \boldsymbol{I} = \boldsymbol{0} \tag{4.48}$$

$\boldsymbol{K}$ 的经典标准形式是常见的，用式(4.49)表示：

$$\boldsymbol{K} = \boldsymbol{U}\Lambda\boldsymbol{U}^{T} \tag{4.49}$$

其中，$\boldsymbol{\Lambda}(N_y \times N_y)$ 是以 $\boldsymbol{K}$ 特征值的对角矩阵，而矩阵 $\boldsymbol{U}(N_y \times N_y)$ 为对应特征向量的模态矩阵，由公式(4.50)和(4.51)所示：

$$(\boldsymbol{\Lambda})_{n,n} = \frac{1}{v_x}[\kappa - 2v_y\cos(\theta_n)] \quad (n=1,\ 2,\ \cdots\cdots,\ N_y) \tag{4.50}$$

$$(\boldsymbol{U})_{m,n} = \left(\sqrt{\frac{2}{N_y+1}}\right)\sin[(N_y-m+1)\theta_n] \quad (m,\ n=1,\ 2,\ \cdots\cdots,\ N_y) \tag{4.51}$$

$$\theta_n = \frac{n\pi}{N_y+1} \tag{4.52}$$

需要注意的是特征向量 $\boldsymbol{U}$ 的矩阵与速率系数 k^{+} 无关，因此一级反应不影响特征向量(即扩散的特征向量也只适用于扩散和一级反应的情况)。

此时，$\boldsymbol{\Psi}_{\infty}$ 的规范表达为：

$$\boldsymbol{\Psi}_{\infty} = \boldsymbol{U\Lambda}_{\infty}\boldsymbol{U}^{T} \tag{4.53}$$

$$(\boldsymbol{\Lambda}_{\infty})_{n,n} = \frac{1}{2}(\boldsymbol{\Lambda})_{n,n} - \sqrt{\frac{1}{4}(\boldsymbol{\Lambda})_{n,n}^{2} - 1} = \mathrm{e}^{-\mathrm{acosh}\left[\frac{(\boldsymbol{\Lambda})_{n,n}}{2}\right]} \tag{4.54}$$

$$\boldsymbol{\Psi}_{\infty} = \frac{\boldsymbol{K}}{2} - \sqrt{\frac{\boldsymbol{K}^{2}}{4} - \boldsymbol{I}} = \mathrm{e}^{-\mathrm{acosh}\left(\frac{\boldsymbol{K}}{2}\right)} \tag{4.55}$$

由式(4.47)中的黎卡蒂方程和式(4.45)中的初始条件可以得出式(4.56)：

$$\boldsymbol{\Psi}(k)=\left[\boldsymbol{\Psi}_{\infty}^{k}+\boldsymbol{\Psi}_{\infty}^{-(k+1)}\right]^{-1}\left(\boldsymbol{\Psi}_{\infty}^{k-1}+\boldsymbol{\Psi}_{\infty}^{-k}\right) \tag{4.56}$$

将 $C(k)$ 中的浓度与 $C(N_x+1)$ 中的浓度直接联系起来的权重因子矩阵 $\Omega(k)$，由式(4.57)给出：

$$\boldsymbol{\Omega}(k)=\boldsymbol{\Psi}(k)\boldsymbol{\Psi}(k+1)\cdots\boldsymbol{\Psi}(N_x)=\prod_{i=k}^{N_x}\boldsymbol{\Psi}_x(i) \tag{4.57}$$

将式(4.56)代入到等式(4.57)并重新排列最终得到：

$$\boldsymbol{\Omega}(i)=\frac{\sinh(\xi\boldsymbol{\Phi})}{\sinh(\boldsymbol{\Phi})}\quad\left(\xi=\frac{i}{N_x+1}\right) \tag{4.58}$$

其中，ξ 值是 i 层中节点沿 x 轴方向的无因次位置。

而 $\boldsymbol{\Phi}$ 矩阵由式(4.59)或式(4.60)给出：

$$\boldsymbol{\Phi}=(N_x+1)\ln(\boldsymbol{\Psi}_{\infty}^{-1})=(N_x+1)\ln\left(\frac{\boldsymbol{K}}{2}+\sqrt{\frac{\boldsymbol{K}^2}{4}-1}\right) \tag{4.59}$$

$$\boldsymbol{\Phi}=(N_x+1)\,\mathrm{acosh}\left(\frac{\boldsymbol{K}}{2}\right) \tag{4.60}$$

并从式(4.61)中得到节点中浓度的解：

$$\boldsymbol{C}(i)=\frac{\sinh(\xi\boldsymbol{\Phi})}{\sinh(\boldsymbol{\Phi})}\boldsymbol{C}(N_x+1) \tag{4.61}$$

形式上，网络中节点浓度的解与经典连续介质方法中给出的解相同，也与节点串的情况相同。如果将 $i=0$ 处的节点浓度视为自变量(且将 N_x+1 处节点的浓度设为0)，则可以很容易地重复求解，从而得到式(4.62)：

$$\boldsymbol{C}(i)=\frac{\sinh[(1-\xi)\boldsymbol{\Phi}]}{\sinh(\boldsymbol{\Phi})}\boldsymbol{C}(0) \tag{4.62}$$

同样的推理可以应用于 y 方向，然后可以简单地将所有解相加，得到每个结点的最终浓度。

4.3.3.3.2 对侧开放网络

如图4.3所示网络结构，常数 i 节点的物料平衡形成下列三对角矩阵 K，如式(4.63)所示：

$$\boldsymbol{K}'=\frac{1}{v_x}\begin{vmatrix}\kappa-v_y & -v_y & & & \\ -v_y & \kappa & -v_y & & \\ & \cdot & \cdot & \cdot & \\ & & -v_y & \kappa & -v_y \\ & & & -v_y & \kappa-v_y\end{vmatrix} \tag{4.63}$$

$\boldsymbol{K}'$的经典标准形式如式(4.64)所示：

$$\boldsymbol{K}'=\boldsymbol{U}'\boldsymbol{\Lambda}'\boldsymbol{U}'^{T} \tag{4.64}$$

其中，$\boldsymbol{\Lambda}(N_y \times N_y)$是以 K 为特征值的对角矩阵，$\boldsymbol{U}(N_y \times N_y)$为式(4.65)~式(4.67)给出的对应特征向量的模态矩阵：

$$(\boldsymbol{\Lambda}')_{n,n}=\frac{1}{v_x}[\kappa-2v_y\cos(\theta_n)] \quad (n=1,\ 2,\ \cdots,\ N_y) \tag{4.65}$$

$$(\boldsymbol{U}')_{m,n}=\sqrt{\frac{1}{N_y}} \quad (n=1;\ m=1,\ 2\cdots,\ N_y) \tag{4.66}$$

$$(\boldsymbol{U}')_{m,n}=\left(\sqrt{\frac{2}{N_y}}\right)\cos\left[\left(m-\frac{1}{2}\right)\theta_n\right] \quad (n>1;\ m=1,\ 2,\ \cdots,\ N_y) \tag{4.67}$$

$$\theta_n=\frac{(n-1)\pi}{N_y} \tag{4.68}$$

特征向量与速率常数无关，内部节点内浓度的解如式(4.69)所示：

$$\boldsymbol{C}(i)=\frac{\sinh[(1-\xi)\boldsymbol{\Phi}']}{\sinh(\boldsymbol{\Phi}')}\boldsymbol{C}(0)+\frac{\sinh(\xi\boldsymbol{\Phi}')}{\sinh(\boldsymbol{\Phi}')}\boldsymbol{C}(N_x+1) \tag{4.69}$$

$$\boldsymbol{\Phi}'=(N_x+1)\,\mathrm{acosh}\left(\frac{\boldsymbol{K}'}{2}\right) \tag{4.70}$$

$$\xi=\frac{i}{N_x+1} \tag{4.71}$$

4.3.3.3.3　单侧开放网络

如图 4.4 所示，假设只有位于 $i=N_x+1$ 的外部节点是开放的，当矩阵 K' 与上节中的 K' 相同时，即得物料平衡式(4.72)：

$$-\boldsymbol{C}(k-1)+\boldsymbol{K}'\boldsymbol{C}(k)-\boldsymbol{C}(k+1)=\boldsymbol{0} \quad (k=2,\ \cdots,\ N_x) \tag{4.72}$$

由于节点被认为是阻塞在层 $k=1$ 的左边，简化式(4.72)得：

$$(\boldsymbol{K}'-\boldsymbol{I})\boldsymbol{C}(1)-\boldsymbol{C}(2)=\boldsymbol{0} \tag{4.73}$$

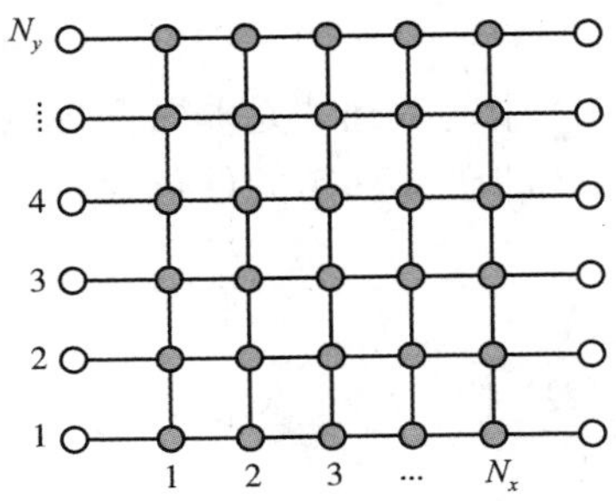

图 4.3　对称区域开放网络节点

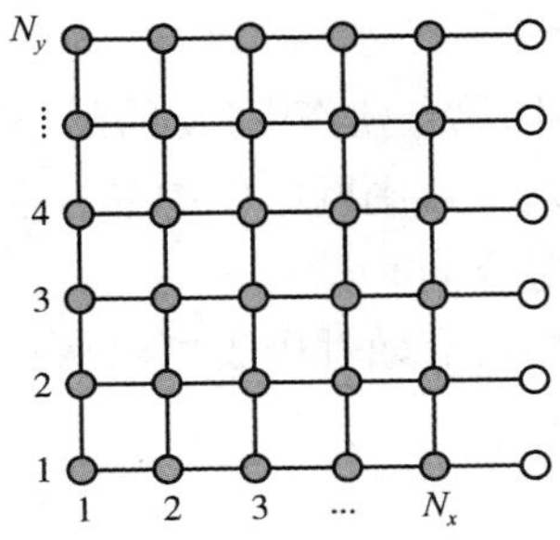

图 4.4　单侧网络节点

通过上述非常类似的推理，节点浓度的精确解由式(4.74)给出：

$$\boldsymbol{C}(i)=\frac{\cosh(\xi'\boldsymbol{\Phi}')}{\cosh(\boldsymbol{\Phi}')}C(\boldsymbol{N}_x+1) \tag{4.74}$$

$$\boldsymbol{\Phi}'=\left(N_x+\frac{1}{2}\right)\operatorname{acosh}\left(\frac{\boldsymbol{K}'}{2}\right) \tag{4.75}$$

$$\xi'=\frac{i-1/2}{N_x+1/2} \tag{4.76}$$

显然，ξ 值是第 i 层中节点沿 x 轴方向的无因次位置，$\boldsymbol{\Phi}$ 的最小特征值由式(4.77)给出：

$$\lambda_{\min}(\boldsymbol{\Phi}')=(N_x+1/2)\operatorname{acosh}[(k^+ +2v_x)/2v_x] \tag{4.77}$$

注意，最小特征值与沿 y 轴的传质特性无关，所以它的值与平行于 x 轴的单串节点的值相同。我们可以把它看作是一系列釜式反应器组成的系统，进入孔隙网络的准确传质通量可由式(4.78)表示：

$$\boldsymbol{F}(N_x+1)=v_x\left[\boldsymbol{I}-\frac{\cosh\left(\dfrac{N_x-1/2}{N_x+1/2}\boldsymbol{\Phi}'\right)}{\cosh(\boldsymbol{\Phi}')}\right]\boldsymbol{C}(N_x+1)=\boldsymbol{HC}(N_x+1) \tag{4.78}$$

$$\boldsymbol{H}=v_x\left[\boldsymbol{I}-\frac{\cosh\left(\dfrac{N_x-1/2}{N_x+1/2}\boldsymbol{\Phi}'\right)}{\cosh\ (\boldsymbol{\Phi}')}\right] \tag{4.79}$$

$$\lambda_{\min}(\boldsymbol{H})=v_x\left\{1-\frac{\cosh\left[\dfrac{N_x-1/2}{N_x+1/2}\lambda_{\min}(\boldsymbol{\Phi}')\right]}{\cosh[\lambda_{\min}(\boldsymbol{\Phi}')]}\right\} \tag{4.80}$$

当所有的外部节点都保持相同浓度 C_e 时，那么网络中反应的总速率 R 也是进入网络的所有通量的总和。这是通过对矩阵 H 的所有元素求和得到的，可以写成如下形式：

$$R=N_y\lambda_{\min}(\boldsymbol{H})C_e \tag{4.81}$$

其中，$\lambda_{\min}$是矩阵 H 的最小特征值。式(4.81)中的表达式是非常简单的，下文还会对不规则网络中的参数空间进行研究讨论(即研究真实的催化剂颗粒和其中的孔隙空间)。

网络的有效性因子可以从式(4.82)中得到：

$$\eta=\frac{R}{N_xN_yk^+C_e}=\frac{\lambda_{\min}(\boldsymbol{H})}{N_xk^+} \tag{4.82}$$

比较方程式(4.5)和方程式(4.74)，可以观察到，浓度向量可以用与经典连续介质情况下完全相同的方式表示。此外，对于外部节点的通量向量和有效性因子，也与经典解存在差异。

与一串节点的情况类似，现在考虑对整个三维参数空间的讨论，即反应速率、传质速率和网络大小。让化学反应速率与传质系数相比有一个小的速率常数，并具有较大数值的网络(即深层网络)，可以近似应用式(4.83)~式(4.85)。

$$\frac{N_x-1/2}{N_x+1/2}\cong 1-\frac{1}{N_x} \tag{4.83}$$

$$e^{\pm\frac{\boldsymbol{\Phi}'}{N_x}}\cong \boldsymbol{I}\pm\frac{\boldsymbol{\Phi}'}{N_x} \tag{4.84}$$

$$\boldsymbol{I}-\frac{\cosh\left(\dfrac{N_x-1/2}{N_x+1/2}\boldsymbol{\Phi}'\right)}{\cosh(\boldsymbol{\Phi}')}\cong \boldsymbol{\Phi}'\tanh(\boldsymbol{\Phi}')/N_x \tag{4.85}$$

应用上述的近似结果得到式(4.86)~式(4.91)：

$$\boldsymbol{\Phi}'=\left(N_x+\frac{1}{2}\right)\sqrt{\frac{\boldsymbol{K}'}{2}} \tag{4.86}$$

$$\lambda_{\min}(\boldsymbol{\Phi}')\cong(N_x+1/2)\sqrt{\frac{k^+}{v_x}} \tag{4.87}$$

因此，矩阵 $\boldsymbol{\Phi}$ 的最小特征值起着经典的蒂勒模数作用。另外：

$$\boldsymbol{F}(N_x+1)\cong\left(\frac{v_x}{N_x}\right)\boldsymbol{\Phi}'\tanh(\boldsymbol{\Phi}')\boldsymbol{C}(N_x+1)=\boldsymbol{HC}(N_x+1) \tag{4.88}$$

$$\boldsymbol{H}=\left(\frac{v_x}{N_x}\right)\boldsymbol{\Phi}'\tanh(\boldsymbol{\Phi}') \tag{4.89}$$

$$\lambda_{\min}(\boldsymbol{H})=\left(\frac{v_x}{N_x}\right)\lambda_{\min}(\boldsymbol{\Phi}')\tanh[\lambda_{\min}(\boldsymbol{\Phi}')] \tag{4.90}$$

$$\eta\cong\frac{\tanh[\lambda_{\min}(\boldsymbol{\Phi}')]}{\lambda_{\min}(\boldsymbol{\Phi}')} \tag{4.91}$$

现在所有的经典表达式都能很快被识别出来，因此，将经典解和网络方法合并在一起得到一个特定的参数空间(即合并是有效的深度网络，其中一个反应仅仅作为扩散场的扰动)。当考虑用深度网络(VDNs)来抵消扩散场上的动力学扰动时，需要注意网络中会有传质限制。

4.3.3.3.4 半无限网络

考虑一个位于 y 轴左侧的半无限孔网络，所有外部节点都位于 y 轴上，进一步假设位于原点的外部节点的浓度为 C_e，而沿 y 轴的所有其他外部节点浓度均设为零。通过式(4.48)重作矩阵解得到 $\boldsymbol{\Psi}_\infty$，可以看出，个体权重因子 $\boldsymbol{\Psi}_\infty(j)$ 可以由式(4.92)表示：

$$\boldsymbol{\Psi}_{\infty}(j)=\boldsymbol{\Psi}_{\infty}(-j)=\frac{1}{\pi}\int_{0}^{\pi}\cos(jx)g(x)\,\mathrm{d}x \quad (j\geqslant 0) \tag{4.92}$$

$$g(x)=\mathrm{e}^{-a\cosh[\alpha-\beta\cos(x)]} \tag{4.93}$$

$$\alpha=\frac{\kappa}{2v_x} \tag{4.94}$$

$$\beta=\frac{v_y}{v_x} \tag{4.95}$$

我们知道双曲余弦函数的逆函数，在等式(4.93)中称为 acosh，产生了函数的主值。已知权因子 $\Psi_{\infty}(j)$ 是 $g(x)$ 的傅里叶余弦函数的系数，经过公式转变，可由式(4.92)得到式(4.96)：

$$\sum_{j=-\infty}^{j=+\infty}\psi_{\infty}(\mathrm{j})=\mathrm{e}^{-a\cosh(\alpha-\beta)}=\begin{cases}1 & (\text{无反应})\\ <1 & (\text{有反应})\end{cases} \tag{4.96}$$

下层节点($i=-1$)的浓度现在可以由式(4.97)计算：

$$C_{-1,j}=C_{\mathrm{e}}\boldsymbol{\Psi}_{\infty}(j) \tag{4.97}$$

从式(4.98)迭代，发现网络中较深节点的浓度：

$$C_{i,j}=C_{\mathrm{e}}\sum_{k=-\infty}^{k=+\infty}C_{i+1,k}\boldsymbol{\Psi}_{\infty}(k-j) \tag{4.98}$$

网络周界处的传质通量由方程(4.99)和方程(4.100)得到：

$$F_0=v_x[1-\boldsymbol{\Psi}_{\infty}(0)]C_{\mathrm{e}} \tag{4.99}$$

$$F_j=F_{-j}=-v_x\boldsymbol{\Psi}_{\infty}(j)C_e \quad (j>0) \tag{4.100}$$

组分 A 的总量 $\mathscr{R}_{\infty}$，即每单位时间在半无限网络中反应的量，可由式(4.101)得到：

$$\mathscr{R}_{\infty}=F_0+2\sum_{i-1}^{j=\infty}F_j=v_x[1-e^{-a\cosh(\alpha-\beta)}]C_{\mathrm{e}} \tag{4.101}$$

$\mathscr{R}_{\infty}$ 也可以通过将所有节点的贡献相加而得到：

$$\sum_{j=-\infty}^{j=+\infty}C_{i,j}=e^{-a\cosh(\alpha-\beta)}\sum_{j=-\infty}^{j=+\infty}C_{i+1,j} \tag{4.102}$$

当反应仅限于节点时，得到式(4.103)：

$$\mathscr{R}_{\infty}=\frac{k^{+}}{e^{a\cosh\left(1+\frac{k^{+}}{2v_x}\right)}-1}C_{\mathrm{e}} \tag{4.103}$$

从式(4.103)可以得到一个显著的结果，即 $\mathscr{R}_{\infty}$ 独立平行于 y 轴的孔隙的传质特性。因此，考虑到组分 A 的反应程度，可以选择 $v_y=0$ 和一个单一的无限长的孔隙取代网络。在大多数实际应用中，节点的速率常数 k^{+} 要比传质系数 v_x 小得多(除了可能有严格的构型约束的情况)，在这种情况下可以得到进一步的简化式(4.104)：

$$\mathscr{R}_{\infty} \cong \sqrt{k^{+} v_{x}} C_{\mathrm{e}} \quad \left(\frac{k^{+}}{v_{x}} \ll 1\right) \tag{4.104}$$

对于非动力学控制的网络，可以用式(4.105)表示：

$$\psi_{\infty}(0)=\frac{2}{\pi}\left[(\beta+1)\operatorname{atan}\left(\frac{1}{\sqrt{\beta}}\right)-\sqrt{\beta}\right] \tag{4.105}$$

而 $j \neq 0$ 的项可由式(4.92)求出。

4.3.3.4 三维规则网络

4.3.3.4.1 长方体

考虑一个长方体形式的三维孔隙网络，孔隙网络中每个内部节点的位置分别由 (x, y, z) 轴上的三元整数组 (i, j, l) 定义，其范围由式(4.106)给出：

$$i=1, 2, \cdots, N_x;\ j=1, 2, \cdots, N_y;\ l=1, 2, \cdots, N_z \tag{4.106}$$

总共有 $N_x \times N_y \times N_z$ 个内部节点，位于沿孔隙网络的六个面的各外部节点可近似看作一样。例如，$y=0$ 平面上的外部节点的位置是用整数三元组 $(i, 0, l)$ 定义的，其范围见式(4.107)：

$$i=1, 2, \cdots, N_x;\ l=1, 2, \cdots, N_z \tag{4.107}$$

内部节点中 A 组分的浓度记为 $C_{i,j,l}$，假设平行于 x 轴的孔隙的扩散特性是相同的，类似的说法也适用于平行于 y 轴和 z 轴的孔隙。进一步假设所有节点的化学反应活性相同，每个节点都充当一个连续搅拌釜式反应器。为了完善这个想法，我们将首先表征在 $i=k$ 位置垂直于 x 轴的平面上的内部节点的浓度，如式(4.108)所示：

$$i=k;\ j=1, 2, \cdots, N_y;\ l=1, 2, \cdots, N_z \tag{4.108}$$

位于外部节点的浓度函数见式(4.109)：

$$i=N_x+1;\ j=1, 2, \cdots, N_y;\ l=1, 2, \cdots, N_z \tag{4.109}$$

为此，我们假设所有其他外部节点的浓度都为零。

平面内节点在位置 $i=k$ 处的浓度写成矩阵的形式，其元素根据该平面内每个节点的坐标位置按式(4.110)排列：

$$\mathbf{C}(k)=\left|\begin{array}{cccc} C_{k,N_y,1} & C_{k,N_y,2} & \cdot & C_{k,N_y,N_z} \\ \cdot & \cdot & \cdot & \cdot \\ C_{k,2,1} & C_{k,2,2} & \cdot & C_{k,2,N_z} \\ C_{k,1,1} & C_{k,1,2} & \cdot & C_{k,1,N_z} \end{array}\right| \tag{4.110}$$

矩阵 $C(k)$ 将被向量化并被命为 $\mathrm{vec}C(k)$，其通过移动第 1 列下面的第 2 列 $C(k)$ 得到，然后将 $C(k)$ 的第 3 列移动到第 1 列和第 2 列下面，以此类推。定义具有维度 $(N_yN_z \times N_yN_z)$ 的矩阵 $\boldsymbol{\Psi}(k)$ 作为权重因子矩阵，它将平面内节点在位置 i 的

浓度与平面 $i=k+1$ 的浓度联系起来，该网络从 $i=0$ 开始，到 $i=k+1$ 结束，浓度为 $C_{k+1,j,l}$。然后得到式(4.111)，并确定 $\boldsymbol{\Psi}(k)$。

$$vec\boldsymbol{C}(k)=\boldsymbol{\Psi}(k)vec\boldsymbol{C}(k+1) \tag{4.111}$$

现在介绍维数为$(N_yN_z\times N_yN_z)$的三对角矩阵，每个块的维数为$(N_y\times N_y)$，在公式(4.112)中，矩阵 K 的每一行和每一列有 N_z 个块。

$$\boldsymbol{K}=\frac{1}{v_x}\begin{vmatrix} \boldsymbol{L} & -v_z\boldsymbol{I}_y & & & \\ -v_z\boldsymbol{I}_y & \boldsymbol{L} & -v_z\boldsymbol{I}_y & & \\ & \cdot & \cdot & \cdot & \\ & & -v_z\boldsymbol{I}_y & \boldsymbol{L} & -v_z\boldsymbol{I}_y \\ & & & -v_z\boldsymbol{I}_y & \boldsymbol{L} \end{vmatrix} \tag{4.112}$$

矩阵 $I_y(N_y\times N_y)$是一个单位矩阵，而矩阵 $L(N_y\times N_y)$是三对角的，如式(4.113)所示：

$$\boldsymbol{L}=\begin{vmatrix} \kappa & -v_y & & & \\ -v_y & \kappa & -v_y & & \\ & \cdot & \cdot & \cdot & \\ & & -v_y & \kappa & -v_y \\ & & & -v_y & \kappa \end{vmatrix} \tag{4.113}$$

κ 的值由式(4.114)给出：

$$\kappa=k^{+}+2(v_x+v_y+v_z) \tag{4.114}$$

请注意，在物料平衡方程中，位于外围的任何节点都定义浓度为零($k=N_x+1$ 的节点除外)，$i=k>1$ 的内部节点的物料平衡用式(4.115)表示：

$$-vec\boldsymbol{C}(k-1)+\boldsymbol{K}vec\boldsymbol{C}(k)-vec\boldsymbol{C}(k+1)=\boldsymbol{0} \tag{4.115}$$

其中，I 是一个维数为$(N_yN_z\times N_yN_z)$的单位矩阵，需要注意的是 vec$C(0)$被定义为零，因此 $k=1$ 的内部节点中的物料平衡式见式(4.116)：

$$\boldsymbol{K}vec\boldsymbol{C}(1)-vec\boldsymbol{C}(2)=0 \tag{4.116}$$

由物料平衡式(4.115)可得到里卡蒂式(4.117)：

$$\boldsymbol{\Psi}(k-1)\boldsymbol{\Psi}(k)-\boldsymbol{K}\boldsymbol{\Psi}(k)+\boldsymbol{I}=\boldsymbol{0} \tag{4.117}$$

在第一层中，可得到式(4.118)：

$$\boldsymbol{\Psi}(1)=\boldsymbol{K}^{-1} \tag{4.118}$$

无限网络(在 x 方向上)由式(4.119)表示：

$$\boldsymbol{\Psi}_{\infty}^{2}-\boldsymbol{K}\boldsymbol{\Psi}_{\infty}+\boldsymbol{I}=\boldsymbol{0} \tag{4.119}$$

定义一个三对角$(N_z\times N)$矩阵 S，使得除了主对角线上下两个位置上的元素外，所有元素都为 0，因此这些元素都等于$-v_z$。矩阵 K 可以写成式(4.120)：

$$K=\frac{1}{v_x}(S\otimes I_y+I_z\otimes L)=\frac{1}{v_x}(S\oplus L) \tag{4.120}$$

S 和 L 的标准方程是常见的，见于式(4.121)~式(4.126)：

$$S=U_S\Lambda_S U_S^T \tag{4.121}$$

$$L=U_L\Lambda_L U_L^T \tag{4.122}$$

$$(U_S)_{m,n}=\left(\sqrt{\frac{2}{N_z+1}}\right)\sin\left[\frac{m(N_z-n+1)\pi}{(N_z+1)}\right]\quad (m,\ n=1,\ 2,\ \cdots,\ N_z) \tag{4.123}$$

因此：

$$(\Lambda_S)_{m,m}=-2v_z\cos\left(\frac{m\pi}{N_z+1}\right)\quad (m=1,\ 2,\ \cdots,\ N_z) \tag{4.124}$$

$$(\mathrm{U}_L)_{m,n}=\left(\sqrt{\frac{2}{N_y+1}}\right)\sin\left[\frac{m(n_y-n+1)\pi}{(N_y+1)}\right]\quad (m,\ n=1,\ 2,\ \cdots,\ N_y) \tag{4.125}$$

$$(\Lambda_L)_{m,m}=\kappa-2\sigma_y\cos\left(\frac{m\pi}{N_y+1}\right)\quad (m=1,\ 2,\ \cdots,\ N_z) \tag{4.126}$$

根据方程式得到 K 的标准方程，见式(4.127)~式(4.129)：

$$K=U_K\Lambda_K U_K^T \tag{4.127}$$

$$\Lambda_K=\frac{1}{v_x}(\Lambda_S\oplus\Lambda_L) \tag{4.128}$$

$$U_K=U_S\otimes U_L \tag{4.129}$$

我们也可以选择直接用适当的软件包来确定 K 的特征值和特征向量，而避免解析上述复杂的数学过程。

然后根据式(4.130)~式(4.132)找到 Ψ_∞ 的规范表示。

$$\Psi_\infty=U_K\Lambda_\infty U_K^T \tag{4.130}$$

$$(\Lambda_\infty)_{m,m}=\frac{1}{2}(\Lambda_K)_{m,m}-\sqrt{\frac{1}{4}(\Lambda_K)_{m,m}^2-1} \tag{4.131}$$

$$m=1,\ 2,\ \cdots,\ N_yN_z \tag{4.132}$$

由里卡蒂方程(4.117)和式(4.118)中的初始条件可以得到式(4.133)：

$$\Psi(k)=(\Psi_\infty^k+\Psi_\infty^{-(k+1)})^{-1}(\Psi_\infty^{k-1}+\Psi_\infty^{-k}) \tag{4.133}$$

权重因子矩阵 $\Omega(i)$ 将 $\mathrm{vec}C(i)$ 中的浓度与 $\mathrm{vec}C(N_x+1)$ 联系起来，并给出式(4.134)：

$$\Omega(i)=\prod_{m=i}^{N_x}\Psi(m) \tag{4.134}$$

将等式(4.133)代入到等式(4.134)并重新排列最终得到：

$$\Omega(i)=\frac{\sinh(\xi\Phi)}{\sinh(\Phi)}\quad \xi=\frac{i}{N_x+1} \tag{4.135}$$

$$\boldsymbol{\Phi}=(N_x+1)\ln(\boldsymbol{\Psi}_\infty^{-1})=(N_x+1)a\cosh(\boldsymbol{K}/2) \tag{4.136}$$

浓度的最终解由式(4. 137)给出：

$$vec\boldsymbol{C}(i)=\frac{\sinh(\xi\boldsymbol{\Phi})}{\sinh(\boldsymbol{\Phi})}vec\boldsymbol{C}(N_x+1) \quad \xi=\frac{i}{N_x+1} \tag{4.137}$$

当其他平面的浓度被允许反过来作为自变量时，内部浓度的解可以用类似的方法得到，并且可以将所有解都加起来得到指定内部节点的总浓度。

4. 3. 3. 4. 2　催化箱

催化箱作为一种特殊情况，仅考虑在 N_x+1 位置仅沿垂直于 x 轴的平面开放的孔隙网络，假设在封闭平面内的所有气孔都是封闭的。与二维情况类似，引入矩阵 K 见等式(4. 138)：

$$\boldsymbol{K}'=\frac{1}{v_x}\begin{vmatrix} \boldsymbol{L}'' & -v_z\boldsymbol{I}_y & & & \\ -v_z\boldsymbol{I}_y & \boldsymbol{L}' & -v_z\boldsymbol{I}_y & & \\ & \cdot & \cdot & \cdot & \\ & & -v_z\boldsymbol{I}_y & \boldsymbol{L}' & -v_z\boldsymbol{I}_y \\ & & & -v_z\boldsymbol{I}_y & \boldsymbol{L}'' \end{vmatrix} \tag{4.138}$$

矩阵 $I_y(N_y\times N_y)$ 是一个单位矩阵，而矩阵 $L(N_y\times N_y)$ 和 $L'(N_y\times N_y)$ 为三对角矩阵，如式(4. 139)和式(4. 140)所示：

$$\boldsymbol{L}'=\begin{vmatrix} (\kappa-v_y) & -v_y & & & \\ -v_y & \kappa & -v_y & & \\ & \cdot & \cdot & \cdot & \\ & & -v_y & \kappa & -v_y \\ & & & -v_y & (\kappa-v_y) \end{vmatrix} \tag{4.139}$$

$$\boldsymbol{L}''=\boldsymbol{L}'-v_z\boldsymbol{I}_y \tag{4.140}$$

κ 的值仍然由式(4. 141)给出：

$$\kappa=k^+ +2(v_x+v_y+v_z) \tag{4.141}$$

物料平衡式如式(4. 142)所示：

$$-\boldsymbol{C}(k-1)+\boldsymbol{K}'\boldsymbol{C}(k)-\boldsymbol{C}(k+1)=\boldsymbol{0} \quad (k=2,\ \cdots,\ N_x) \tag{4.142}$$

由于节点在 $k=1$ 的左边被阻塞在外，可得到：

$$(\boldsymbol{K}'-\boldsymbol{I})\boldsymbol{C}(1)-\boldsymbol{C}(2)=\boldsymbol{0} \quad (k=1) \tag{4.143}$$

根据前述第 4. 3. 3. 3. 3 节中的类似推理，有节点浓度的精确解如下：

$$vec\boldsymbol{C}(i)=\frac{\cosh(\xi\boldsymbol{\Phi}')}{\cosh(\boldsymbol{\Phi}')}=vec\boldsymbol{C}(N_x+1) \tag{4.144}$$

$$\xi=\frac{i-1/2}{N_x+1/2} \tag{4.145}$$

$$\boldsymbol{\Phi}' = \left(N_x + \frac{1}{2}\right) \operatorname{acosh}\left(\frac{\boldsymbol{K}'}{2}\right) \tag{4.146}$$

接下来需要评估从每个外部节点进入孔隙网络的传质通量。为此，定义矩阵 $F(N_x+1)$ 的结构形式与 $C(N_x+1)$ 相同，但每个元素都表示从外部节点进入孔隙网络的传质通量。$F(N_x+1)$ 可表示为式(4.147)：

$$vec\boldsymbol{F}(N_x+1) = \boldsymbol{H} vec\boldsymbol{C}(N_x+1) \tag{4.147}$$

$$\boldsymbol{H} = v_x \left[\boldsymbol{I} - \frac{\cosh\left(\dfrac{N_x - 1/2}{N_x + 1/2} \boldsymbol{\Phi}'\right)}{\cosh(\boldsymbol{\Phi}')} \right] vec\boldsymbol{C}(N_x+1) \tag{4.148}$$

网络的有效性因子可从式(4.149)中得到：

$$\eta = \frac{\lambda_{\min}(\boldsymbol{H})}{k^+ N_x} \tag{4.149}$$

其中，$\lambda_{\min}$ 是矩阵 H 的最小特征值。

4.3.3.4.3　半无限三维空间

假设一个三维孔隙网络，它位于 x 轴的负方向，且所有外部节点都位于 $i=0$ 平面上。当所有其他外部节点保持在浓度为 0 时，在起始处施加一个浓度 C。组分 A 在网络中的反应速率可以由式(4.150)表示：

$$\mathscr{R}_\infty = \frac{k^+}{e^{a\cosh\left(1+\frac{k^+}{2v_x}\right)} - 1} C_e \tag{4.150}$$

与二维情况相同的结论是，组分 A 的反应速率与 y 或 z 方向的传质特性无关，因此网络可以用沿 x 轴的一串节点代替。

4.3.3.5　工作实例：对二甲苯选择性提升

4.3.3.5.1　概论

对二甲苯是生产聚酯树脂的前驱体，在化学工业中，甲苯与甲醇的烷基化反应或甲苯的歧化反应均可生产对二甲苯。在动力学控制下，二甲苯的混合物在接近平衡状态下产生，1mol 甲苯反应生成大约 0.25mol 的邻二甲苯、0.50mol 的间二甲苯和 0.25mol 的对二甲苯。由于邻二甲苯、间二甲苯和对二甲苯的分子形状不同，这些化合物在催化剂内部的扩散系数可以发生很大的变化，其扩散系数也会随改变催化剂的入口孔道或出口孔道而改变。Wei[18] 通过将催化剂处理为单一孔道，发现二甲苯异构体的扩散率有很大的不同，对二甲苯的扩散率与其他两种二甲苯相比非常高，此实例可以介绍应用于二维网络的动力学的简化版本，Wei 没有介绍这种网络场景，也许在接下来的分析中可以看到这种方法应用的实用性以及便利性。为简单起见，参考第 4.3.3.3.3 节中给出的，按一侧打开的网络进行处理。

这里采用简化反应方案：

$$甲苯 \longrightarrow 二甲苯(25\%对二甲苯，75\%邻/间二甲苯) \tag{4.151}$$

甲苯和甲醇的反应快慢主要由动力学决定，因为甲苯和甲醇的扩散速度非常快，基本上没有内部传质限制。假设网络的每个节点产生二甲苯的总速率为常数 r，生成对二甲苯的速率写为 rS_k，而表示邻二甲苯和间二甲苯组分的生成速率写为 $r(1-S_k)$，S_k 表示对二甲苯的动力学选择性。

除了在活性位点形成二甲苯外，二甲苯还发生了异构化，邻/间二甲苯异构化为对二甲苯的速率常数为：

$$\underset{(邻/间二甲苯)}{l\text{-}xylene} \xrightarrow{k} \underset{(对二甲苯)}{p\text{-}xylene} \tag{4.152}$$

平衡常数 K_{eq} 由式(4.153)给出：

$$K_{eq}=\frac{C_p^{eq}}{C_l^{eq}} \tag{4.153}$$

其中，C_l^{eq} 和 C_p^{eq} 分别表示邻/间二甲苯和对二甲苯的平衡浓度，异构化反应的逆反应速率常数由 k/K_{eq} 给出。根据 Wei 的研究，邻/间二甲苯的平衡浓度大约是对二甲苯平衡浓度的三倍。

当制备对二甲苯的扩散速率比邻二甲苯和间二甲苯快得多的催化剂时，Wei 已经报道了对二甲苯催化剂的更优选择。在这里看到了一个类似的情况，但催化剂网络并不是单个孔隙，下一步将研究在一个简单网络中阻塞许多孔对对二甲苯选择性的影响。

4.3.3.5.2 近似解

本文展示一种描述二甲苯在节点网络中形成和异构化的方法，首先，观察图 4.5 所示的网络。根据式(4.151)中反应，灰色节点被认为是甲苯和甲醇反应形成二甲苯的节点，根据式(4.152)中反应，其也被认为是异构化发生的节点。白色的节点是指可以对对二甲苯任意施加一定浓度的 C_p^e 以及对邻/间二甲苯施加一定浓度的 C_l^e。上标 e 代表外部，因为白色节点被认为与外部体积流体密切接触。在白色节点中不考虑反应或异构化，灰色节点被认为不与周围流体接触。为了计算白色节点中的稳态通量向量，该向量代表进入(或离开)网络的对二甲苯和邻/间二甲苯的摩尔通量，并注意考虑到灰色节点中的物料平衡。

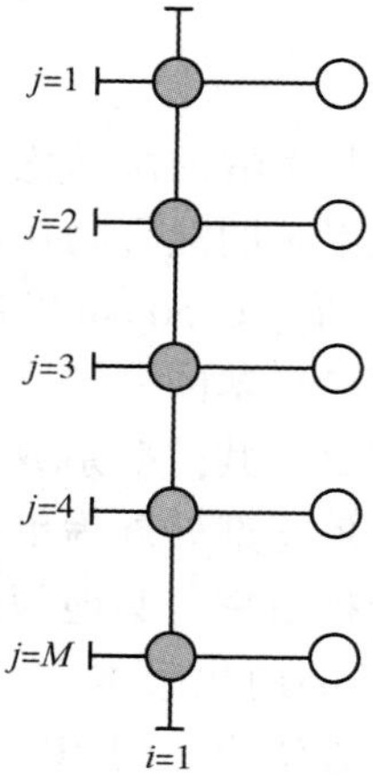

图 4.5 初代孔隙网络表达示意图

对于对二甲苯而言：

产物节点 j： rSk 为产物的固定速率 (4.154)

异构化节点 j： $kC_{l,j}-(k/Keq)C_{p,j}$ (4.155)

向邻近节点扩散：

$$j=1-D_{\rm p}(C_{\rm p,1}-C_{\rm p,2})-D_{\rm p}(C_{\rm p,1}-C^{\rm e}_{\rm p,1}) \tag{4.156}$$

$$1<j<M-D_{\rm p}(C_{{\rm p},j}-C_{{\rm p},j-1})-D_{\rm p}(C_{{\rm p},j}-C_{{\rm p},j+1})-D_{\rm p}(C_{{\rm p},j}-C^{\rm e}_{{\rm p},j}) \tag{4.157}$$

$$j=M-D_{\rm p}(C_{{\rm p},M}-C_{{\rm p},M-1})-D_{\rm p}(C_{{\rm p},M}-C^{\rm e}_{{\rm p},M}) \tag{4.158}$$

对于邻/间二甲苯：

节点 j 的生成速率：　　$r(1-S_{\rm k})$ 生成速率恒定　　(4.159)

节点 j 的异构化速率：　　$(k/K_{\rm eq})C_{\rm p,j}-kC_{\rm l,j}$　　(4.160)

向邻近节点扩散：

$$j=1-D_{\rm l}(C_{\rm l,1}-C_{\rm l,2})-D_{\rm l}(C_{\rm l,1}-C^{\rm e}_{\rm l,1}) \tag{4.161}$$

$$1<j<M-D_{\rm l}(C_{{\rm l},j}-C_{{\rm l},j-1})-D_{\rm l}(C_{{\rm l},j}-C_{{\rm l},j+1})-D_{\rm l}(C_{{\rm l},j}-C^{\rm e}_{{\rm l},j}) \tag{4.162}$$

$$j=M-D_{\rm l}(C_{{\rm l},M}-C_{{\rm l},M-1})-D_{\rm l}(C_{{\rm l},M}-C^{\rm e}_{{\rm l},M}) \tag{4.163}$$

这可以以矩阵形式简洁表示：

$$[D_{\rm p}\boldsymbol{B}+(k/K_{\rm eq})\boldsymbol{I}]\boldsymbol{C}_{\rm p}-k\boldsymbol{C}_{\rm l}=D_{\rm p}\boldsymbol{C}^{\rm e}_{\rm p}+rS_{\rm k}\boldsymbol{e} \tag{4.164}$$

$$-(k/K_{\rm eq})\boldsymbol{C}_{\rm p}+[D_{\rm l}\boldsymbol{B}+k\boldsymbol{I}]\boldsymbol{C}_{\rm l}=D_{\rm l}\boldsymbol{C}^{\rm e}_{\rm l}+r(1-S_{\rm k})\boldsymbol{e} \tag{4.165}$$

其中，$\boldsymbol{e}$ 是一个单位向量，$\boldsymbol{B}$ 是一个三对角矩阵，对角元素为 3，$\boldsymbol{B}$ 除了每个角的元素为 2，$\boldsymbol{B}$ 的下一条上对角线和下对角线的元素都等于负单位(−1)。矩阵式(4.164)和矩阵式(4.165)可以写成式(4.166)：

$$\begin{vmatrix} D_{\rm p}\boldsymbol{B}+(k/K_{eq})\boldsymbol{I} & -k\boldsymbol{I} \\ -(k/K_{eq})\boldsymbol{I} & D_l\boldsymbol{B}+k\boldsymbol{I} \end{vmatrix} \begin{vmatrix} \boldsymbol{C}_p \\ \boldsymbol{C}_l \end{vmatrix} = \boldsymbol{D}_X \begin{vmatrix} \boldsymbol{C}_p \\ \boldsymbol{C}_l \end{vmatrix}^e + r\boldsymbol{S} \tag{4.166}$$

向量 $\boldsymbol{S}$ 是动力学选择性向量，其元素在上半部分等于 $S_{\rm k}$，在下半部分等于 $(1-S_{\rm k})$。矩阵 D_X 是对角线元素，在对角线的上半部分是 $D_{\rm p}$，下半部分是 $D_{\rm l}$。

$$\boldsymbol{A}=\begin{vmatrix} D_{\rm p}\boldsymbol{B}+(k/K_{\rm eq})\boldsymbol{I} & -k\boldsymbol{I} \\ -(k/K_{\rm eq})\boldsymbol{I} & D_{\rm l}\boldsymbol{B}+k\boldsymbol{I} \end{vmatrix} \tag{4.167}$$

解析式(4.168)：

$$\begin{vmatrix} \boldsymbol{C}_{\rm p} \\ \boldsymbol{C}_{\rm l} \end{vmatrix} = \boldsymbol{A}^{-1}\boldsymbol{D}_X \begin{vmatrix} \boldsymbol{C}_{\rm p} \\ \boldsymbol{C}_{\rm l} \end{vmatrix}^e + r\boldsymbol{A}^{-1}\boldsymbol{S} \tag{4.168}$$

$$\begin{vmatrix} \boldsymbol{C}_{\rm p} \\ \boldsymbol{C}_{\rm l} \end{vmatrix} = \boldsymbol{\Omega}^{\rm e}_{\rm l} \begin{vmatrix} \boldsymbol{C}_{\rm p} \\ \boldsymbol{C}_{\rm l} \end{vmatrix}^e + \boldsymbol{\Omega}^{\rm n}_{\rm l} \tag{4.169}$$

$$\boldsymbol{\Omega}^{\rm e}_{\rm l}=\boldsymbol{A}^{-1}\boldsymbol{D}_X \tag{4.170}$$

$$\boldsymbol{\Omega}^{\rm n}_{\rm l}=r\boldsymbol{A}^{-1}\boldsymbol{S} \tag{4.171}$$

式(4.169)将对二甲苯和邻/间二甲苯的浓度表示为任意外部节点浓度 $\boldsymbol{C}^{\rm e}_{\rm p}$ 和 $\boldsymbol{C}^{\rm e}_{\rm l}$ 的线性函数。周围流体进入每个节点时，摩尔通量的通量向量 $\boldsymbol{F}^{\rm e}_{\rm p}$ 和 $\boldsymbol{F}^{\rm e}_{\rm l}$ 为正，描述成向量形式为：

$$F_p^e = D_p(C_p^e - C_p) \tag{4.172}$$

$$F_l^e = D_l(C_l^e - C_l) \tag{4.173}$$

或以矩阵形式表示：

$$\begin{vmatrix} F_p \\ F_l \end{vmatrix}^e = D_X(I - \Omega_1^e)\begin{vmatrix} C_p \\ C_l \end{vmatrix}^e - D_X \Omega_1^n \tag{4.174}$$

与 Wei[18]所描述的一样，这里每个节点的反应速率都被认为是常数。速率常数不一定非要在物料平衡方程的每个节点中对 k 进行适当的选择。例如，在节点中毒的情况下，可以将它们视为零，或者可以根据某些分布选择它们。当甲苯转化为二甲苯的转化率非常低时(在反应器入口)，流体中不存在对二甲苯和邻/间二甲苯，这里的通量矢量仅仅为反应速率的线性组合。然而，一旦我们开始考虑位于结构中更深位置的节点，就有必要考虑等式(4.174)中所示的完全依赖性，因为在反应器中更深位置的节点(本体中存在对二甲苯和邻二甲苯)与在反应器开始时位于晶体中更深位置的节点求解晶体之间没有本质区别，如图 4.6 所示，现在添加第一列以及第二列节点。第二列中每个节点($i=2$)的物料平衡式的写法与上述第一列类似，但现在根据这些节点中的对二甲苯和邻/间二甲苯以及各自的生成速率，对进入节点第一列的通量进行了校正：

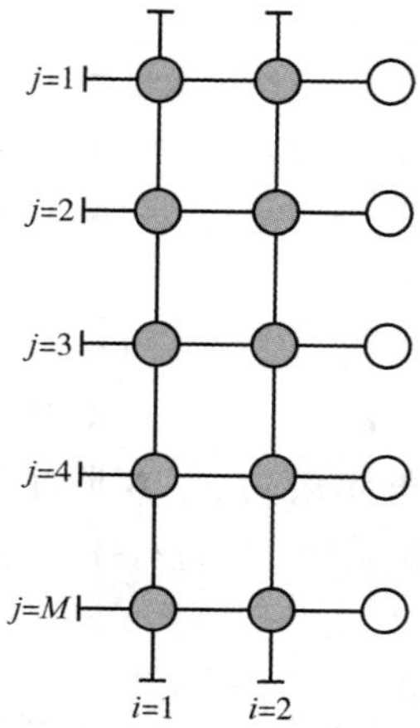

图 4.6　二元孔隙网络表达示意图

对于对二甲苯：

产物节点 j：
$$rS_k \tag{4.175}$$

异构化节点 j：
$$kC_{1,j} - (k/K_{eq})C_{p,j} \tag{4.176}$$

扩散到相邻节点：

$$j = 1 - D_p(C_{p,1} - C_{p,2}) - D_p(C_{p,1} - C_{p,1}^e) - F_{p,1} \tag{4.177}$$

$$1<j<M - D_p(C_{p,j} - C_{p,j-1}) - D_p(C_{p,j} - C_{p,j+1}) - D_p(C_{p,j} - C_{p,j}^e) - F_{p,j} \tag{4.178}$$

$$j = M - D_p(C_{p,M} - C_{p,M-1}) - D_p(C_{p,M} - C_{p,M}^e) - F_{p,M} \tag{4.179}$$

对于邻/间二甲苯：

$$r(1 - S_k) \tag{4.180}$$

$$-kC_{1,j} + (k/K_{eq})C_{p,j} \tag{4.181}$$

扩散到相邻节点：

$$j = 1 - D_1(C_{1,1} - C_{1,2}) - D_1(C_{1,1} - C_{1,1}^e) - F_{1,1} \tag{4.182}$$

$$1<j<M - D_1(C_{1,j} - C_{1,j-1}) - D_1(C_{1,j} - C_{1,j+1}) - D_1(C_{1,j} - C_{1,j}^e) - F_{1,j} \tag{4.183}$$

$$j = M - D_1(C_{1,M} - C_{1,M-1}) - D_p(C_{1,M} - C_{1,M}^e) - F_{1,M} \tag{4.184}$$

其可以以矩阵形式简洁描述如下：

$$A\begin{vmatrix}C_p\\C_1\end{vmatrix}=D_X\begin{vmatrix}C_p\\C_1\end{vmatrix}^e+rS-\begin{vmatrix}F_p\\F_1\end{vmatrix} \tag{4.185}$$

式(4.185)最右边的通量向量表示其从处于物料平衡的节点流向位于网络深处的其左边的节点，如图4.6所示，这个通量在形式上可以用式(4.174)表示，在此处用式(4.186)来表示：

$$\begin{vmatrix}F_p\\F_1\end{vmatrix}=D_X(I-\Omega_1^e)\begin{vmatrix}C_p\\C_1\end{vmatrix}-D_X\Omega_1^n \tag{4.186}$$

结合式(4.185)和式(4.186)得：

$$A\begin{vmatrix}C_p\\C_1\end{vmatrix}=D_X\begin{vmatrix}C_p\\C_1\end{vmatrix}^e+rS-D_X(I-\Omega_1^e)\begin{vmatrix}C_p\\C_1\end{vmatrix}+D_X\Omega_1^n \tag{4.187}$$

可根据式(4.188)求解：

$$\begin{vmatrix}C_p\\C_1\end{vmatrix}=[A+D_X(I-\Omega_1^e]^{-1}\left(D_X\begin{vmatrix}C_p\\C_1\end{vmatrix}^e+rS+D_X\Omega_1^n\right) \tag{4.188}$$

$$\begin{vmatrix}C_p\\C_1\end{vmatrix}=\Omega_2^e\begin{vmatrix}C_p\\C_1\end{vmatrix}^e+\Omega_2^n \tag{4.189}$$

$$\Omega_2^e=[A+D_X(I-\Omega_1^e)]^{-1}D_X \tag{4.190}$$

$$\Omega_2^n=[A+D_X(A-\Omega_1^e)]^{-1}(rS+D_X\Omega_1^n) \tag{4.191}$$

式(4.189)～式(4.191)可计算对二甲苯和邻/间二甲苯位于下方的网络周边的节点(即仅在白色节点的左边)的浓度，这组两个矩阵方程现在可以对越来越深的网络进行反复计算，还可以将对二甲苯和邻/间二甲苯的通量向量表示为外部节点浓度、二甲苯产率和节点异构化速率的函数，然后给出了下层浓度和从外部节点到网络的通量矢量的一般迭代方程：

$$\begin{vmatrix}C_p\\C_1\end{vmatrix}_N=\Omega_N^e\begin{vmatrix}C_p\\C_1\end{vmatrix}^e+\Omega_N^n \tag{4.192}$$

$$\begin{vmatrix}F_p\\F_1\end{vmatrix}^e=D_X(I-\Omega_N^e)\begin{vmatrix}C_p\\C_1\end{vmatrix}^e-D_X\Omega_N^n \tag{4.193}$$

$$\Omega_N^e=[A+D_X(I-\Omega_{N-1}^e)]^{-1}D_X\quad(N=2,\ 3,\ \cdots) \tag{4.194}$$

$$\Omega_N^n=[A+D_X(I-\Omega_{N-1}^e)]^{-1}(rS+D_X\Omega_{N-1}^n)\quad(N=2,\ 3,\ \cdots) \tag{4.195}$$

$$\Omega_1^e=A^{-1}D_X \tag{4.196}$$

$$\Omega_1^n=rA^{-1}S \tag{4.197}$$

上述简便算法可以对网络的任何深度进行数值计算。

4.3.3.5.3　数值解

这里也有一个数值解，对于这一点，首先用下面的方法在等式(4.194)中写出递推关系：

$$\boldsymbol{\Omega}_{N-1}^{\mathrm{e}}\boldsymbol{\Omega}_{N}^{\mathrm{e}}-\boldsymbol{K}\boldsymbol{\Omega}_{N}^{\mathrm{e}}+\boldsymbol{I}=\boldsymbol{0}\quad (N=2,\ 3,\ \cdots) \tag{4.198}$$

$$\boldsymbol{\Omega}_{1}^{\mathrm{e}}=(\boldsymbol{K}-\boldsymbol{I})^{-1} \tag{4.199}$$

$$\boldsymbol{K}=\boldsymbol{I}+\boldsymbol{D}_{X}^{-1}\boldsymbol{A} \tag{4.200}$$

有一个渐近解，当网络(晶体)扩展到无穷深时，可以得到如式(4.201)所示的形式：

$$(\boldsymbol{\Omega}_{\infty}^{\mathrm{e}})^{2}-\boldsymbol{K}\boldsymbol{\Omega}_{\infty}^{\mathrm{e}}+\boldsymbol{I}=\boldsymbol{0} \tag{4.201}$$

按照第4.3.3.3.3节所示的相同方法进行一些操作后，可以得出以下通解：

$$\boldsymbol{\Omega}_{N}^{\mathrm{e}}=\frac{\cosh(\xi_{N}\boldsymbol{\Phi}_{N})}{\cosh(\boldsymbol{\Phi}_{N})} \tag{4.202}$$

$$N=1,\ 2,\ \cdots,\ \infty \tag{4.203}$$

给出地下节点的无因次位置 ξ_N：

$$\xi_{N}=\frac{N-1/2}{N+1/2} \tag{4.204}$$

$$\boldsymbol{\Phi}_{N}=(N+1/2)\,a\cosh(\boldsymbol{K}/2) \tag{4.205}$$

此外，需要注意的是，这里寻求的是第一组节点中的浓度的解决方案，这些节点恰好位于表面节点(即网络任何深度的下层节点)下方。请注意，矩阵 K 不是对称的，因此其正则分解会导致：

$$\boldsymbol{K}=\boldsymbol{U}\boldsymbol{\Lambda}\boldsymbol{U}^{-1} \tag{4.206}$$

作为矩阵 $\boldsymbol{U}$ 中的列的特征向量是非正交的，特征值都是实数，并且包含在对角矩阵 $\boldsymbol{\Lambda}$ 中。根据文献所知，式(4.205)中所需矩阵函数的求值：

$$f(\boldsymbol{K})=\boldsymbol{U}f(\boldsymbol{\Lambda})\boldsymbol{U}^{-1} \tag{4.207}$$

函数 f 作用于 Λ 的每个对角线项。

矩阵 $\boldsymbol{\Omega}_{N}^{\mathrm{n}}$ 的使用还有待考量，为此，笔者咨询 Levy 和 Lessman[17] 关于一般的一级有限差分方程，并尝试将其推广到矩阵，需要记住它们是非对称的。通过式(4.202)，可以得到 $\boldsymbol{\Omega}_{N}^{\mathrm{n}}$：

$$\boldsymbol{\Omega}_{N}^{\mathrm{n}}=\left\{\boldsymbol{A}+\boldsymbol{D}_{X}\left[\boldsymbol{I}-\frac{\cosh(\xi_{N-1}\boldsymbol{\Phi}_{N-1})}{\cosh(\boldsymbol{\Phi}_{N-1})}\right]\right\}^{-1}(r\boldsymbol{S}+\boldsymbol{D}_{X}\boldsymbol{\Omega}_{N-1}^{\mathrm{n}}) \tag{4.208}$$

$$N=2,\ 3,\ \cdots,\ \infty \tag{4.209}$$

$$\left[\mathbf{K}-\frac{\cosh(\xi_{N-1}\boldsymbol{\Phi}_{N-1})}{\cosh(\boldsymbol{\Phi}_{N-1})}\right]\boldsymbol{\Omega}_{N}^{\mathrm{n}}=r\boldsymbol{D}_{X}^{-1}\boldsymbol{S}+\boldsymbol{\Omega}_{N-1}^{\mathrm{n}} \tag{4.210}$$

根据式(4.211)定义 $\boldsymbol{B}_N$：

$$\boldsymbol{B}_{N}=\boldsymbol{K}-\frac{\cosh(\xi_{N}\boldsymbol{\Phi}_{N})}{\cosh(\boldsymbol{\Phi}_{N})} \tag{4.211}$$

$$\boldsymbol{B}_{N-1}\boldsymbol{\Omega}_N^{\mathrm{n}}=r\boldsymbol{D}_X^{-1}\boldsymbol{S}+\boldsymbol{\Omega}_{N-1}^{\mathrm{n}} \tag{4.212}$$

式(4.212)的齐次部分的解是通过省略 $rD_X^{-1}S$ 项(注意乘法的顺序)得到的，从而得到等式(4.213)：

$$\boldsymbol{\Omega}_{N+1}^{\mathrm{n}}=\left(\prod_{i=1}^{N}\boldsymbol{B}_i^{-1}\right)\boldsymbol{\Omega}_1^{\mathrm{n}}=\boldsymbol{B}_N^{-1}\boldsymbol{B}_{N-1}^{-1}\cdots\boldsymbol{B}_1^{-1}\boldsymbol{\Omega}_1^{\mathrm{n}}=(\boldsymbol{B}_1\boldsymbol{B}_2\cdots\boldsymbol{B}_N)^{-1}\boldsymbol{\Omega}_1^{\mathrm{n}}=\boldsymbol{Z}_N^{-1}\boldsymbol{\Omega}_1^{\mathrm{n}} \tag{4.213}$$

$$\boldsymbol{Z}_N=\boldsymbol{B}_1\boldsymbol{B}_2\cdots\boldsymbol{B}_N \tag{4.214}$$

式(4.212)等号左边乘 Z_{N-1} 得到：

$$\boldsymbol{Z}_N\boldsymbol{\Omega}_{N+1}^{\mathrm{n}}=\boldsymbol{X}_{N-1}r\boldsymbol{D}_X^{-1}+\boldsymbol{Z}_{N-1}\boldsymbol{\Omega}_N^{\mathrm{n}} \tag{4.215}$$

由式(4.215)可得差分方程：

$$\Delta(\boldsymbol{Z}_N\boldsymbol{\Omega}_{N+1}^{\mathrm{n}})=\boldsymbol{Z}_N\boldsymbol{\Omega}_{N+1}^{\mathrm{n}}-\boldsymbol{Z}_{N-1}\boldsymbol{\Omega}_N^{\mathrm{n}}=\boldsymbol{Z}_{N-1}r\boldsymbol{D}_X^{-1} \tag{4.216}$$

应用式(4.215)计算，N 的范围如下所示直到 2：

$$\boldsymbol{B}_1\boldsymbol{\Omega}_2^{\mathrm{n}}=r\boldsymbol{D}_X^{-1}\boldsymbol{S}+\boldsymbol{\Omega}_1^{\mathrm{n}} \tag{4.217}$$

$$\boldsymbol{B}_1\boldsymbol{B}_2\boldsymbol{\Omega}_3^{\mathrm{n}}=\boldsymbol{B}_1r\boldsymbol{D}_X^{-1}\boldsymbol{S}+\boldsymbol{B}_1\boldsymbol{\Omega}_2^{\mathrm{n}} \tag{4.218}$$

$$\boldsymbol{B}_1\boldsymbol{B}_2\boldsymbol{B}_3\boldsymbol{\Omega}_4^{\mathrm{n}}=\boldsymbol{B}_1\boldsymbol{B}_2r\boldsymbol{D}_X^{-1}\boldsymbol{S}+\boldsymbol{B}_1\boldsymbol{B}_2\boldsymbol{\Omega}_3^{\mathrm{n}} \tag{4.219}$$

$$\cdots$$

$$\boldsymbol{B}_1\boldsymbol{B}_2\boldsymbol{B}_3\cdots\boldsymbol{B}_{N-1}\boldsymbol{\Omega}_N^{\mathrm{n}}=\boldsymbol{B}_1\boldsymbol{B}_2\cdots\boldsymbol{B}_{N-2}r\boldsymbol{D}_X^{-1}\boldsymbol{S}+\boldsymbol{B}_1\boldsymbol{B}_2\cdots\boldsymbol{B}_{N-2}\boldsymbol{\Omega}_{N-1}^{\mathrm{n}} \tag{4.220}$$

把所有的方程加起来得到如下解：

$$\boldsymbol{\Omega}_N^{\mathrm{n}}=\boldsymbol{Z}_{N-1}^{-1}\left\{\boldsymbol{\Omega}_1^{\mathrm{n}}+\left[\boldsymbol{I}+\left(\sum_{j=1}^{N-2}\boldsymbol{Z}_j\right)\right]r\boldsymbol{D}_X^{-1}\boldsymbol{S}\right\}\quad(N=3,\ \cdots,\ \infty) \tag{4.221}$$

加上以下初始值：

$$\boldsymbol{\Omega}_1^{\mathrm{n}}=r\boldsymbol{A}^{-1}\boldsymbol{S} \tag{4.222}$$

$$\boldsymbol{\Omega}_2^{\mathrm{n}}=\boldsymbol{B}_1^{-1}(r\boldsymbol{D}_X^{-1}\boldsymbol{S}+\boldsymbol{\Omega}_1^{\mathrm{n}}) \tag{4.223}$$

只有在式(4.221)通解中定义了和，才需要第二个起始值。进一步的代数运算可以得到一些简化性质：

$$\boldsymbol{B}_N=\frac{\cosh\left(\dfrac{N+3/2}{N+1/2}\boldsymbol{\Phi}_N\right)}{\cosh(\boldsymbol{\Phi}_N)} \tag{4.224}$$

$$\boldsymbol{Z}_N=\frac{\cosh\left[\dfrac{(N+3/2)\boldsymbol{\Phi}_N}{(N+1/2)}\right]}{\cosh\left[\dfrac{3/2}{(N+1/2)}\boldsymbol{\Phi}_N\right]} \tag{4.225}$$

对于实际的总和来说，这里找不到比 $\sum_{j=1}^{N-2}Z_j$ 更简洁的表达方式，然而，由于求和只对每个特征值起作用，这不是一个很大的缺点。

4.3.3.5.4　一侧开放网络的选择性

开放节点的周围进入网络的摩尔通量由公式(4.193)给出，反应器入口处的体相流体中没有对二甲苯和邻/间二甲苯，迭代公式如式(4.192)~式(4.197)所示，并应用Mathcad软件进行计算。根据表4.1所示的结果，对二甲苯的选择性作为异构化速率常数的函数呈现出不一样的特点。在没有异构化的情况下，反应的选择性与动力学选择性相同，不受扩散效应的影响。

表4.1　对二甲苯选择性与异构化速率常数的函数关系

k	S_{pX}	k	S_{pX}
0	0.250	10^{-2}	0.685
10^{-6}	0.251	1	0.764
10^{-4}	0.303	∞	0.769

注：$r=2$，$S_k=0.25$，$K_{eq}=1/3$，$D_p=10$，$D_l=1$，$N=51$，$M=51$；与定义单位一致。

随着异构化速率的增加，对二甲苯选择性提高，有利于对二甲苯的生产。如果异构化的速度非常快，或者网络中有足够的可用位点(即网络的深度足以使异构化进行)，那么网络就在平衡状态或接近平衡状态下运行。当对二甲苯和邻/间二甲苯的体积浓度为零时，可得到离开网络的对二甲苯和邻/间二甲苯通量：

$$F_p = MC_p^{eq}D_p \tag{4.226}$$

$$F_l = MC_l^{eq}D_l \tag{4.227}$$

对二甲苯选择性S_{pX}由式(4.228)给出：

$$S_{pX} = \frac{F_p}{F_p + F_l} \tag{4.228}$$

S_{pX}的限制值见式(4.229)：

$$(S_{pX})_{lim} = \frac{1}{1 + \dfrac{D_l}{K_{eq}D_p}} \tag{4.229}$$

表4.2显示了对二甲苯选择性的限制值，它可以与二甲苯扩散系数的比值相关联。

表4.2　不同对二甲苯与邻/间二甲苯扩散系数比值下对二甲苯选择性的限制值

D_p/D_l	$(S_{pX})_{lim}$	D_p/D_l	$(S_{pX})_{lim}$
1	0.250	100	0.971
5	0.625	1000	0.997
10	0.769		

4.3.3.5.5 单一开口可访问的网络的选择性

如图 4.7，只有一个节点保持开放，可与体相流体连通，而所有其他外围的节点都被堵住，现在需要考虑的是这种特殊情况的解决方案。外围节点的总数被认为是不均匀的，边界上的中心节点则被认为是开放的。许多其他场景也能被评估，但对于该特定的情况，这里的工作主要集中在中心节点上。为了计算选择性，我们需要通量矢量的完整表达式，其用来计算外围封闭节点内部(即网络侧)的所有封闭节点的浓度，这样就可以使封闭节点的流量为零。假设所有的封闭节点不再具有甲苯到二甲苯的活性，也不再具有异构化活性。为了解出式(4.193)，将二甲苯和邻/间二甲苯的浓度施加在被封闭的外围节点的网络一侧，由此便导致从这些节点进入网络的流量为零。对于封闭节点和那一个开节点，可根据式(4.230)写出式(4.193)中矩阵的条件形式。

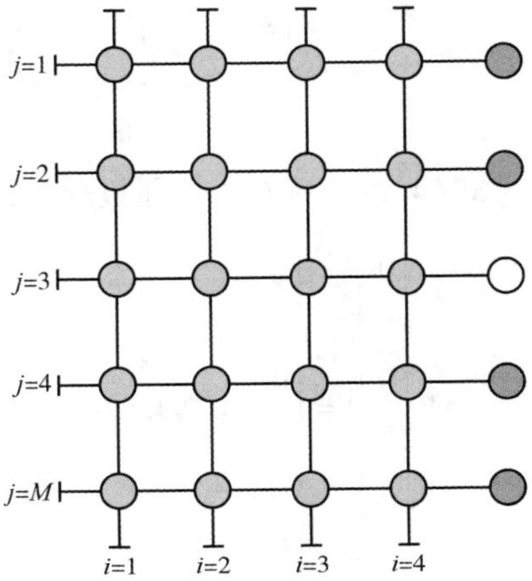

图 4.7　接近完全封闭的网络示意图

$$\begin{vmatrix}\boldsymbol{F}_{\mathrm{p}}\\ \boldsymbol{F}_{\mathrm{l}}\end{vmatrix}^{\mathrm{e}} = \begin{vmatrix}\mathbf{0}\\ f_{\mathrm{p}}\\ \mathbf{0}\\ \mathbf{0}\\ f_{\mathrm{l}}\\ \mathbf{0}\end{vmatrix}^{\mathrm{e}} = \boldsymbol{D}_{\mathrm{X}}(\boldsymbol{I}-\boldsymbol{\Omega}_N^{\mathrm{e}})\begin{vmatrix}\boldsymbol{c}_{\mathrm{p}}\\ \mathbf{0}\\ \boldsymbol{c}'_{\mathrm{p}}\\ \boldsymbol{c}_{\mathrm{l}}\\ \mathbf{0}\\ \boldsymbol{c}'_{\mathrm{l}}\end{vmatrix}^{\mathrm{e}} - \boldsymbol{D}_X\boldsymbol{\Omega}_N^{\mathrm{n}} \qquad (4.230)$$

方程(4.230)可产生 6 个矩阵方程，其中 4 个方程用于求解封闭节点中未知的浓度向量 $\boldsymbol{c}_{\mathrm{p}}^{\mathrm{e}}$，$\boldsymbol{c}_{\mathrm{p}}'^{\mathrm{e}}$，$\boldsymbol{c}_{\mathrm{l}}'^{\mathrm{e}}$ 和 $\boldsymbol{c}_{\mathrm{l}}'^{\mathrm{e}}$，2 个方程用于求解通过外围中心节点流出网络的通量 f_{p} 和 f_{l}，这四个浓度向量包含了网络内部各分量的浓度。由于对称性，未知浓度 $\boldsymbol{c}'_{\mathrm{p}}$ 的矢量可以表示为：

$$\boldsymbol{c}'_{\mathrm{p}} = \boldsymbol{I}'\boldsymbol{c}_{\mathrm{p}} \qquad (4.231)$$

其中，矩阵 $\boldsymbol{I}'$ 是一个只在对角线上从左下到右上有单位的矩阵，其他所有元素都等于零，类似的描述也适用于 $\boldsymbol{c}'_{\mathrm{l}}$。因此，未知浓度的四个矢量现在减少到只有两个。为了方便计算，可以应用一个置换矩阵 $\boldsymbol{P}$ 将两个通量方程从开节点切换到底部，这就得到了式(4.232)(记得应用 $\boldsymbol{P}^{-1}=\boldsymbol{P}$)：

$$P\begin{vmatrix} F_p \\ F_l \end{vmatrix}^e = P\begin{vmatrix} \mathbf{0} \\ f_p \\ \mathbf{0} \\ \mathbf{0} \\ f_l \\ \mathbf{0} \end{vmatrix}^e = \begin{vmatrix} \mathbf{0} \\ \mathbf{0} \\ \mathbf{0} \\ \mathbf{0} \\ f_p \\ f_l \end{vmatrix}^e = PD_X(I-\Omega_N^e)P\begin{vmatrix} c_p \\ c_p' \\ c_l \\ c_l' \\ \mathbf{0} \\ \mathbf{0} \end{vmatrix}^e - PD_X\Omega_N^n \qquad (4.232)$$

式(4.232)现在可以通过舒尔补方便地分割和求解未知浓度和通量。

$$P\begin{vmatrix} \mathbf{0} \\ f_p \\ \mathbf{0} \\ \mathbf{0} \\ f_l \\ \mathbf{0} \end{vmatrix}^e = \begin{vmatrix} \mathbf{0} \\ \mathbf{0} \\ \mathbf{0} \\ \mathbf{0} \\ f_p \\ f_l \end{vmatrix}^e = PD_X(I-\Omega_N^e)P\begin{vmatrix} c_p \\ c_p' \\ c_l \\ c_l' \\ \mathbf{0} \\ \mathbf{0} \end{vmatrix}^e - PD_X\Omega_N^n = \begin{vmatrix} G_1 & G_2 \\ G_3 & G_4 \end{vmatrix}\begin{vmatrix} c_p \\ c_p' \\ c_l \\ c_l' \\ \mathbf{0} \\ \mathbf{0} \end{vmatrix}^e - \begin{vmatrix} Q_1 \\ Q_2 \end{vmatrix} \qquad (4.233)$$

$$\begin{vmatrix} c_p \\ c_p' \\ c_l \\ c_l' \end{vmatrix} = G_1^{-1}Q_1 \qquad (4.234)$$

$$\begin{vmatrix} f_p \\ f_l \end{vmatrix} = G_3G_1^{-1}Q_1 - Q_2 \qquad (4.235)$$

在 Wei 之后，二甲苯的总摩尔产率等于所有节点 NMr 速率的之和，其中 M 是网络中一列节点的数量，N 是网络的列数。对二甲苯的选择性 S_{pX} 由式(4.236)得到：

$$S_{pX} = f_p/NMr = f_p/(f_p+f_l) \qquad (4.236)$$

表 4.3 展示了当网络周界被阻塞只有一个开口时的结果，并作为网络规模的函数与完全开放的边界进行了比较。与周边所有节点都打开的网络相比，当网络几乎没有任何流体通道时，选择性会大幅度增加。当然，这些选择性值位于反应器入口，随着大量流体通过反应器，选择性会降低，Wei 在单孔模型中证明了这一点。当考虑周界阻塞时，离散网络方法明显展示出一定实际优势，因为连续介质方法遇到的烦琐边界条件相对容易用矩阵演算处理。

表 4.3 单一开放节点和完全开放边界下对二甲苯选择性的比较(作为网络规模的函数)

$M \times N$	S_{pX} (仅中心结点开放)	S_{pX} (所有节点开放)
5×5	0.253	0.251
11×11	0.264	0.253
21×21	0.303	0.260
51×51	0.475	0.303
101×101	0.647	0.402
201×201	0.733	0.548

注：$r=2$，$S_k=0.25$，$K_{eq}=1/3$，$D_p=10$，$D_l=1$，$k=10^{-4}$，$(S_{pX})_{lim}=0.769$；与定义单位一致。

让我们考虑一个完全开放边界的网络，图 4.8 给出了二甲苯在零体积浓度下对二甲苯和邻/间二甲苯的不同动力学选择性对应的产物选择性。网络的深度是一个变量，在横轴上显示出来。假如动力学选择性 S_k 等于 1，即在活性位点只产生对二甲苯而不产生邻/间二甲苯，则选择性向渐近值稳定下降。显然，这里没有必要修饰一些未被破坏的东西(即选择性已经在 100%开始了，所有的传质限制可以被避免)。假如动力学选择性 S_k 等于 0，即在活性位点只产生邻/间二甲苯而不产生对二甲苯，则选择性向渐近值稳定上升。若动力学选择性 S_k 等于 1/4，如在前面的例子中所使用的，那么选择性将单调地增加到渐近值，但有一个较高的起始值。图 4.8 中所示的计算是使用 Mathcad 软件获得的，虚线向上的曲线是活性位点只形成邻/间二甲苯的场景，虚线向下的曲线是活性位点只形成对二甲苯的场景。

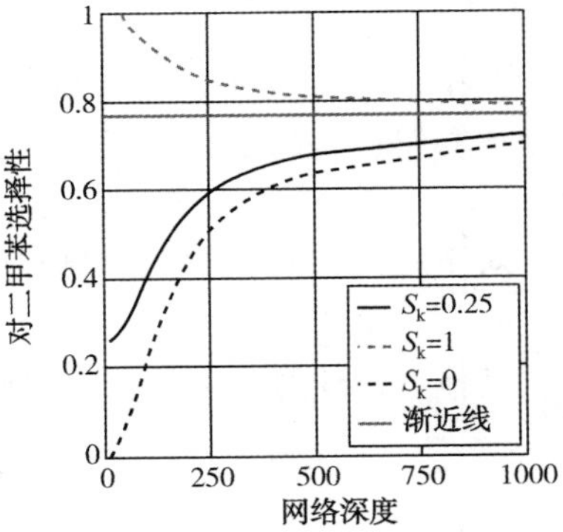

图 4.8 不同动力学选择性和网络尺寸下对二甲苯的选择性

4.3.4 不规则网络

4.3.4.1 概论

为了表示催化剂的孔隙空间，在这里考虑一般性质的网络，但可能有一个非常简化的排列。催化剂被认为是节点的集合，它们的性质不一定相同。节点可看作具有给定浓度的反应物小体积，其包含孔隙空间信息，还包含进行化学反应必需的所有方面(例如表面积、表面化学、负载金属等)。节点散布在催化剂颗粒的整个空间中，丰富且在必要的位置。根据定义，一些节点通过通道连接，允许传质到相邻节点。每个通道的特征不在于它的形状，而在于其传质系数。节点的性质和通道的性质可以是任何预期的分布，但对无定形催化剂，高斯分布是最可能的选择。这种孔隙空间排列与周期网络或连续介质方法中假定的孔隙的实质区别是它的孔隙结构属性允许在任何地方都是可变的。在非各向同性的周期性网络中，网络性质仅在有限的主方向上是恒定和简单的。在经典的连续介质情况下，通常假设催化剂是各向同性的(即性质不是方向敏感的且在整个催化剂颗粒中是恒定的)。正如我们在第 4.3.3 节中对常规网络所做的那样，任意网络中每个节点的所有物料平衡都将被明确地闭合。

4.3.4.2 推论

笔者发现，下面的推论可以派上用场，下面的等式适应于任意维数($m\times1$)的列向量 $\boldsymbol{u}$：

$$diag(\boldsymbol{u})\boldsymbol{e}_m=\boldsymbol{u} \tag{4.237}$$

其中，$\boldsymbol{e}_m$ 是一个($m\times1$)维单位列向量(即每个元素等于单位一)，而 $diag$ 是一个运算符，将向量 $\boldsymbol{u}$ 变成对角 $m\times m$ 的矩阵，如：

$$diag(\boldsymbol{u})_{i,i}=\boldsymbol{u}_i \quad (i=1,\ 2,\ \cdots,\ m) \tag{4.238}$$

对于式(4.237)，显然可以加上矩阵 $\boldsymbol{A}$ 和列向量 $\boldsymbol{e}$ 的乘积，要求：

$$\boldsymbol{Ae}_m=\boldsymbol{0} \tag{4.239}$$

其他方面任意。由此，可得到：

$$[\mathbf{A}+diag(\mathbf{u})]\mathbf{e}_m=\boldsymbol{u} \tag{4.240}$$

或者为：

$$\boldsymbol{e}_m=[\boldsymbol{A}+diag(\boldsymbol{u})]^{-1}\boldsymbol{u} \tag{4.241}$$

将式(4.241)应用于：

$$\boldsymbol{u}=G_{m,n}\boldsymbol{e}_n \tag{4.242}$$

其中，$\boldsymbol{G}_{m,n}$是一个任意的固有维数矩形矩阵，则：

$$\boldsymbol{e}_m=[\boldsymbol{A}+diag(\boldsymbol{Ge}_n)]^{-1}\boldsymbol{Ge}_n \tag{4.243}$$

式(4.243)表示矩阵$[\boldsymbol{A}+\mathrm{diag}(\boldsymbol{Ge}_n)]^{-1}G$ 每一行元素的和等于单位一，将这个表达式应用于更一般的 $\boldsymbol{u}_m$：

$$\boldsymbol{u}_m=G_{m,n}\boldsymbol{e}_n+\boldsymbol{w}_m \tag{4.244}$$

其中，$\boldsymbol{W}_m$ 是任意列向量，可得到：

$$\boldsymbol{e}_m=[\boldsymbol{A}+diag(\boldsymbol{Ge}_n)+diag(\boldsymbol{w}_m)]^{-1}(\boldsymbol{Ge}_n+\boldsymbol{w}_m) \tag{4.245}$$

因此，将$[\boldsymbol{A}+diag(\boldsymbol{Ge}_{\mathrm{n}})+diag(\boldsymbol{w}_{\mathrm{m}})]^{-1}\boldsymbol{Ge}_n$ 的每行元素相加，再加上$[\boldsymbol{A}+diag(\boldsymbol{Ge}_n)+diag(\boldsymbol{w}_m)]^{-1}\boldsymbol{w}_m$ 的每行元素各自的和，等于单位一。方程(4.245)将有助于说明从网络外围进入网络的扩散通量等于在节点中的总反应速率。

此外，令：

$$[\boldsymbol{A}+diag(\boldsymbol{G}\boldsymbol{e}_n)]\boldsymbol{e}_m=\boldsymbol{A}'\boldsymbol{e}_m\neq\boldsymbol{0} \tag{4.246}$$

则：

$$\boldsymbol{e}_m=[\boldsymbol{A}'+diag(\boldsymbol{w}_m)]^{-1}(\boldsymbol{A}'\boldsymbol{e}_m+\boldsymbol{w}_m) \tag{4.247}$$

如下，还能较易获得另外一个特性，令：

$$\boldsymbol{u}=\alpha\boldsymbol{I}\boldsymbol{e}_m \quad (\alpha\neq 0) \tag{4.248}$$

所以：

$$\boldsymbol{e}_m=\alpha(\boldsymbol{A}+\alpha\boldsymbol{I})^{-1}\boldsymbol{e}_m \tag{4.249}$$

且：

$$\lim_{\alpha\to 0}\boldsymbol{e}_m=\boldsymbol{e}_m=\{\lim_{\alpha\to 0}[\alpha(\boldsymbol{A}+\alpha\boldsymbol{I})^{-1}]\}\boldsymbol{e}_m \tag{4.250}$$

当矩阵 $\boldsymbol{A}$ 对称时，则适用于以下情况：

$$\lim_{\alpha\to 0}\{\alpha(\boldsymbol{A}+\alpha\boldsymbol{I})^{-1}]\}=\boldsymbol{U}/m \tag{4.251}$$

其中，矩阵 $\boldsymbol{U}$ 是一个所有元素都等于单位一的矩阵。

4.3.4.3 任意网络中的扩散

考虑任意一组节点，在这里每个节点都认为是一个连续的搅拌反应器，每个节点均有一定的浓度。此外，每个节点都有最近邻的节点，它们之间通过扩散发生质量交换，相邻节点间的传质速率与两个节点间的浓度差成正比，该传质速率也与这两个节点之间的传质系数 ν 成正比。即，从浓度 C_i 的节点到浓度 C_j 的最近邻节点的摩尔通量为：

$$f=\nu(C_i-C_j) \tag{4.252}$$

其中，m 个节点被称为内部节点，因为它们只与网络中的其他节点交换质量。此外，网络中另有 n 个节点被称为外部节点，根据定义，它们还能够与包围网络的外部流体交换质量。

4.3.4.3.1 扩散的物料平衡矩阵

网络的求解方法是在每个节点上做物料平衡，施加边界条件，并同时求解随后的方程组。每个内部节点 i 的物料平衡可以通过将离开该节点到所有其他网络节点的通量总和等于零来表示：

$$\sum_{j=1,\ j\neq i}\nu_{i,j}(C_i-C_j)=0 \tag{4.253}$$

这个“总和”可以分为两个“和”：一个用于连接其他内部节点，另一个用于连接外部节点。与其他内部节点连接的和可以通过使用上对角矩阵 $\boldsymbol{A}$ 方便地得到。矩阵 $\boldsymbol{A}$ 在第 1 行中包含编号为 $j=1$ 的节点对其他内部节点的传质系数。在第 2 行，矩阵 $\boldsymbol{A}$ 则包含编号为 $j=2$ 的节点对内部其他节点（除节点 1）的传质系数。在第 3 行，矩阵 $\boldsymbol{A}$ 包含编号为 $j=3$ 的节点对其他内部节点（除节点 1 和节点 2）的传质系数，以此类推。最后，可通过构造矩阵 $\boldsymbol{P}$ 得到进行物料平衡的全部“总和”。

$$\boldsymbol{P}=diag[(\boldsymbol{A}+\boldsymbol{A}^T)\boldsymbol{e}_m]-(\boldsymbol{A}+\boldsymbol{A}^T) \tag{4.254}$$

运算符 $diag$ 将列向量转换为对角矩阵，并保留元素的值和序列。例如：

$$diag\left(\begin{vmatrix} a \\ b \\ c \end{vmatrix}\right)=\begin{vmatrix} a & 0 & 0 \\ 0 & b & 0 \\ 0 & 0 & c \end{vmatrix} \tag{4.255}$$

由式(4.254)也可以清楚地看出：

$$\boldsymbol{P}\boldsymbol{e}_m=\boldsymbol{0} \tag{4.256}$$

每个内部节点到任何外部节点的质量传递系数之和是在矩阵 $\boldsymbol{G}$ 的帮助下获得的。其中，每一行都特定于内部某个节点，包含连接内部节点和外部节点的所有传质系数。

每个外部节点 e 的物料平衡可以表示为离开该节点到其他网络节点的所有流量与必须从网络外的体相流体进入该节点的流量总和相等：

$$\sum_{j=1,\ j\neq e} v_{e,j}(C_e-C_j)=F_e \tag{4.257}$$

同样的方法可以用来构造外部节点与任何其他外部节点的连接并进行求和，这就得到了一个矩阵 $\boldsymbol{Q}$。外部节点与任何内部节点的连接则由矩阵 $\boldsymbol{G}^T$（$\boldsymbol{G}$ 的转置）方便地表示出来，流量 F_e 是从体相流体通过外部节点进入网络的流量。如果 F_e 是正的，意味着物质实际上是从体相流体进入网络的，而如果 F_e 是负的，便意味着有物质离开网络。通过考虑整体物料平衡矩阵 $\boldsymbol{M}$，现在可以方便地用矩阵形式写出这些方程：

$$M=\begin{vmatrix} P+diag(\boldsymbol{G}\boldsymbol{e}_n) & -\boldsymbol{G} \\ -\boldsymbol{G}^T & \boldsymbol{Q}+diag(\boldsymbol{G}^T\boldsymbol{e}_m) \end{vmatrix} \tag{4.258}$$

$\boldsymbol{P}$ 和 $\boldsymbol{Q}$ 是典型的稀疏矩阵，由内部节点与外部节点之间的扩散通量组成。$\boldsymbol{P}$ 和 $\boldsymbol{Q}$ 的非对角元大多为零或负，其中包含节点间的传质系数，它们的对角线元素包含从该节点到其他网络节点（即内部节点或外部节点）的所有质量传递系数的总和。矩阵 $\boldsymbol{G}$ 通常是一个矩形矩阵，包含从每个内部节点到每个外部节点的传质系数。

4.3.4.3.2 通解

网络的总体矩阵方程为：

$$\begin{vmatrix} \boldsymbol{P}+diag(\boldsymbol{G}\boldsymbol{e}_n) & -\boldsymbol{G} \\ -\boldsymbol{G}^T & \boldsymbol{Q}+diag(\boldsymbol{G}^T\boldsymbol{e}_m) \end{vmatrix}\times\begin{vmatrix} \boldsymbol{C}_i \\ \boldsymbol{C}_e \end{vmatrix}=\begin{vmatrix} \boldsymbol{0} \\ \boldsymbol{F}_e \end{vmatrix} \tag{4.259}$$

由该矩阵可以得到下列两个矩阵分式：

$$[\boldsymbol{P}+diag(\boldsymbol{G}\boldsymbol{e}_n)]\boldsymbol{C}_i-\boldsymbol{G}\boldsymbol{C}_e=\boldsymbol{0} \tag{4.260}$$

$$-\boldsymbol{G}^T\boldsymbol{C}_i+[\boldsymbol{Q}+diag(\boldsymbol{G}^T\boldsymbol{e}_m)]\boldsymbol{C}_e=\boldsymbol{F}_e \tag{4.261}$$

这些矩阵方程很容易求解，可以表示内部节点中的浓度和从体相流体进入外部节点的通量，如式(4.262)和式(4.263)所示：

$$\boldsymbol{C}_i=(\boldsymbol{P}+diag(\boldsymbol{G}\boldsymbol{e}_n))^{-1}\boldsymbol{G}\boldsymbol{C}_e=\boldsymbol{\Omega}_i\boldsymbol{C}_e \tag{4.262}$$

$$\boldsymbol{F}_e=[\boldsymbol{Q}+diag(\boldsymbol{G}^T\boldsymbol{e}_m)-\boldsymbol{G}^T(\boldsymbol{P}+diag(\boldsymbol{G}\boldsymbol{e}_n))^{-1}\boldsymbol{G}]\boldsymbol{C}_e=\boldsymbol{H}_e\boldsymbol{C}_e \tag{4.263}$$

$\boldsymbol{\Omega}_i$ 是一个权重因子的矩形矩阵，表示内部节点中的浓度如何依赖于外部节点中任意设置的浓度，$\boldsymbol{\Omega}_i$ 的每一行对应于一个特定的内部节点，该行的每个元素都是一个权重因子，当乘以相应外部节点的浓度时，表示外部节点对内部节点浓度的贡献，把外部节点上的产物相加就得到了内部节点的总浓度。由式(4.243)不难得到，$\boldsymbol{\Omega}_i$ 的每一行系数和为一，这与没有反应而没有物质损失的事实一致。方阵 $\boldsymbol{H}_e$ 显示了进入网络的通量如何依赖于外部节点中任意设置的浓度，每一行 $\boldsymbol{H}_e$ 都产生一个特定的扩散解。这一行的对角线元素(正的)表示当该节点的浓度是一且所有其他外部节点设置为零时，进入网络的流量，而这一行的非对角线元素(负的)是离开网络的流量，每行中所有通量的和应当是零，由此完成物料平衡，这也意味着矩阵 $\boldsymbol{H}_e$ 是奇异的。由式(4.263)可知，矩阵 $\boldsymbol{H}_e$ 就是整个物料平衡矩阵 $\boldsymbol{M}$ 中矩阵 $[\boldsymbol{P}+diag(\boldsymbol{G}\boldsymbol{e}_n)]$ 的舒尔补。

4.3.4.3.3 一种求解扩散问题的替代方法

对于上面的扩散方程，有一个替代的解决方法，它允许我们绕过矩阵 $\boldsymbol{M}$ 的奇异性(该性质导致无法得到直接解)，重排方程式(4.260)和方程式(4.261)：

$$\begin{vmatrix}\boldsymbol{P}+diag(\boldsymbol{G}\boldsymbol{e}_n) & \boldsymbol{0}\\ \boldsymbol{G}^T & \boldsymbol{I}_e\end{vmatrix}\times\begin{vmatrix}\boldsymbol{C}_i\\ \boldsymbol{F}_e\end{vmatrix}=\begin{vmatrix}\boldsymbol{G}\\ \boldsymbol{Q}+diag(\boldsymbol{G}^T\boldsymbol{e}_m)\end{vmatrix}\boldsymbol{C}_e \tag{4.264}$$

式(4.264)可通过下式直接求解：

$$\begin{vmatrix}\boldsymbol{C}_i\\ \boldsymbol{F}_e\end{vmatrix}=\begin{vmatrix}\boldsymbol{P}+diag(\boldsymbol{G}\boldsymbol{e}_n) & \boldsymbol{0}\\ \boldsymbol{G}^T & \boldsymbol{I}_e\end{vmatrix}^{-1}\begin{vmatrix}\boldsymbol{G}\\ \boldsymbol{Q}+diag(\boldsymbol{G}^T\boldsymbol{e}_m)\end{vmatrix}\boldsymbol{C}_e \tag{4.265}$$

式(4.265)右手边的下三角矩阵可以沿标准路线转化，这导致：

$$\begin{vmatrix}\boldsymbol{C}_i\\ \boldsymbol{F}_e\end{vmatrix}=\begin{vmatrix}[\boldsymbol{P}+diag(\boldsymbol{G}\boldsymbol{e}_n)]^{-1} & \boldsymbol{0}\\ -\boldsymbol{\Omega}_i^T & \boldsymbol{I}_e\end{vmatrix}\begin{vmatrix}\boldsymbol{G}\\ \boldsymbol{Q}+diag(\boldsymbol{G}^T\boldsymbol{e}_m)\end{vmatrix}\boldsymbol{C}_e \tag{4.266}$$

最后也能得到：

$$\begin{vmatrix}\boldsymbol{C}_i\\ \boldsymbol{F}_e\end{vmatrix}=\begin{vmatrix}\boldsymbol{I}_i & \boldsymbol{0}\\ -\boldsymbol{G}^T & \boldsymbol{I}_e\end{vmatrix}\begin{vmatrix}[\boldsymbol{P}+diag(\boldsymbol{G}\boldsymbol{e}_n)]^{-1} & \boldsymbol{0}\\ \boldsymbol{0} & \boldsymbol{I}_e\end{vmatrix}\begin{vmatrix}\boldsymbol{G}\\ \boldsymbol{Q}+diag(\boldsymbol{G}^T\boldsymbol{e}_m)\end{vmatrix}\boldsymbol{C}_e \tag{4.267}$$

4.3.4.3.4 关于矩阵 $\boldsymbol{G}$ 的结构

在实际应用中，代表所有内部节点到外部节点传质系数的矩阵 $\boldsymbol{G}$ 能被分解，只有下层节点与外部节点相连，因此：

$$\boldsymbol{G}=\begin{vmatrix}\boldsymbol{0}\\ \boldsymbol{g}\end{vmatrix} \tag{4.268}$$

矩阵 $\boldsymbol{g}$ 比矩阵 $\boldsymbol{G}$ 小得多，矩阵 $\boldsymbol{g}$ 可能是稀疏的，但每一行至少有一个非零元素。该推理可以重复到下一组下层节点，以此类推。

4.3.4.3.5　互补情况

一般的问题可以通过考虑互补情况来进一步解决，内部节点和外部节点角色互换，这就导致了：

$$\begin{vmatrix}\boldsymbol{P}+diag(\boldsymbol{G}\boldsymbol{e}_n) & -\boldsymbol{G}\\ -\boldsymbol{G}^T & \boldsymbol{Q}+diag(\boldsymbol{G}^T\boldsymbol{e}_m)\end{vmatrix}\times\begin{vmatrix}\boldsymbol{C}_i\\ \boldsymbol{C}_e\end{vmatrix}=\begin{vmatrix}\boldsymbol{F}_i\\ \boldsymbol{0}\end{vmatrix} \tag{4.269}$$

矩阵方程可被轻易求解并得到：

$$\boldsymbol{C}_e=\boldsymbol{\Omega}_e\boldsymbol{C}_i \tag{4.270}$$

$$\boldsymbol{F}_i=\boldsymbol{H}_i\boldsymbol{C}_i \tag{4.271}$$

其中：

$$\boldsymbol{\Omega}_e=[\boldsymbol{Q}+diag(\boldsymbol{G}^T\boldsymbol{e}_m)]^{-1}\boldsymbol{G}^T \tag{4.272}$$

$$\boldsymbol{H}_i=\boldsymbol{P}+diag(\boldsymbol{G}\boldsymbol{e}_n)-\boldsymbol{G}[\boldsymbol{Q}+diag(\boldsymbol{G}^T\boldsymbol{e}_m)]^{-1}\boldsymbol{G}^T \tag{4.273}$$

很明显，在实际情况中，只有下层节点浓度的任意选择才会对表面节点浓度产生影响。因此，矩阵 $\boldsymbol{\Omega}_e$ 可以分解为：

$$\boldsymbol{\Omega}_e=\begin{vmatrix}\boldsymbol{0} & \boldsymbol{\Omega}_{e,ss}\end{vmatrix} \tag{4.274}$$

同样，矩阵 $\boldsymbol{\Omega}_{e,ss}$ 比矩阵 $\boldsymbol{\Omega}_e$ 小得多。

由此易得通式：

$$\begin{vmatrix}\boldsymbol{H}_i & \boldsymbol{0}\\ \boldsymbol{0} & \boldsymbol{H}_e\end{vmatrix}=\boldsymbol{M}\begin{vmatrix}\boldsymbol{I}_i & \boldsymbol{\Omega}_i\\ \boldsymbol{\Omega}_e & \boldsymbol{I}_e\end{vmatrix} \tag{4.275}$$

其中，$\boldsymbol{I}_i$ 和 $\boldsymbol{I}_e$ 是固有维数的单位矩阵，这个通式可以被认为是矩阵 $\boldsymbol{M}$ 的一个特殊分量，在其他情况下会回到这里。笔者看来，此分量不同于在文献和数学数值包中提供的典型分量。

4.3.4.3.6　$[\boldsymbol{P}+diag(\boldsymbol{G}\boldsymbol{e}_n)]^{-1}$ 的意义

矩阵 $[\boldsymbol{P}+diag(\boldsymbol{G}\boldsymbol{e}_n)]^{-1}$ 或 $[\boldsymbol{Q}+diag(\boldsymbol{G}^T e_m)]^{-1}$ 似乎发挥着重要作用，现在证明这两个矩阵的物理意义代表了许多扩散源点问题的解决方案。为此，以矩阵 $[\boldsymbol{P}+diag(\boldsymbol{G}\boldsymbol{e}_n)]^{-1}$ 为例，进行如下操作：在外部节点之外，选择一个任意的内部节点，将其称为节点 i，并令它为开放状态，这意味着允许该节点有来自体相流体进入或退出该节点的流量。定义内部节点的浓度等于 C^*，并将所有外部节点的浓度设为零，则进入内节点 i 的通量是：

$$flux_i=C^*/[\boldsymbol{P}+diag(\boldsymbol{G}\boldsymbol{e}_n)]_{i,i}^{-1} \tag{4.276}$$

而与此同时，其他内部节点 j 的浓度将显示为：

$$Conc_j = flux_i \times [\boldsymbol{P} + diag(\boldsymbol{Ge}_n)]^{-1}_{i,j} \tag{4.277}$$

因此，矩阵$[\boldsymbol{P}+diag(\boldsymbol{Ge}_n)]^{-1}$完全解决了与内部节点一样多的内部扩散问题。该证明相当简单，为了便于书写，让物料平衡矩阵中的节点 i 位于外部节点的右侧。对于任何其他内部节点，矩阵 $\boldsymbol{M}$ 可以重新排列以得到这个结果。首先，可以将矩阵 $\boldsymbol{M}$ 指定为：

$$\boldsymbol{M} = \begin{vmatrix} \boldsymbol{A}' & -\boldsymbol{g} & -\boldsymbol{G}' \\ -\boldsymbol{g}^T & a & -\boldsymbol{p}^T \\ -\boldsymbol{G}'^T & -\boldsymbol{p} & diag(\boldsymbol{G}^T\boldsymbol{e}_m) \end{vmatrix} \tag{4.278}$$

其中：

$$\boldsymbol{P}+diag(\boldsymbol{Ge}_n) = \begin{vmatrix} \boldsymbol{A}' & -\boldsymbol{g} \\ -\boldsymbol{g}^T & a \end{vmatrix} \tag{4.279}$$

$$\boldsymbol{G} = \begin{vmatrix} \boldsymbol{G}' \\ \boldsymbol{p}^T \end{vmatrix} \tag{4.280}$$

矩阵 $\boldsymbol{M}$ 中的元素 a 是第 i 个节点所在位置的元素，假设它恰好位于外部节点集合的右边，其矩阵方程为：

$$\begin{vmatrix} \boldsymbol{A}' & -\boldsymbol{g} & -\boldsymbol{G}' \\ -\boldsymbol{g}^{\mathrm{T}} & a & -\boldsymbol{p}^{\mathrm{T}} \\ -\boldsymbol{G}'^{\mathrm{T}} & -\boldsymbol{p} & diag(\boldsymbol{G}^{\mathrm{T}}\boldsymbol{e}_m) \end{vmatrix} \times \begin{vmatrix} \boldsymbol{C}'_j \\ C^* \\ \boldsymbol{0} \end{vmatrix} = \begin{vmatrix} \boldsymbol{0} \\ \boldsymbol{F}^* \\ \boldsymbol{F}'_e \end{vmatrix} \tag{4.281}$$

进入内部节点 i 的流量 $\boldsymbol{F}^*$、其他内部节点的浓度 $\boldsymbol{C}_j$ 以及每个外部节点的单独流量 $\boldsymbol{F}'_e$ 为：

$$\boldsymbol{C}'_j = \boldsymbol{A}'^{-1}\boldsymbol{g}C^* \tag{4.282}$$

$$F^* = (a - \boldsymbol{g}^{\mathrm{T}}\boldsymbol{A}'^{-1}\boldsymbol{g})C^* \tag{4.283}$$

$$\boldsymbol{F}'_e = (-\boldsymbol{p} - \boldsymbol{G}'^T\boldsymbol{A}'^{-1}\boldsymbol{g})C^* \tag{4.284}$$

并行地，分块矩阵$\begin{vmatrix} \boldsymbol{A}' & -\boldsymbol{g} \\ -\boldsymbol{g}^{\mathrm{T}} & a \end{vmatrix}$可以很容易地用标准方法求逆，得到：

$$\begin{vmatrix} \boldsymbol{A}' & -\boldsymbol{g} \\ -\boldsymbol{g}^T & a \end{vmatrix}^{-1} = \begin{vmatrix} (\boldsymbol{A}' - \boldsymbol{g}a^{-1}\boldsymbol{g}^{\mathrm{T}})^{-1} & \boldsymbol{A}'^{-1}\boldsymbol{g}(a - \boldsymbol{g}^{\mathrm{T}}\boldsymbol{A}'^{-1}\boldsymbol{g})^{-1} \\ a^{-1}\boldsymbol{g}^T(\boldsymbol{A}' - \boldsymbol{g}a^{-1}\boldsymbol{g}^{\mathrm{T}})^{-1} & (a - \boldsymbol{g}^T\boldsymbol{A}'^{-1}\boldsymbol{g})^{-1} \end{vmatrix} \tag{4.285}$$

将式(4.285)中的逆与式(4.282)~式(4.284)中的解进行比较，可以得到本节开始时式(4.276)~式(4.277)所涉及的结果。

因此，矩阵$[\boldsymbol{P}+\boldsymbol{diag}(\boldsymbol{Ge}_{\mathrm{n}})]^{-1}$可以分解为两个简单矩阵的乘积：

$$[\boldsymbol{P}+diag(\boldsymbol{Ge}_n)]^{-1} = \boldsymbol{F}^{*-1} \times \boldsymbol{\Gamma}^* \tag{4.286}$$

其中，$\boldsymbol{F}^*$是一个对角线矩阵，包含所选内部节点的通量，而 $\boldsymbol{\Gamma}^*$ 是一个对角线上单位为一的矩阵，行中其他元素包含特定情况的标准化浓度。此外，每一行都包含针对该行标识的节点扩散问题的单独解决方案。

4.3.4.3.6.1　离散网络中扩散点源计算的工作实例

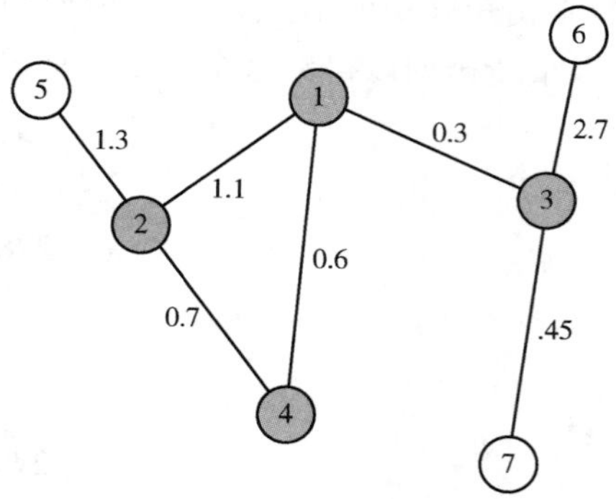

图 4.9　仅用于扩散的测试网络

本节中的计算使用 Mathcad 15 软件，考虑图 4.9 中的网络，有四个内部节点（1、2、3 和 4）和三个外部节点（5、6 和 7），节点间灰色的数字是传质系数。简单核实可得附录 4.1 中的矩阵以及其相应数值解，为了验证点源解，以矩阵 $[\boldsymbol{P}+\boldsymbol{diag}(\boldsymbol{Ge}_n)]^{-1}$ 的第 4 行为例，这意味着节点 4 被认为是开放的，它的浓度被设置为一。其他内部节点（1、2、3）是封闭的，而所有外部节点（5、6、7）的浓度都为零。第 4 行对角元素包含进入节点 4 的通量的逆，因此：

$$Flux=1/1.4547=0.6874$$

节点 1、2、3 和 4 中的浓度通过将每个行元素除以对角元素得到：

$$C_1=0.7793/1.4547=0.5357$$

$$C_2=0.6050/1.4547=0.4159$$

$$C_3=0.0678/1.4547=0.0466$$

$$C_4=1.4547/1.4547=1$$

然后对节点 4 的物料平衡进行验证：

$$Flux=0.6874=0.7\times(1-0.4159)+0.6\times(1-0.5357)$$

继而可以很容易地对所有节点开展进一步验证。

4.3.4.3.7　网络中的点源扩散

矩阵 $[\boldsymbol{P}+\boldsymbol{diag}(\boldsymbol{Ge}_n)]^{-1}$ 是当所有外部节点都处于零浓度时，每个内部节点的综合点源解，这使人们思考，或许其可以帮助找到一种方法以获得总的传质系数。为此，考虑一个位于三维离散网络中心的节点，并假设这个网络足够大，它也可以用经典连续介质方法很好地逼近。将该中心节点中的浓度指定为 C^*，在这个节点进入网络的流量 F^* 是：

$$F^*=C^*[\boldsymbol{P}+diag(\boldsymbol{Ge}_n)]^{-1}_{*,*} \tag{4.287}$$

网络的平均浓度可由下式获得：

$$C_{avg}=\frac{C^*}{m+n}\sum_{\substack{j=1,m\\ j\neq *}}[\boldsymbol{P}+diag(\boldsymbol{Ge}_n)]^{-1}_{*,j}/[P+diag(\boldsymbol{Ge}_n)]^{-1}_{*,*} \tag{4.288}$$

其中，$(m+n)$ 是网络中节点的总数，内部加上外部。

因此，我们注意到 F^*/C_{avg} 的比值与 C^* 无关，其为：

$$F^*/C_{avg}=(m+n)/\sum_{\substack{j=1,m\\j\neq *}}[\boldsymbol{P}+diag(\boldsymbol{Ge}_n)]^{-1}_{*,j} \tag{4.289}$$

当中心节点的局部传质系数与网络其他节点相比有一个非常平均的值时，这个公式看起来非常合理。但是当我们碰巧选了一个中心节点，它有一组连接的传质系数和整个传质系数的分布相比非常小时，会发生什么呢？在这种情况下，通量 F^* 也会变得非常小。然而，其余的网络浓度也会变得非常小，因此通量与平均浓度的比值可能对中心节点的局部属性不是很敏感。

4.3.4.3.8 从点源沿经典线扩散

空间中点源扩散的数学计算已经在文献中得到了很好的论述，这里我们只向读者展示连续性的基本结果。设 D_e 为三维空间中传质的有效扩散系数，式(4.290)给出了在半径为 R 的球体中决定扩散传质的 D_e。

$$\frac{\mathrm{d}}{\mathrm{d}r}\left(4\pi D_e r^2\frac{\mathrm{d}c}{\mathrm{d}r}\right)=0 \tag{4.290}$$

在点源处施加质量通量 F^*，或在边界 R 处施加总质量通量，可以求解浓度分布：

$$c=\frac{F^*}{4\pi D_e}\left(\frac{1}{r}-\frac{1}{R}\right) \tag{4.291}$$

由式(4.292)计算体积平均浓度 C_{avg}：

$$C_{avg}=\frac{\int_0^R 4\pi r^2 c\mathrm{d}r}{\int_0^R 4\pi r^2\mathrm{d}r} \tag{4.292}$$

可得：

$$\frac{F^*}{C_{avg}}=8\pi D_e R \tag{4.293}$$

由此，再次注意到 F^*/C_{avg} 比值与施加的通量本身无关，仅是有效扩散系数 D_e 和几何形状(这里是球形)的函数，如4.3.4.3.7节中离散孔隙网络的情况。

4.3.4.3.9 将网络方法与经典方法相结合

通过式(4.289)和式(4.293)可由离散网络中单个传质系数计算有效扩散系数：

$$D_e=\frac{1}{8\pi R}\left((m+n)/\sum_{\substack{j=1,m\\j\neq *}}[\boldsymbol{P}+diag(\boldsymbol{Ge}_n)]^{-1}_{*,j}\right) \tag{4.294}$$

很明显，当各传质系数和连接具有一定的统计分布时，关于矩阵 $[\boldsymbol{P}+diag(\boldsymbol{Ge}_n)]^{-1}$ 的期望值会产生一个非常有趣的问题及相应处理方法。

4.3.4.3.10 扩散矩阵 $\boldsymbol{P}$ 的一个性质

扩散矩阵 $\boldsymbol{P}$ 是对称的，具有负的非对角元素，每个对角元素包含该行所有非对角元素的负数和。矩阵 $\boldsymbol{P}$ 显然是奇异的，因此没有逆矩阵。事实上，它们存在一个伪逆矩阵 $\boldsymbol{P}^+$，称为 Moore-Penrose 逆，适用于任何矩阵，包括奇异矩阵和矩形矩阵。伪逆 $\boldsymbol{P}^+$是唯一的，总是存在的，必须满足以下四个条件才能称为 Moore Penrose 逆：

$$\boldsymbol{P}\boldsymbol{P}^+\boldsymbol{P}=\boldsymbol{P} \tag{4.295}$$

$$\boldsymbol{P}^+\boldsymbol{P}\boldsymbol{P}^+=\boldsymbol{P}^+ \tag{4.296}$$

$$(\boldsymbol{P}\boldsymbol{P}^+)^*=\boldsymbol{P}\boldsymbol{P}^+ \tag{4.297}$$

$$(\boldsymbol{P}^+\boldsymbol{P})^*=\boldsymbol{P}^+\boldsymbol{P} \tag{4.298}$$

上标“ * ”表示厄米转置，也称为共轭转置。通过常用的矩阵奇异值分解，可以很方便地得到 Moore-Penrose 逆。Moore-Penrose 逆还有一个极限定义，这可以在 Albert 的研究[19]中找到：

$$\boldsymbol{P}^+=\lim_{\varepsilon\to 0}[(\boldsymbol{P}^{\mathrm{T}}\boldsymbol{P}+\varepsilon\boldsymbol{I}]^{-1}\boldsymbol{P}^{\mathrm{T}}]=\lim_{\varepsilon\to 0}[\boldsymbol{P}^{\mathrm{T}}(\boldsymbol{P}\boldsymbol{P}^{\mathrm{T}}+\varepsilon\boldsymbol{I})^{-1}]$$

对于这里所描述的扩散类矩阵，存在一个有趣的特殊情况。设 $\boldsymbol{\Lambda}$ 和 $\mathbf{V}$ 是关于方阵 $\boldsymbol{P}$ 的特征向量的特征值矩阵，显然：

$$\boldsymbol{P}=\boldsymbol{V}\boldsymbol{\Lambda}\boldsymbol{V}^{\mathrm{T}} \tag{4.299}$$

当矩阵 $\boldsymbol{P}$ 是实数、奇异且具有式(4.254)所述性质的扩散矩阵时，在没有正式证明的情况下，可得：将 $\boldsymbol{\Lambda}^0$ 定义为一个对角线矩阵，其在相同的位置包含 $\boldsymbol{\Lambda}$ 的逆元素，这里不包括在 $\boldsymbol{\Lambda}^0$ 中保持为零的零特征值元素。由式(4.300)计算半逆 $\boldsymbol{P}^0$：

$$\boldsymbol{P}^0=\boldsymbol{V}\boldsymbol{\Lambda}^0\boldsymbol{V}^{\mathrm{T}} \tag{4.300}$$

则：

$$\boldsymbol{P}^0\boldsymbol{P}=\boldsymbol{P}\boldsymbol{P}^0=\boldsymbol{I}-\boldsymbol{U}/n \tag{4.301}$$

其中，$\boldsymbol{I}$ 是单位矩阵，$\boldsymbol{U}$ 的每个元素都等于 1，n 是矩阵 $\boldsymbol{P}$ 的维数。一旦认识到不仅特征向量作为 $\boldsymbol{V}$ 的列是标准化的并且彼此正交，而且行也是标准化的并且彼此正交时，这种关系就变得清晰了。

由式(4.301)可知，当奇异矩阵 $\boldsymbol{P}$ 随机变大时，半逆也随机接近单位矩阵。

4.3.4.3.10.1 实例

附录 4.2 展示了 Mathcad 15 软件对图 4.9 中的情况下矩阵 $\boldsymbol{P}$ 半逆性质的计算，Mathcad 15 软件很容易给出了奇异矩阵 $\boldsymbol{P}$ 的特征值和特征向量，半逆的特征值在附录 4.2 的列向量 **EVAL0** 中计算。附录 4.2 的底部呈现了 $\boldsymbol{P}$ 与 $\boldsymbol{P}^0$ 的预期关系。

4.3.4.4 任意网络中的扩散和一级反应

4.3.4.4.1 反应与扩散的物料平衡矩阵

现在考虑一个发生在网络节点的一级反应(即每个节点作为一个小的连续搅

拌反应器，物料从邻近节点进入），每个节点的反应速率 r 服从速率方程 kSC，并与分配给该节点的特定表面积 S 成正比。因此，节点内的反应速率为：

$$r=kSC \tag{4.302}$$

这同样适用于外部节点，包括反应在内的整个物料平衡矩阵现在变成：

$$\boldsymbol{M}=\begin{vmatrix} \boldsymbol{P}+diag(\boldsymbol{G}\boldsymbol{e}_n+k\boldsymbol{S}_i) & -\boldsymbol{G} \\ -\boldsymbol{G}^{\mathrm{T}} & \boldsymbol{Q}+diag(\boldsymbol{G}^{\mathrm{T}}\boldsymbol{e}_m+k\boldsymbol{S}_e) \end{vmatrix} \tag{4.303}$$

4.3.4.4.2　反应和扩散的通解

式(4.304)给出了具有反应的网络的整体矩阵方程：

$$\begin{vmatrix} \boldsymbol{P}+diag(\boldsymbol{G}\boldsymbol{e}_n+k\boldsymbol{S}_i) & -\boldsymbol{G} \\ -\boldsymbol{G}^{\mathrm{T}} & \boldsymbol{Q}+diag(\boldsymbol{G}^{\mathrm{T}}\boldsymbol{e}_m+k\boldsymbol{S}_e) \end{vmatrix} \times \begin{vmatrix} \boldsymbol{C}_i \\ \boldsymbol{C}_e \end{vmatrix} = \begin{vmatrix} \boldsymbol{0} \\ \boldsymbol{F}_e \end{vmatrix} \tag{4.304}$$

该方程很容易求解，得到：

$$\boldsymbol{\Omega}_{\mathrm{i}}=[\boldsymbol{P}+diag(\boldsymbol{G}\boldsymbol{e}_n+k\boldsymbol{S}_i)]^{-1}\boldsymbol{G} \tag{4.305}$$

$$\boldsymbol{H}_{\mathrm{e}}=\boldsymbol{Q}+diag(\boldsymbol{G}^{\mathrm{T}}\boldsymbol{e}_m+k\boldsymbol{S}_e)-\boldsymbol{G}^{\mathrm{T}}[\boldsymbol{P}+diag(\boldsymbol{G}\boldsymbol{e}_n+k\boldsymbol{S}_i)]^{-1}\boldsymbol{G} \tag{4.306}$$

进而：

$$\boldsymbol{C}_i=\boldsymbol{\Omega}_i\boldsymbol{C}_e \tag{4.307}$$

$$\boldsymbol{F}_e=\boldsymbol{H}_e\boldsymbol{C}_e \tag{4.308}$$

仅对扩散而言，$\boldsymbol{\Omega}_i$ 是一个权重因子的矩形矩阵，显示了内部节点中的浓度如何依赖于外部节点中任意设置的浓度。注意，由于化学反应消耗物料，$\boldsymbol{\Omega}_i$ 的每一行系数加起来不再是 1，方阵 $\boldsymbol{H}_e$ 显示了进入网络的通量如何再次依赖于外部节点中任意设置的浓度。这里，进入网络的通量（对角线元素）与离开网络的通量（非对角线元素）及在网络中反应掉的物料量是平衡的，式(4.309)中的下列关系很容易由式(4.305)推导出来：

$$\boldsymbol{\Omega}_i=\{\boldsymbol{I}+[\boldsymbol{P}+diag(\boldsymbol{G}\boldsymbol{e}_n)]^{-1}diag(k\boldsymbol{S}_i)\}^{-1}[\boldsymbol{P}+diag(\boldsymbol{G}\boldsymbol{e}_n)]^{-1}\boldsymbol{G} \tag{4.309}$$

令：

$$\boldsymbol{Z}=[\boldsymbol{P}+diag(\boldsymbol{G}\boldsymbol{e}_n)]^{-1}diag(k\boldsymbol{S}_i) \tag{4.310}$$

因此：

$$\boldsymbol{\Omega}_i=(\boldsymbol{I}+\boldsymbol{Z})^{-1}\boldsymbol{\Omega}_{i,\mathrm{D}} \tag{4.311}$$

其中，$\boldsymbol{\Omega}_{i,\mathrm{D}}$ 包含前面定义的扩散权重因子，矩阵 $(\boldsymbol{I}+\boldsymbol{Z})^{-1}$ 可以称为有效性矩阵 $\boldsymbol{E}$，表示为：

$$\boldsymbol{E}=\frac{\boldsymbol{I}}{\boldsymbol{I}+\dfrac{diag(k\boldsymbol{S}_i)}{\boldsymbol{P}+diag(\boldsymbol{G}\boldsymbol{e}_n)}}=\frac{\boldsymbol{I}}{\boldsymbol{I}+\boldsymbol{Z}} \tag{4.312}$$

矩阵 $\boldsymbol{E}$ 的表达式适用于任意网络，因此也适用于任何催化剂颗粒形状。矩阵 $\boldsymbol{Z}$ 是非对称的，所以在一般情况下，其规范的表达式为：

$$\boldsymbol{Z}=\boldsymbol{U}\boldsymbol{\Lambda}\boldsymbol{U}^{-1} \tag{4.313}$$

其中，$\boldsymbol{\Lambda}$ 和 $\boldsymbol{U}$ 分别为矩阵 $\boldsymbol{Z}$ 的特征值和特征向量，$\boldsymbol{E}$ 可以用泰勒级数形式表示：

$$\boldsymbol{E}=\boldsymbol{I}-\boldsymbol{Z}+\boldsymbol{Z}^2-\boldsymbol{Z}^3+\cdots\cdots \tag{4.314}$$

为满足级数的收敛性，该式在 $\boldsymbol{Z}$ 的每个特征值绝对值小于单位 1 的条件下才有效，即速率系数 k 足够小的情况下，如果 k 的值太大，就必须直接求逆。

由式(4.305)，可以得到：

$$\boldsymbol{\Omega}_i\boldsymbol{e}_n=[\boldsymbol{P}+diag(\boldsymbol{G}\boldsymbol{e}_{\mathrm{n}}+k\boldsymbol{S}_{\mathrm{i}})]^{-1}\boldsymbol{G}\boldsymbol{e}_n \tag{4.315}$$

因此，借助前面在 4.3.4.2 节中建立的推论，可以很容易地获得以下关系：

$$\boldsymbol{\Omega}_i\boldsymbol{e}_n=\boldsymbol{e}_m-[\boldsymbol{P}+diag(\boldsymbol{G}\boldsymbol{e}_n+k\boldsymbol{S}_i)]^{-1}k\boldsymbol{S}_i \tag{4.316}$$

于是，$\boldsymbol{\Omega}_{\mathrm{i}}$ 的每一行元素的和，本质上就是每个内部节点的标准化浓度，对于扩散来说等于 1，对于反应来说便小于 1。当反应速率非常大时，毋庸置疑，每个内部节点的浓度都接近于零。内部节点的浓度接近于零并不意味着化学速率接近于零，因为速率常数非常高。此外，反应物从外部节点扩散到临近下层节点的速率也是有限的。后面将会说明，对于代表真实催化剂的网络，在一个节点上的反应速率只是扩散速率的一个小扰动。然而，这种情况下，考虑到网络的大小是现实催化剂颗粒的真实代表，有效因子很容易得到。

4.3.4.4.3 Bosanquet 平均反应-扩散矩阵

每一个内部节点中包含反应速率的列向量由式(4.317)获得：

$$\boldsymbol{R}_i=diag(k\boldsymbol{S}_i)\boldsymbol{C}_i=\{[diag(k\boldsymbol{S}_i)]^{-1}+[\boldsymbol{P}+diag(\boldsymbol{G}\boldsymbol{e}_n)]^{-1}\}^{-1}\boldsymbol{\Omega}_{i,\mathrm{D}}\boldsymbol{C}_e \tag{4.317}$$

或者：

$$\boldsymbol{R}_i=\boldsymbol{B}_{\mathrm{o}}\boldsymbol{\Omega}_{i,\mathrm{D}}\boldsymbol{C}_e \tag{4.318}$$

然后得到网络中的总反应速率：

$$\boldsymbol{R}_{\Sigma}=\boldsymbol{e}_m^{\mathrm{T}}\boldsymbol{B}_{\mathrm{o}}\boldsymbol{\Omega}_{i,\mathrm{D}}\boldsymbol{C}_e \tag{4.319}$$

因此，当使用网络纯扩散量$[\boldsymbol{P}+\boldsymbol{diag}(\boldsymbol{G}\boldsymbol{e}_n)]^{-1}$和网络纯反应量$[\boldsymbol{diag}(\mathbf{kS}_i)]^{-1}$的 Bosanquet 平均值时，可以很好地将反应和扩散结合起来。有趣的是，即使在完全任意的情况下，Bosanquet 平均矩阵 $\boldsymbol{B}_0$ 仍然是完全对称的。所以，其规范表达可以写成：

$$\boldsymbol{B}_0=\boldsymbol{W}\boldsymbol{\Lambda}\boldsymbol{W}^{\mathrm{T}} \tag{4.320}$$

此时，$\boldsymbol{\Lambda}$ 和 $\boldsymbol{W}$ 分别为矩阵 $\boldsymbol{B}_0$ 的特征值和特征向量。对于网络边界处的通量，也可推导出下列公式：

$$\boldsymbol{H}_e=\boldsymbol{Q}+diag(\boldsymbol{G}^{\mathrm{T}}\boldsymbol{e}_m+k\boldsymbol{S}_e)-\boldsymbol{\Gamma}_e\boldsymbol{B}_0\boldsymbol{\Omega}_{i,\mathrm{D}}\mathbf{C}_e \tag{4.321}$$

其中：

$$\boldsymbol{\Gamma}_e=\boldsymbol{G}^{\mathrm{T}}[diag(k\boldsymbol{S}_i)]^{-1} \tag{4.322}$$

当只有一个连接可用时，矩阵 $\boldsymbol{\Gamma}_e$ 的元素与从每个反应的内部节点到每个外部节点的单个通量有关。

4.3.4.4.4 $[\boldsymbol{P}+\boldsymbol{diag}(\boldsymbol{Ge}_n+k\boldsymbol{S})]^{-1}$的意义

我们希望这类似于没有反应的点源扩散情况，同样在外部节点之外，选择一个任意的内部节点，将其称为节点 $\boldsymbol{i}$，并声明它为开放的。定义内部节点的浓度等于 $\boldsymbol{C}^*$，并将所有其他外部节点的浓度设为零。使用与 4.3.4.3.6 节相同的方法，可以得到进入该内部节点的通量，为：

$$flux_i=C^*/[\boldsymbol{P}+diag(\boldsymbol{Ge}_n+k\boldsymbol{S}_i)]_{i,i}^{-1} \tag{4.323}$$

其他内部节点 j 的浓度则被表示为：

$$Conc_j=flux_i\times[\boldsymbol{P}+diag(\boldsymbol{Ge}_n+k\boldsymbol{S}_i)]_{i,j}^{-1} \tag{4.324}$$

因此，矩阵$[\boldsymbol{P}+\boldsymbol{diag}(\boldsymbol{Ge}_n+k\boldsymbol{S}_i)]^{-1}$完全解决的内部扩散反应问题与内部节点一样多，其证明过程与仅有扩散的情况是相同的。

4.3.4.4.4.1 一个计算反应和扩散的例子

在前面图 4.9 的网络中，假设现在每个内部节点也有一个一级反应系数 k，节点内的表面积收集在列向量 $\boldsymbol{S}$ 中。Mathcad 15 软件可以方便地计算附录 4.3 中感兴趣的矩阵$[\boldsymbol{P}+\boldsymbol{diag}(\boldsymbol{Ge}_n+k\boldsymbol{S}_i)]^{-1}$。再次以节点 4 为例，进入节点 4 的通量为：

$$flux=1/0.4396=2.2748$$

节点 1、2、3 和 4 中的浓度通过将每一行元素除以该行的对角元素得到：

$$C_1=0.0992/0.4396=0.2257$$

$$C_2=0.1191/0.4396=0.2709$$

$$C_3=0.0072/0.4396=0.0164$$

$$C_4=0.4396/0.4396=1$$

然后对节点 4 的物料平衡进行验证：

$$flux=2.2748=0.7\times(1-0.2709)+0.6\times(1-0.2257)+1.3$$

由此也能很容易地对所有其他节点进行验证。

正如在 4.1 节中已经提到的，我们不希望在实际矩阵方程之外看到网络性能属性和矩阵属性之间有任何更有趣的关系，或者至少我们找不到任何关系，附录 4.4 给出了说明这一点的数值计算。

4.3.4.4.4.2 一个计算小网络扰动的例子

再次考虑如图 4.9 所示的简单网络的情况，但现在的速率系数比附录 4.3 小 1000 倍。附录 4.5 中的 Mathcad 15 计算表明，$\boldsymbol{H}_e$ 的最小特征值非常接近于 $\boldsymbol{H}_e$ 的所有元素的和(即网络中的总化学速率)除以外部节点的数量。虽然网络是任意的，但它非常小，因此其有一个接近于 1 的有效因子。尽管如此，保证化学速率系数相对于传质系数的扰动维持了网络中 $\boldsymbol{H}_e$ 的最小特征值与总化学速率的关系，该现象和在普通网络中一样。

然后，我们意识到，研究一个低有效因子的网络时，更好的方法是保持化学速率常数在一个扰动的水平来扩展网络的深度，而不是增加速率常数，这就是为什么 4.3.5 节会阐述深度网络。此外，从式(4.83)之前的段落开始，再看看其与 4.3.3.3.3 节的相似之处。

4.3.4.4.5　从点源沿经典线的扩散和反应

多孔结构中点源扩散和反应的数学是均匀且各向同性的，它们在公开的文献中已被报道，但可能不像只有扩散的情况那样频繁。在这里只向读者展示连续性的基本结果。设 D_e 为三维空间中扩散的有效扩散系数，式(4.325)给出了在源点周围半径为 R 的球面上，控制扩散和一级反应传质的 D_e：

$$\frac{\mathrm{d}}{\mathrm{d}r}\left(D_e r^2 \frac{\mathrm{d}c}{\mathrm{d}r}\right)=r^2 kSc \tag{4.325}$$

或者：

$$\frac{\mathrm{d}}{\mathrm{d}\xi}\left(\xi^2 \frac{\mathrm{d}c}{\mathrm{d}\xi}\right)=\left(\frac{R^2 kS}{D_e}\right)\xi^2 c=\phi^2\xi^2 c \tag{4.326}$$

其中，S 为单位体积的比表面积，k 为一级速率常数，表示单位面积、单位时间的摩尔反应量，符号 ϕ 代表 Thiele 模量，符号 ξ 表示到球体中心的无因次距离。同样在点源处施加质量通量 F^*，并假设沿球体表面的浓度为零，就可以解出未知的浓度分布：

$$c(\xi)=\frac{F^*}{4\pi RD_e}\frac{\sinh[\phi(1-\xi)]}{\xi\sinh\phi} \tag{4.327}$$

计算体积平均浓度 C_{avg}，可得：

$$c_{avg}=\frac{F^*}{8\pi RD_e}6\left[\frac{1}{\phi^2}-\frac{1}{\phi\sinh(\phi)}\right] \tag{4.328}$$

连续介质方法和离散方法存在如下关系：

$$\frac{D_e}{6\left[\frac{1}{\phi^2}-\frac{1}{\phi\sinh(\phi)}\right]}=\frac{1}{8\pi R}\left\{(n+m)/\sum_{\substack{j=1,m\\ j\neq *}}[\boldsymbol{P}+diag(\boldsymbol{Ge}_n+k\boldsymbol{S}_i)]^{-1}_{*,j}\right\} \tag{4.329}$$

为了在连续介质方法和网络方法中保持相同的速率系数值，需要注意平衡两者的总表面积：

$$(4\pi R^3/3)S=n\sum_i S_i \tag{4.330}$$

将式(4.289)中的 D_e 表达式插入式(4.329)，得到：

$$6\left[\frac{1}{\phi^2}-\frac{1}{\phi\sinh(\phi)}\right]=\frac{\sum\limits_{\substack{j=1,m\\ j\neq *}}[\boldsymbol{P}+diag(\boldsymbol{Ge}_n+k\mathbf{S}_i)]^{-1}_{*,j}}{\sum\limits_{\substack{j=1,m\\ j\neq *}}[\boldsymbol{P}+diag(\boldsymbol{Ge}_n)]^{-1}_{*,j}} \tag{4.331}$$

式(4.331)的等号右侧由网络性质决定，其现在与同一方程等号左侧函数中经典的 Thiele 模数相联系。

4.3.4.4.6 “黑体”催化剂：一个带有通往中心小孔的封闭球体

假想催化球体表面有一个点开口，一条狭窄的通道伸向它的中心。除了小孔外，球面的其余部分是封闭的。同样，我们假设这是一个一级反应，由于球面的闭合，球面内部的浓度梯度为零。其求解方法与 4.3.4.4.5 节中使用的方法相同，由此得出如下结果：

$$c(\xi)=\frac{F^{*}}{4\pi RD_{e}}\times\frac{\phi\cosh[\phi(1-\xi)]-\sinh[\phi(1-\xi)]}{\phi\cosh(\phi)-\sinh(\phi)}\times\frac{1}{\xi} \tag{4.332}$$

以及：

$$\frac{F^{*}}{c_{\mathrm{avg}}}=\frac{4\pi RD_{\mathrm{e}}}{3}\times\phi^{2} \tag{4.333}$$

4.3.4.4.7 可选择的解决方案

对于一级反应，有另一种可行的解法，通过在现有网络中添加一个虚拟节点来实现。根据定义，这个虚拟节点被认为是开放的(即它可以与体相流体一起流动)，令该虚拟节点与每个内部节点以及每个外部节点都有一个传质连接，正如我们将看到的，使用虚拟节点可以将扩散和反应问题转化为仅扩散的问题。选取每个节点到虚拟节点的传质系数分别等于每个内部节点对应的 kS_{i} 元和每个外部节点对应的 kS_{e} 元，每个节点的化学反应都设为零。在这种设计下，网络节点到虚拟节点的扩散通量在该节点处发挥一级反应的作用。尽管多了一个节点，但有了这个虚拟节点后，扩散和反应的问题现在就变成了纯粹的扩散问题。于是，离开虚拟节点的总流量与在网络中反应掉的总物料量相同，传质矩阵维数现在增加了 1，总的矩阵方程则为：

$$\begin{vmatrix} \boldsymbol{P}+diag(\boldsymbol{G}\boldsymbol{e}_{n}+k\boldsymbol{S}_{i}) & -\boldsymbol{G} & -k\boldsymbol{S}_{i} \\ -\boldsymbol{G}^{\mathrm{T}} & \boldsymbol{Q}+diag(\boldsymbol{G}^{\mathrm{T}}\boldsymbol{e}_{m}+k\boldsymbol{S}_{e}) & -k\boldsymbol{S}_{e} \\ -k\boldsymbol{S}_{i}^{\mathrm{T}} & -k\boldsymbol{S}_{e}^{\mathrm{T}} & k\boldsymbol{S}_{\mathrm{N}} \end{vmatrix}\times\begin{vmatrix} \boldsymbol{C}_{i} \\ \boldsymbol{C}_{e} \\ 0 \end{vmatrix}=\begin{vmatrix} \boldsymbol{0} \\ \boldsymbol{F}_{e} \\ \boldsymbol{F}_{\mathrm{v}} \end{vmatrix} \tag{4.334}$$

其中，S_{N} 表示网络的总表面积：

$$S_{\mathrm{N}}=\boldsymbol{S}_{i}^{T}\boldsymbol{e}_{i}+\boldsymbol{S}_{e}^{T}\boldsymbol{e}_{e} \tag{4.335}$$

F_{v} 表示通过虚拟节点出网络的总流量。为了便于记忆，令：

$$\boldsymbol{A}=\boldsymbol{P}+diag(\boldsymbol{G}\boldsymbol{e}_{n}+k\boldsymbol{S}_{i}) \tag{4.336}$$

$$\boldsymbol{B}=\boldsymbol{Q}+diag(\boldsymbol{G}^{\mathrm{T}}\boldsymbol{e}_{m}+k\boldsymbol{S}_{e}) \tag{4.337}$$

将物料平衡矩阵划分到矩阵 $\boldsymbol{A}$ 的正下方和正右侧，写出方程，得到如下关于 C_i 的预期关系：

$$\boldsymbol{A}\boldsymbol{C}_i - \begin{vmatrix}\boldsymbol{G} & k\boldsymbol{S}_i\end{vmatrix}\begin{vmatrix}\boldsymbol{C}_e \\ 0\end{vmatrix} = \boldsymbol{0} \tag{4.338}$$

或者：

$$\boldsymbol{C}_i = \boldsymbol{A}^{-1}\begin{vmatrix}\boldsymbol{G} & k\boldsymbol{S}_i\end{vmatrix}\begin{vmatrix}\boldsymbol{C}_e \\ 0\end{vmatrix} = \boldsymbol{\Omega}_i\boldsymbol{C}_e \tag{4.339}$$

边界通量和来自虚拟节点的通量则为：

$$\begin{vmatrix}\boldsymbol{F}_e \\ F_{\mathrm{v}}\end{vmatrix} = -\begin{vmatrix}\boldsymbol{G}^{\mathrm{T}} \\ k\boldsymbol{S}_i^{\mathrm{T}}\end{vmatrix}\boldsymbol{C}_i + \begin{vmatrix}\boldsymbol{B} & -k\boldsymbol{S}_e \\ -k\boldsymbol{S}_e^{\mathrm{T}} & kS_{\mathrm{N}}\end{vmatrix}\begin{vmatrix}\boldsymbol{C}_e \\ 0\end{vmatrix} \tag{4.340}$$

或者：

$$\begin{vmatrix}\boldsymbol{F}_e \\ F_{\mathrm{v}}\end{vmatrix} = \left\{-\begin{vmatrix}\boldsymbol{G}^{\mathrm{T}} \\ k\boldsymbol{S}_i^{\mathrm{T}}\end{vmatrix}\boldsymbol{A}^{-1}\begin{vmatrix}\boldsymbol{G} & k\boldsymbol{S}_i\end{vmatrix} + \begin{vmatrix}\boldsymbol{B} & -k\boldsymbol{S}_e \\ -k\boldsymbol{S}_e^{\mathrm{T}} & k\boldsymbol{S}_{\mathrm{N}}\end{vmatrix}\right\}\begin{vmatrix}\boldsymbol{C}_e \\ 0\end{vmatrix} \tag{4.341}$$

以及：

$$\begin{vmatrix}\boldsymbol{F}_e \\ \boldsymbol{F}_{\mathrm{v}}\end{vmatrix} = \left\{-\begin{vmatrix}\boldsymbol{G}^{\mathrm{T}}\boldsymbol{A}^{-1}\boldsymbol{G} & \boldsymbol{G}^{\mathrm{T}}\boldsymbol{A}^{-1}k\boldsymbol{S}_{\mathrm{i}} \\ k\boldsymbol{S}_i^{\mathrm{T}}\boldsymbol{A}^{-1}\boldsymbol{G} & k\boldsymbol{S}_i^{\mathrm{T}}\boldsymbol{A}^{-1}k\boldsymbol{S}_i\end{vmatrix} + \begin{vmatrix}\boldsymbol{B} & -k\boldsymbol{S}_e \\ -k\boldsymbol{S}_e^{\mathrm{T}} & kS_{\mathrm{N}}\end{vmatrix}\right\}\begin{vmatrix}\boldsymbol{C}_e \\ 0\end{vmatrix} \tag{4.342}$$

或者：

$$\begin{vmatrix}\boldsymbol{F}_e \\ F_{\mathrm{v}}\end{vmatrix} = \begin{vmatrix}\boldsymbol{H}_e & -\boldsymbol{\Omega}_i^{\mathrm{T}}k\boldsymbol{S}_i - k\boldsymbol{S}_e \\ -k\boldsymbol{S}_i^{\mathrm{T}}\boldsymbol{\Omega}_{\mathrm{i}} - k\boldsymbol{S}_e^{\mathrm{T}} & kS_N - k\boldsymbol{S}_i^{\mathrm{T}}\boldsymbol{A}^{-1}k\boldsymbol{S}_i\end{vmatrix}\begin{vmatrix}\boldsymbol{C}_e \\ 0\end{vmatrix} = \boldsymbol{H}_{\mathrm{v}}\begin{vmatrix}\boldsymbol{C}_e \\ 0\end{vmatrix} \tag{4.343}$$

矩阵 $\boldsymbol{H}_{\mathrm{v}}$ 相较于 $\boldsymbol{H}_{\mathrm{e}}$ 增加了一列和一行，最右边的非对角元素包含了流向虚拟节点的通量，因此代表了网络中存在扩散限制时每个节点的实际化学速率，$(k\boldsymbol{S}_{\mathrm{N}}-k\boldsymbol{S}_i^{\mathrm{T}}\boldsymbol{A}^{-1}k\boldsymbol{S}_i)$表示所有化学速率的总和。当知道虚拟节点浓度为零而所有外部节点浓度为一时的扩散问题等同于将虚拟节点浓度设为一而其他所有外部节点均为零时，这便不难理解。从式(4.344)可以获得网络的有效因子 $\boldsymbol{\eta}$：

$$\eta = 1 - k\boldsymbol{S}_i^{\mathrm{T}}\boldsymbol{A}^{-1}\boldsymbol{S}_i/S_{\mathrm{N}} \tag{4.344}$$

更确切的表达为：

$$\eta = 1 - k\boldsymbol{S}_i^{\mathrm{T}}[\boldsymbol{P} + diag(\boldsymbol{G}\boldsymbol{e}_n + k\boldsymbol{S}_i)]^{-1}\boldsymbol{S}_i/S_{\mathrm{N}} \tag{4.345}$$

由此可以清楚地看出，当 k 趋于零时，有效因子趋于一，这是意料之中的，进一步：

$$\eta = 1 - k\boldsymbol{S}_i^{\mathrm{T}}[diag(k\boldsymbol{S}_i)]^{-1}\{[\boldsymbol{P} + diag(\boldsymbol{G}\boldsymbol{e}_n)][diag(k\boldsymbol{S}_i)]^{-1} + \boldsymbol{I}\}^{-1}\boldsymbol{S}_i/S_{\mathrm{N}} \tag{4.346}$$

其可被简化为：

$$\eta = 1 - \boldsymbol{e}_i^T\{[\boldsymbol{P} + diag(\boldsymbol{G}\boldsymbol{e}_n)][diag(k\mathbf{S}_i)]^{-1} + \boldsymbol{I}\}^{-1}\boldsymbol{S}_i/S_{\mathrm{N}} \tag{4.347}$$

当速率常数 k 值较大时，矩阵$[\boldsymbol{P}+diag(\boldsymbol{G}\boldsymbol{e}_n)]diag(k\boldsymbol{S}_i)^{-1}$变小。因此，我们可以将上面的逆近似为：

$$\{[\boldsymbol{P}+diag(\boldsymbol{Ge}_n)][diag(k\mathbf{S}_i)]^{-1}+\boldsymbol{I}\}^{-1} \cong \boldsymbol{I}-[\boldsymbol{P}+diag(\boldsymbol{Ge}_n)][diag(k\mathbf{S}_i)]^{-1} \tag{4.348}$$

对于较大的 k，可得：

$$\eta(k \gg 1)=1-\boldsymbol{e}_i^{\mathrm{T}}\{\boldsymbol{I}-[\boldsymbol{P}+diag(\boldsymbol{Ge}_n)][diag(k\mathbf{S}_i)]^{-1}\}\mathbf{S}_i/S_{\mathrm{N}} \tag{4.349}$$

或者：

$$\eta(k \gg 1)=1-\frac{\boldsymbol{e}_i^{\mathrm{T}}\boldsymbol{S}_i}{S_{\mathrm{N}}}+\boldsymbol{e}_i^{\mathrm{T}}[\boldsymbol{P}+diag(\boldsymbol{Ge}_n)][diag(k\boldsymbol{S}_i)]^{-1}\boldsymbol{S}_i/S_{\mathrm{N}} \tag{4.350}$$

式(4.350)的前两项，$1-\boldsymbol{e}_i^{\mathrm{T}}\boldsymbol{S}_i/\boldsymbol{S}_{\mathrm{N}}$，表示位于外部节点的总表面积分数。由于外部节点不考虑传质限制，这些节点中的化学反应速率永远不会受到阻碍，因此，对于足够大的 k，整体有效因子应当取决于位于边界节点的总表面积分数。式(4.350)可以进一步简化为：

$$\eta(k \gg 1)=1-\frac{\boldsymbol{e}_i^{\mathrm{T}}\boldsymbol{S}_i}{S_{\mathrm{N}}}+\boldsymbol{e}_i^{\mathrm{T}}[\boldsymbol{P}+diag(\boldsymbol{Ge}_n)]\mathbf{e}_i/kS_{\mathrm{N}} \tag{4.351}$$

因为 $\boldsymbol{P}$ 是一个扩散矩阵，则：

$$\boldsymbol{e}_i^{\mathrm{T}}\boldsymbol{Pe}_i=0 \tag{4.352}$$

于是：

$$\eta(k \gg 1)=1-\frac{\boldsymbol{e}_i^{\mathrm{T}}\boldsymbol{S}_i}{S_{\mathrm{N}}}+\boldsymbol{e}_i^{\mathrm{T}}diag(\boldsymbol{Ge}_n)\boldsymbol{e}_i/kS_{\mathrm{N}} \tag{4.353}$$

表达式 $\boldsymbol{e}_i^{\mathrm{T}}diag(\boldsymbol{Ge}_{\mathrm{n}})\boldsymbol{e}_i$ 表示从外部节点或网络边界进入网络的所有传质系数之和，当假定节点的活性非常高时，下层节点的浓度为零，它也代表进入网络的最高传质速率。将这个可能的最高速率除以整个网络的化学活性 kS_{N}，便可得到整体有效因子的逻辑贡献表达式。

4.3.4.4.8　网络边界封闭

当所有外部节点都是开放的时候，下面两个方程可以计算内部浓度和在边界进入网络的流量：

$$\boldsymbol{C}_i=\boldsymbol{\Omega}_i\boldsymbol{C}_e \tag{4.354}$$

$$\boldsymbol{F}_e=\boldsymbol{H}_e\boldsymbol{C}_e \tag{4.355}$$

现在假设部分外部节点已经被封闭，无法支持流动和反应。从内部看，这些封闭的节点形成了一个死区。因此，进出网络的传质受到阻碍，导致有效因子变小。这种边界封闭问题很容易用当前的矩阵方法来处理。通过切换列和行来重新排列矩阵 $\boldsymbol{H}_{\mathrm{e}}$，使封闭的外部节点在一组中，非封闭的外部节点在另一组中。然后，矩阵可以被分解并重写为：

$$\begin{vmatrix}\boldsymbol{0}\\ \boldsymbol{F}_{\mathrm{nb}}\end{vmatrix}=\begin{vmatrix}\boldsymbol{H}_1 & \boldsymbol{H}_2\\ \boldsymbol{H}_3 & \boldsymbol{H}_4\end{vmatrix}\begin{vmatrix}\boldsymbol{C}_{\mathrm{b}}\\ \boldsymbol{C}_{\mathrm{nb}}\end{vmatrix} \tag{4.356}$$

由此得到：

$$\mathbf{0}=\boldsymbol{H}_1\boldsymbol{C}_{\mathrm{b}}+\boldsymbol{H}_2\boldsymbol{C}_{\mathrm{nb}} \tag{4.357}$$

$$\boldsymbol{F}_{\mathrm{nb}}=\boldsymbol{H}_3\boldsymbol{C}_{\mathrm{b}}+\boldsymbol{H}_4\boldsymbol{C}_{\mathrm{nb}} \tag{4.358}$$

求解为：

$$\boldsymbol{C}_{\mathrm{b}}=-\boldsymbol{H}_1^{-1}\boldsymbol{H}_2\boldsymbol{C}_{\mathrm{nb}} \tag{4.359}$$

$$\boldsymbol{F}_{\mathrm{nb}}=(-H_3H_1^{-1}H_2+H_4)C_{\mathrm{nb}} \tag{4.360}$$

矩阵$(-\boldsymbol{H}_3\boldsymbol{H}_1^{-1}\boldsymbol{H}_2+\boldsymbol{H}_4)$是重排矩阵 $\boldsymbol{H}_e$ 中矩阵 $\boldsymbol{H}_1$ 的舒尔补。

4.3.4.4.9 *表面和下层节点*

考虑下面的物料平衡矩阵：

$$M=\begin{vmatrix} P+diag(\boldsymbol{Ge}_n+k\boldsymbol{S}_i) & -G \\ -G^{\mathrm{T}} & Q+diag(G^{\mathrm{T}}\boldsymbol{e}_m+k\boldsymbol{S}_e) \end{vmatrix} \tag{4.361}$$

基于这个方程组，可得：

$$H_e=Q+diag(G^T\boldsymbol{e}_m+k\boldsymbol{S}_e)-G^T[\boldsymbol{P}+diag(\boldsymbol{Ge}_n+k\boldsymbol{S}_i)]^{-1}\boldsymbol{G} \tag{4.362}$$

$$\boldsymbol{\Omega}_i=[\boldsymbol{P}+diag(\boldsymbol{Ge}_n+k\boldsymbol{S}_i)]^{-1}\boldsymbol{G} \tag{4.363}$$

内部节点 $\boldsymbol{C}_i$ 和外部节点 $\boldsymbol{C}_e$ 的集合可以用一组新的节点加以扩充，这些节点只与以前的外部节点相连，而与任何内部节点都没有连接。新节点有效地接管了原有的外部节点，将原有的外部节点精简为浓度为 C_{ss} 的下层节点，新的物料平衡矩阵就变成了：

$$M'=\begin{vmatrix} \boldsymbol{P}+diag(\boldsymbol{Ge}_n+k\boldsymbol{S}_i) & -\boldsymbol{G} & \mathbf{0} \\ -\boldsymbol{G}^{\mathrm{T}} & \mathbf{Q}+diag(\boldsymbol{G}^{\mathrm{T}}\boldsymbol{e}_m+k\boldsymbol{S}_e+\boldsymbol{Ue}_{\mathrm{k}}) & -\boldsymbol{U} \\ \mathbf{0}^{\mathrm{T}} & -\boldsymbol{U}^{\mathrm{T}} & \boldsymbol{R}+diag(\boldsymbol{U}^{\mathrm{T}}\boldsymbol{e}_{\mathrm{k}}+k\boldsymbol{S}'_e) \end{vmatrix} \tag{4.364}$$

进而得到下面的矩阵方程：

$$[\boldsymbol{P}+diag(\boldsymbol{Ge}_n+k\boldsymbol{S}_i)]\boldsymbol{C}_i-\boldsymbol{GC}_{\mathrm{ss}}=\mathbf{0} \tag{4.365}$$

$$-\boldsymbol{G}^{\mathrm{T}}\boldsymbol{C}_i+[\boldsymbol{Q}+diag(\boldsymbol{G}^{\mathrm{T}}\boldsymbol{e}_m+k\boldsymbol{S}_e+\mathbf{U}\boldsymbol{e}_{\mathrm{k}})]\boldsymbol{C}_{\mathrm{ss}}-\boldsymbol{UC}_e=\mathbf{0} \tag{4.366}$$

$$-\boldsymbol{U}^{\mathrm{T}}\boldsymbol{C}_{\mathrm{ss}}+[\boldsymbol{R}+diag(\boldsymbol{U}^T\boldsymbol{e}_{\mathrm{k}}+k\boldsymbol{S}'_e)]\boldsymbol{C}_e=\boldsymbol{F}'_e \tag{4.367}$$

由第一个方程可知：

$$\boldsymbol{C}_i=[\boldsymbol{P}+diag(\boldsymbol{Ge}_n+k\mathbf{S}_i)]^{-1}\boldsymbol{GC}_{\mathrm{ss}}=\boldsymbol{\Omega}_i\boldsymbol{C}_{\mathrm{ss}} \tag{4.368}$$

由第二个方程可知：

$$[-\boldsymbol{G}^{\mathrm{T}}\boldsymbol{\Omega}_i+\boldsymbol{Q}+diag(\boldsymbol{G}^{\mathrm{T}}\boldsymbol{e}_m+k\boldsymbol{S}_e+\boldsymbol{Ue}_{\mathrm{k}})]\boldsymbol{C}_{\mathrm{ss}}-\boldsymbol{UC}_e=0 \tag{4.369}$$

或者：

$$[\boldsymbol{H}_e+diag(\boldsymbol{Ue}_{\mathrm{k}})]\boldsymbol{C}_{\mathrm{ss}}-\boldsymbol{UC}_e=0 \tag{4.370}$$

所以：

$$\boldsymbol{C}_{\mathrm{ss}}=[\boldsymbol{H}_e+diag(\boldsymbol{Ue}_{\mathrm{k}})]^{-1}\boldsymbol{UC}_e \tag{4.371}$$

最后可得：

$$\boldsymbol{H}_e' = -\boldsymbol{U}^{\mathrm{T}}[\boldsymbol{H}_e + diag(\boldsymbol{U}\boldsymbol{e}_{\mathrm{k}})]^{-1}\boldsymbol{U} + [\boldsymbol{R} + diag(\boldsymbol{U}^{\mathrm{T}}\boldsymbol{e}_{\mathrm{k}} + k\boldsymbol{S}_e')] \tag{4.372}$$

因此获得一个新的矩阵 $\boldsymbol{H}_e'$，它允许基于旧矩阵 $\boldsymbol{H}_e$ 从任意选择的外部浓度计算通量，此关系属于 Riccati 类型。

本文所示的方法是求解大型网络的首选方法，因为它对大型稀疏矩阵具有较高的速度和最小的内存占用。

4.3.4.4.10 非一级反应

本节考虑非一级反应，不过它们的速率对浓度的依赖仍有单调的响应。这里不涉及零级反应的情况，因为其反应物的量有限，需要非常仔细地盘点节点中的浓度。令 $R(c)$ 为节点中的实际速率表达式，并使它与表面积具有相关性。通过考虑基于反应速率设定的传质系数，可以应用虚拟节点方法：

$$k = \mathscr{R}(c)/c \tag{4.373}$$

将 k 值列向量化后的物料平衡方程为：

$$\begin{vmatrix} \boldsymbol{P}+diag[\boldsymbol{G}\boldsymbol{e}_n+\mathscr{R}(C_i)/C_i] & -\boldsymbol{G} & -\mathscr{R}(C_i)/C_i \\ -\boldsymbol{G}^{\mathrm{T}} & \boldsymbol{Q}+diag[\boldsymbol{G}^{\mathrm{T}}\boldsymbol{e}_m+\mathscr{R}(C_e)/C_e] & -\mathscr{R}(C_e)/C_e \\ -[\mathscr{R}(C_i)/C_i]^{\mathrm{T}} & -[\mathscr{R}(C_e)/C_e]^{\mathrm{T}} & \sum \end{vmatrix} \times \begin{vmatrix} \boldsymbol{C}_i \\ \boldsymbol{C}_e \\ 0 \end{vmatrix} = \begin{vmatrix} 0 \\ \boldsymbol{F}_e \\ \boldsymbol{F}_{\mathrm{v}} \end{vmatrix} \tag{4.374}$$

其中：

$$\sum = \sum \mathscr{R}(C_i)/C_i + \sum \mathscr{R}(C_e)/C_e \tag{4.375}$$

该过程可以通过使用浓度的初始评估以及计算虚拟传质系数来开始，这样就能计算改进后的节点浓度，进而反复使用它来计算改进后的传质系数。持续此过程，直到内部节点的浓度值收敛。如果收敛失败，则可能需要探索其他数值情景。

4.3.5 关于深度网络的专著

到目前为止，已经考虑了在节点中具有一级反应的常规网络和通过扩散从节点到节点的传质。关闭每个节点的物料平衡，就可以解决网络中所有内部节点的浓度问题。不包括在扩散情况下舒尔补的最小特征值为零的描述，除了矩阵形式的实际解外，没有对常规网络进行其他特定表述。

大多数商业催化剂挤出物、小球和颗粒的尺寸分布在 30μm～3mm 之间。催化剂小球由微小的颗粒组成，它们之间的空隙形成了一个巨大的多孔网络，非晶态催化剂结构中的空隙(孔穴、通道、节点)大小一般在 2～50nm 左右，但也可宽泛至 1～2000nm。该空隙是在制备催化剂的原料或在催化剂本身的成型和制备过程中产生的。这些微小的固体颗粒可以看作在无序层中彼此堆叠，它们将表面化学物质暴露在反应物面前。粒子的堆叠是其集中在垂直于研究方向的层，类似洋葱的层。以该方式创建的网络通常有1000～100000层深，每一层有成千上万个节点，这与站在卵石床上有相同之处。第一层卵石可被清晰地看到，鹅卵石之间的空隙在某种程度上允许人们看到下面的一层，但第二层又有效地阻碍了直接向下的进一步观察，第二层卵石需要重新定向以便继续观测。因此，这些空隙形成了一个不规则的节点网络和通过卵石床传质的通道。类似地，在催化剂中，分子穿透其结构时只能沿着空隙空间中不规则的开放路径来回或左右移动。

为了描述在单个催化剂颗粒中如此庞大的网络有多大，考虑一个直径为1.6mm的商业圆柱形挤出物。将其尺寸乘以1000，这样挤压物直径就变成了1.6m或大约一个普通人的高度。挤出物的长度通常是直径的3～5倍，如果密度为1g/cm^3，则放大后挤出物的重量将为8000kg，这是相当可观的。催化剂外表面一个10nm孔的直径就变成了10μm，大约是人类最细头发直径的一半。这些放大的孔洞密集地排列在一起，相隔只有几十微米。一个粗略的计算表明，在放大表面上孔径的面积密度大约是人类头皮上头发平均面积密度的10000倍。进入放大表面上的一个开口，在挤出物的几十微米内，有多种可能的路径导致相邻的粒子在空间中形成一个结。每条路径都显示出与其他路径在同一位置的突变，而在每一个结上，这个过程会在成千上万个节点和层上重复，这种简单的概括希望能让读者了解真实催化剂网络的巨大规模和复杂性。

在最后一节中，将催化剂节点网络称为VDN，代表“非常深的网络”，之所以选择“深”这个词而不是“大”，是因为“深”有一种直观的含义，即网络在粒子表面到其核心的方向上延伸得很远(深)；相反，一个庞大的网络并不一定需要扩展很深。

与规则网络一样，不规则网络是通过关闭每个节点的物料平衡来解出的，该方法保证了每个节点的局部物料平衡闭合。这项任务至少在最初看来是非常艰巨的，对于真正的任意网络来说也确实如此(在数学意义上)。

为了描述催化剂中的无规则空隙空间，此处利用“白噪声”来定量描述催化剂局部结构的突变特征。白噪声变量在这里指一个变量(例如传质系数)在从一个点进入另一个相邻坐标点时会发生突变，沿坐标轴观察可以看到该变量的尖峰特征。这一变化一般是随机的，但是总会服从一定的分布规律。局部来看，相邻节点间浓度也会发生突变。当节点数量足够高时(也就是说足够小的步长)，则浓度规律则会变得稳定。需要注意，对于VDN浓度规律将会稳定(也就是说浓度在一定小范围内局部浮动)，但是其“导数”仍然高度不规则(也就是说导数不连续，沿研究方向浓度“不可微”)，这里就是4.1节中所称的问题的解“可以一定特殊形式分析”。在一定预设的波动范围内，问题的解可以收敛到一个具体数值，但是并不可继续微分。

对于真实的多孔催化剂网络，本节将说明利用 VDN 概念，可以得到一个特殊的传质方程的解，该解可用于具有节点间传质系数 v 存在"白噪声"的 VDN。在 VDN 里边，该离散网络的解最终可以收敛到经典连续系统的数学形式解。根据 VDN 概念，每个节点的物料平衡都是闭合的，因此不需要曲折因子。

最后，为了研究具有一级反应动力学的 VDN，此处将化学方程作为扰动引入模型，称作极深网络扰动模型(VDNP，very deep network perturbation)。在节点间传质白噪声变量基础上，令白噪声变量依赖于节点表面积 S，同时也依赖于速率常数 k。分别归属于传质、表面积、速率常数的白噪声变量均有独立的分布规律，并依赖于读者的设置。速率常数的分布可以用于引入一系列化学特征：包括酸位点强度分布、金属团簇尺寸分布，或者仅仅只是包含了节点间活性位点密度的差异。此处将会说明，如同规整网络研究方法一样，通过该种研究方法，结果也将令人惊喜地收敛至经典连续系统的数学形式解上。能够收敛到经典连续介质的数学形式解是 VDNP 的一个主要优势。数学形式解中主要控制参数是经典的 Thiele 模数。在 VDNP 中，该参数是变量分布以及网络结构。VDNP 明确规定了所有节点物料平衡，同样也受益于建立了近百年的经典解决方案。此处，同样不需要有曲折因子。

VDN 和 VDNP 方法可以考虑任何所感兴趣的参数分布进入模型，但是分布越宽，则模型深度需要越大。也就是说，此时网络需要足够大以至于局部不规则形在网络的长程结构中被平均化抵消。然而，即使在处理非常宽分布的变量情形下，网络仍然是容易处理的。这一点后文会进一步阐述，这适用于催化剂长程结构特征，但是不适合于描述局部不规则特性。

在本书所有例子中，均将 k、S 和 v 的分布视为彼此独立的。但它们并不是必须彼此独立。只要对三个参数进行恰当选择，并且不会带来长程的关联特征，则 VDNP 预期仍然是有效的。

真实催化剂的类"洋葱层"结构使得 VDN 和 VDNP 可以非常有效进行求解，并且使得物料平衡矩阵求解时每次只需要解其中一个小的分块部分。

此处进一步对扰动进行阐明：VDNP 中的"P"指模型中的反应组分(也就是节点的反应特性)仅仅视为扩散问题(即相邻节点间的传质系数)中的一个扰动。节点间的真实距离都十分小，Beeckman[15,20] 指出这一距离仅相当于孔隙或几倍孔道直径。因为这一距离较小，因此传质系数非常大。对真实催化剂而言，所有的节点内均存在化学反应活性。对于描述一个催化剂条形颗粒或小球颗粒的 VDN 模型来说，所选择的节点数越多，则每个节点贡献的活性越小。因为一个小颗粒总化学反应活性应当是一定的(比如金属含量、酸位点数量，或是催化剂颗粒上的化学反应活性位点数量一定)。因此，对于 VDN，单一节点的化学反应速率常数 kS 相比于传质系数将会很低，从而反应可以看作是每一个单一节点的扩散问题的一个扰动。

“扰动”一词指的是受物料平衡闭合的每一个节点上扩散的一个微小贡献，这一观点能让人立刻联想到这似乎意味着传质并非传质控制，这对于小的网络来说是正确的。然而，此处所研究的 VDN 主要针对颗粒中网络延伸较深情形，此时 VDNP 就适合于较大或较小有效系数网络，因此催化剂可以表现出较强的传质速控特征或较弱速控特征。

对于任意网络，可以考虑任何形式的参数分布方式，但是 Gaussian 分布或均匀分布似乎更具有意义。对于扩散上引入的随机反应扰动，数学上与随机微分方程相似，但是这一问题不涉及时间依赖性，因为所考虑的主要是稳态过程。总的来说，所要强调的是，尽管节点间变量的分布可以很宽并且随机，但是在 VDNP 中，其数学解总能收敛到经典连续介质解上。

需要强调的是，整个网络中，描述变量分布参数不应当发生变化(也就是在催化剂单一颗粒中分布的参数稳定)。从局部来看，在节点维度水平上，变量当然是会发生变化的，并且会发生突变，这也是真实催化剂的实际情况。但是催化剂颗粒中的变量分布参数如果发生了变化，这就意味着催化剂具有长程不均匀性。讨论这一点并不意味着 VDNP 方法会失效，相反，其仍然可以描述这一过程。讨论这一点只是说明，典型的商业催化剂生产时都会尽力避免不均匀性，因此可以认为在整个催化剂颗粒中，变量保持稳定的分布参数。在应用上，需要认识到在如此大尺寸的网络下，使局部不规则情况与所考虑的深度相等，随后在讨论矩阵最小特征值和读者所关心的计算数值准确性时这一问题会更加清晰。

笔者引用 Chen、Degnan 和 Smith 等的研究，他们指出了纯随机化研究方法的两个局限性：首先，对于一个特定参数取得一个有意义的平均值，需要大量数学工作；其次，这一方法很难得到普适化；而本书最后一部分内容就是希望在这两个问题上做出进一步攻克。

对于催化剂来说，处理随机变量、随机微分方程、局部高度扰动而长程稳定的这一问题的关键挑战在于选择所处理问题的合适的数学框架。

对于催化剂的 VDN 模型以及含有反应的 VDNP 模型，从笔者角度来看，矩阵方法非常适合于解决真实催化剂多孔网络结构中的复杂特征。后文将说明，对应矩阵的最小特征值将唯一地与对应变量的正确的平均值相联系，比如网络传质系数、以白噪声变量所体现的网络总体反应速率。这一联系对于与经典 Thiele 模数相联系从而定义合适的分布参数十分重要。对于 VDNP，沿兴趣方向的 Thiele

模数、有效系数、浓度分布情况将可以与经典的连续介质方法所融合从而得到任意所希望得到的数值精度，选择精度越高，网络的深度越深，而反应扰动就会越小。

最后，还想再指出网络方法相比于连续介质方法的另一个优势在于其可以很方便处理任意的“点源”，而连续介质方法则很容易变得极为复杂，甚至在均匀系统中都处理十分困难。

4.3.5.1 随机变量

现在介绍一个随机变量及其分布，随机变量可以有很多形式，比如用步长表示的距离、节点的表面积、节点的速率常数、两个节点之间的质量传递系数，等等。每次对随机变量进行抽样时，可以根据定义自由选择。为了便于计算，在本书中使用了均匀分布。根据给定的任意分布生成随机变量样本值的一种基本方法称为逆变换抽样，建议读者参阅一般文献以获得更多关于这种方法的信息。关于这个问题笔者更加偏爱 Boucher[21] 的文章。

随机变量 x 的分布函数计为 $g(x)$，在 $(x,\ x+\mathrm{d}x)$ 处该随机变量取样概率为 $g(x)\mathrm{d}x$。这一分布应当满足归一化，也就是：

$$\int_{-\infty}^{+\infty} g(x)\,\mathrm{d}x = 1 \tag{4.376}$$

变量 x 的平均值 μ 定义为：

$$\mu = \int_{-\infty}^{+\infty} x g(x)\,\mathrm{d}x \tag{4.377}$$

变量的调和平均数 μ_{h} 可以由下式得到：

$$\mu_{\mathrm{h}}^{-1} = \int_{-\infty}^{+\infty} x^{-1} g(x)\,\mathrm{d}x \tag{4.378}$$

对于 a 和 $a+b$ 之间 $(b>0)$ 的均匀分布，其他地方均为零，可以得到：

$$g(x) = \frac{1}{b} \quad (a \leqslant x \leqslant a+b) \tag{4.379}$$

$$\mu = a + \frac{b}{2} \tag{4.380}$$

$$\mu_{\mathrm{h}} = \frac{b}{\ln\left(\dfrac{a+b}{a}\right)} \tag{4.381}$$

用 Mathcad 15 可以得到一个满足上式的随机变量：

$$x = a + rnd(b) \tag{4.382}$$

其中，$rnd(b)$ 为在 $(0,\ b)$ 之间的随机数。

对于具有平均值为 μ、方差为 σ^2 的 Gaussian 分布，文献得到了较好的结果：

$$g(x)=\frac{1}{\sqrt{2\pi\sigma^2}}e^{-\frac{(x-\mu)^2}{2\sigma^2}} \tag{4.383}$$

Mathcad 15 也可以方便地生成服从均值为μ、方差为σ^2 的 Gaussian 分布的随机变量 x，建议读者可以进一步阅读文献了解随机变量的调和平均。

4.3.5.2 网络方法收敛性

这里所指的离散变量收敛至经典微分方程的解，指的是离散变量的实际值(并不是任意一种表达式)收敛至某一极限值。这里将说明，使用 VDN 和 VDNP 方法时，离散网络节点将可以满足需求精度地收敛至经典连续介质模型的数学解。无论网络大小，网络方法的解可以保证每一个节点都满足物料平衡。

这里给出一个收敛例子，考虑一个随机向左或向右行走离散小步长，并计算累计总距离的问题。每一步均可以看作一个随机变量，且每一步看作服从同一个分布。此处，用一个在 a 与 $a+b$ 之间的均匀分布来描述每一步步长 s_i，则每一步步长 s_i 可以写作式(4.384)：

$$s_i=a+rnd(b) \tag{4.384}$$

从原点为起点，第 i 步后所抵达的坐标为 x_i，则可以得到式(4.385)：

$$x_i=x_{i-1}+s_i \tag{4.385}$$

其中：

$$x_0=0 \tag{4.386}$$

以 n 步后的坐标 x_n 作为分母对所有坐标进行归一化，得到式(4.387)：

$$y_i=x_i/x_n \tag{4.387}$$

因此，在给定一个总步数时，从坐标原点开始，走到坐标为 1 的点将恰好需要随机的 n 步。图 4.10 给出了三组行走轨迹，每两组之间行走步数相差 10 倍。附录 4.6 给出了生成这一轨迹图的 Mathcad 代码。在行走步数足够大时，轨迹或者是 y 坐标就几乎与 x 坐标线性增长，并且充当连续变量。然而，仔细观察时，轨迹不是连续可微的，无论选择行走多少步都是如此。这里所说的“收敛”，指的是当给出足够大的步数时，每一个点的轨迹或 y 值都可以按需要尽可能接近于极限值 $y=i/n$。

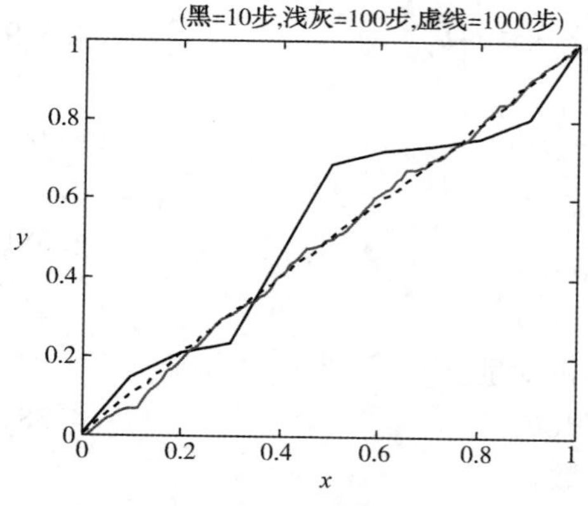

图 4.10 随机变量行走轨迹

4.3.5.3 深度网络的扩散

4.3.5.3.1 沿着一列深度节点的扩散

考虑图 4.1 中的一列节点，由具有随机变量传质系数 v 的孔道所连接。该列节点共 N 个节点数，并且两端有两个开放节点。在节点列最左端的开放节点处，反应物浓度为 C_A，而在最右端 $N+1$ 位置处，节点浓度为 C_B。每一个节点满足物料平衡，可以得到矩阵(4.388)：

$$\begin{vmatrix} v_0 & -v_0 & 0 & 0 & 0 \\ -v_0 & v_0+v_1 & -v_1 & 0 & 0 \\ 0 & -v_{i-1} & v_{i-1}+v_i & -v_i & 0 \\ 0 & 0 & -v_{N-1} & v_{N-1}+v_N & -v_N \\ 0 & 0 & 0 & -v_N & v_N \end{vmatrix} \begin{vmatrix} C_A \\ C_1 \\ C_i \\ C_N \\ C_B \end{vmatrix} = \begin{vmatrix} f_A \\ 0 \\ 0 \\ 0 \\ f_B \end{vmatrix} \tag{4.388}$$

可简化为：

$$\begin{vmatrix} v_0 & -\boldsymbol{g} & 0 \\ -\boldsymbol{g}^{\mathrm{T}} & \boldsymbol{Z} & -\boldsymbol{q} \\ 0 & -\boldsymbol{q}^{\mathrm{T}} & v_N \end{vmatrix} \begin{vmatrix} C_A \\ \boldsymbol{C}_i \\ C_B \end{vmatrix} = \begin{vmatrix} f_A \\ \boldsymbol{0} \\ f_B \end{vmatrix} \tag{4.389}$$

由式(4.389)，有：

$$v_0 C_A - \boldsymbol{g} \mathrm{C}_i = f_A \tag{4.390}$$

$$-\boldsymbol{g}^{\mathrm{T}} C_A + \boldsymbol{Z}\boldsymbol{C}_i - \boldsymbol{q} C_B = \boldsymbol{0} \tag{4.391}$$

$$-\boldsymbol{q}^{\mathrm{T}} \boldsymbol{C}_i + v_N C_B = f_B \tag{4.392}$$

解之得：

$$\boldsymbol{C}_i = \boldsymbol{Z}^{-1}(\boldsymbol{g}^{\mathrm{T}} C_A + \boldsymbol{q} C_B) \tag{4.393}$$

$$f_A = (v_0 - \boldsymbol{g}\boldsymbol{Z}^{-1}\boldsymbol{g}^{\mathrm{T}}) C_A - \boldsymbol{g}\boldsymbol{Z}^{-1}\boldsymbol{q} C_B \tag{4.394}$$

$$f_B = -\boldsymbol{q}^{\mathrm{T}}\boldsymbol{Z}^{-1}\boldsymbol{g}^{\mathrm{T}} C_A + (v_N - \boldsymbol{q}^{\mathrm{T}}\boldsymbol{Z}^{-1}\boldsymbol{q}) \boldsymbol{C}_B \tag{4.395}$$

因不发生化学反应，式(4.394)和式(4.395)中四个因子的绝对值均相等。

若考虑计算两个开放节点间的总通量，计算将变得更加高效。例如，考察两个通道，其传质因子分别为 v_1 和 v_2。计算单个封闭节点的物料平衡，有：

$$v_1(C_A - C) + v_2(C_B - C) = 0 \tag{4.396}$$

解式(4.396)中未知浓度 C，有：

$$C = \frac{v_1 C_A + v_2 C_B}{v_1 + v_2} \tag{4.397}$$

则该通道内总通量 f 可由式(4.398)给出：

$$f = \frac{1}{\frac{1}{v_1} + \frac{1}{v_2}}(C_A - C_B) = \nu_e(C_A - C_B) \tag{4.398}$$

若令单个通道代替两个串联通道，那么计算两个单独通道的 Bosanquet 平均值可知其平均传质因子 v_e。将其扩展至 $N+1$ 个通道形成的通道串，可将等效传质因子 v_e 扩展为式(4.399)：

$$v_e = \frac{1}{\sum_{i=1}^{N+1} \frac{1}{v_i}} = \frac{1/(N+1)}{\frac{1}{\mu_h}} \tag{4.399}$$

用 $N+1$ 个相同通道替换任意的 $N+1$ 个通道，并利用式(4.400)计算传质因子 v_h：

$$v_h = v_e(N+1) = \mu_h \tag{4.400}$$

μ_h 是 $N+1$ 个通道不同传质因子 v_i 的调和平均值。需要指出，通道组合的次序不影响有效传质因子。对任意一个单独通道，利用分布随机抽取其传质因子，其有效传质因子为调和平均值和通道数的商。

附录 4.7 展示了求解节点浓度的 Mathcad 15 代码，传质因子 v_i 可由均匀分布的采样中获取，见式(4.401)：

$$v_i = 0.1 + rnd(2) \tag{4.401}$$

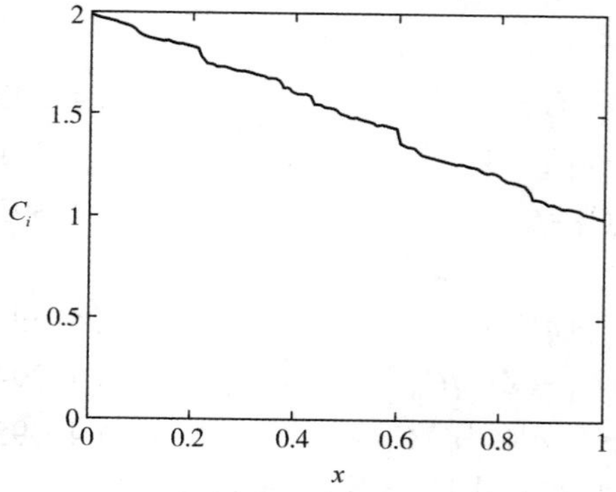

图 4.11　仅沿节点串扩散的浓度分布

节点数为 100 的节点串上的浓度，如图 4.11 所示，其中最左侧浓度 C_A 为 2，最右侧浓度 C_B 为 1。随机抽样选取的极端值或物料平衡在末端封闭的情况，图中会有凸起或扭折，除此之外，图中的轨迹沿 x 轴看起来是线性的，符合预期。倘若选取更多节点，轨迹将更平滑，但其导数仍尖锐。经典的连续介质模型会在两个终点浓度之间产生连续可微的线性轨迹。如果使用足够多的节点数，离散节点的解会收敛到经典解，误差为$\pm\varepsilon$。

由式(4.402)可解析传质因子的调和平均值：

$$v_h = \left[\frac{1}{2.1-0.1}\ln\left(\frac{2.1}{0.1}\right)\right]^{-1} \approx 0.6569 \tag{4.402}$$

表 4.4 给出了一个传质通量与节点数的函数关系的算例，与 Chen、Degnan 和 Smith[9] 对纯随机方法的评价相一致，从纯随机工作中充分获益的前提是具有理论基础的指导。

如表 4.4 所示，若节点数超过 500，随机方法和理论调和平均值方法体现合理的一致性。对于 500 个节点，如果每个节点尺寸为 10nm，间距 30nm，则可对应 20μm 的线性距离或一个 2mm 挤出样品直径的 1%。也就是说，相比于催化剂粒子的整体大小，由 500 个节点组成的网络仍然很小，这是符合预期的。

表 4.4　N 个节点串中扩散的随机通量与解析解的比较[$v=0.1+rnd(2)$，与定义单位一致]

N	$f=\frac{v_h}{N+1}(C_A-C_B)$ （解析的，$v_h\approx0.6569$）	用随机模拟计算的通量
10	0.0597	0.0695
100	0.00650	0.00572
500	0.001311	0.001315
1000	0.000656	0.0006731
2000	0.0003283	0.0003287
3000	0.0002189	0.0002204

4.3.5.3.2　深板中的扩散

计算一个连接包含 n 个外部节点的浓度矢量 C_A 和包含 m 个外部节点的浓度矢量 C_B 的深度网络，考虑该网络具有二维或三维的平板几何性质，两矢量的维度不一定相同，该网络物料平衡矩阵 $\boldsymbol{M}$ 计算如下：

$$\boldsymbol{M}=\begin{vmatrix} diag(\boldsymbol{Ge}_n) & -\boldsymbol{G} & \boldsymbol{0} \\ -\boldsymbol{G}^{\mathrm{T}} & \boldsymbol{S}+diag(\boldsymbol{G}^{\mathrm{T}}\boldsymbol{e}_n)+diag(\boldsymbol{Qe}_m) & -\boldsymbol{Q} \\ \boldsymbol{0} & -\boldsymbol{Q}^{\mathrm{T}} & diag(\boldsymbol{Q}^{\mathrm{T}}\boldsymbol{e}_m) \end{vmatrix} \tag{4.403}$$

由此引出：

$$\begin{vmatrix} diag(\boldsymbol{Ge}_n) & -\boldsymbol{G} & \boldsymbol{0} \\ -\boldsymbol{G}^{\mathrm{T}} & \boldsymbol{S}+diag(\boldsymbol{G}^{\mathrm{T}}\boldsymbol{e}_n)+diag(\boldsymbol{Qe}_m) & -\boldsymbol{Q} \\ \boldsymbol{0} & -\boldsymbol{Q}^{\mathrm{T}} & diag(\boldsymbol{Q}^{\mathrm{T}}\boldsymbol{e}_m) \end{vmatrix} \times \begin{vmatrix} \boldsymbol{C}_A \\ \boldsymbol{C}_i \\ \boldsymbol{C}_B \end{vmatrix} = \begin{vmatrix} \boldsymbol{F}_A \\ \boldsymbol{0} \\ \boldsymbol{F}_B \end{vmatrix} \tag{4.404}$$

若对于进入网络，$\boldsymbol{F}_A$ 和 $\boldsymbol{F}_B$ 均记为正值，A 侧外部节点数为 n，B 侧外部节点数为 m，内部节点数为 k。则有如下各式：

$$diag(\boldsymbol{Ge}_n)\boldsymbol{C}_A-\boldsymbol{GC}_i=\boldsymbol{F}_A \tag{4.405}$$

$$-\boldsymbol{G}^{\mathrm{T}}\boldsymbol{C}_A+[\boldsymbol{S}+diag(\boldsymbol{G}^{\mathrm{T}}\boldsymbol{e}_n)+diag(\boldsymbol{Qe}_m)]\boldsymbol{C}_i-\boldsymbol{QC}_B=\boldsymbol{0} \tag{4.406}$$

$$-\boldsymbol{Q}^{\mathrm{T}}\boldsymbol{C}_i+diag(\boldsymbol{Q}^{\mathrm{T}}\boldsymbol{e}_m)\boldsymbol{C}_B=\boldsymbol{F}_B \tag{4.407}$$

令：

$$\boldsymbol{Z}=\boldsymbol{S}+diag(\boldsymbol{G}^{\mathrm{T}}\boldsymbol{e}_n)+diag(\boldsymbol{Qe}_m) \tag{4.408}$$

解之得：

$$\boldsymbol{C}_i=\boldsymbol{Z}^{-1}(\boldsymbol{G}^{\mathrm{T}}\boldsymbol{C}_{\mathrm{A}}+\boldsymbol{Q}\boldsymbol{C}_{\mathrm{B}}) \tag{4.409}$$

$$\boldsymbol{F}_{\mathrm{A}}=[diag(\boldsymbol{G}\boldsymbol{e}_n)-\boldsymbol{G}\boldsymbol{Z}^{-1}\boldsymbol{G}^{\mathrm{T}}]\boldsymbol{C}_{\mathrm{A}}-\boldsymbol{G}\boldsymbol{Z}^{-1}\boldsymbol{Q}\boldsymbol{C}_{\mathrm{B}} \tag{4.410}$$

$$\boldsymbol{F}_{\mathrm{B}}=-\boldsymbol{Q}^{\mathrm{T}}\boldsymbol{Z}^{-1}\boldsymbol{G}^{\mathrm{T}}\boldsymbol{C}_{\mathrm{A}}+[diag(\boldsymbol{Q}^{\mathrm{T}}\boldsymbol{e}_m)-\boldsymbol{Q}^{\mathrm{T}}\boldsymbol{Z}^{-1}\boldsymbol{Q}]\boldsymbol{C}_{\mathrm{B}} \tag{4.411}$$

因不发生反应，两侧所有通量之和均为零，则有恒等式如下：

$$\boldsymbol{e}_n^{\mathrm{T}}[diag(\boldsymbol{G}\boldsymbol{e}_n)-\boldsymbol{G}\boldsymbol{Z}^{-1}\boldsymbol{G}^{\mathrm{T}}]\boldsymbol{e}_n=\boldsymbol{e}_m^{\mathrm{T}}\boldsymbol{Q}^{\mathrm{T}}\boldsymbol{Z}^{-1}\boldsymbol{G}^{\mathrm{T}}\boldsymbol{e}_n=\boldsymbol{e}_m^{\mathrm{T}}[diag(\boldsymbol{Q}^{\mathrm{T}}\boldsymbol{e}_m)-\boldsymbol{Q}^{\mathrm{T}}\boldsymbol{Z}^{-1}\boldsymbol{Q}]\boldsymbol{e}_m=\boldsymbol{e}_n^{\mathrm{T}}\boldsymbol{G}\boldsymbol{Z}^{-1}\boldsymbol{Q}\boldsymbol{e}_m \tag{4.412}$$

极深网络有一性质，即某侧的通量和可表示为该侧的节点数和相应矩阵乘积的最小本征值。但对于较浅网络，即使一侧节点数很多，这一性质也不成立。证明最小本征值与总通量的关系并不麻烦，这类矩阵的任意一行的元素和是正值，并且与该行元素相比非常小。事实上，网络越深，通量的阻力越大，通量和就越小。

然而，或许需要邀请一个数学专业的学生来帮助完成下一个任务，以便找到以 VDN 随机元素分布的函数表示的舒尔补的最小特征值。

在附录 4.8 中有一个示例，计算了一个层深为 50、每层节点数为 5 个的方形阵列，如图 4.3 所示。需要指出，阵列中所有的传质因子 v 各不相同，其取值来源为均匀分布中的随机抽样：

$$v=1+rnd(1) \tag{4.413}$$

因而该值在 1 到 2 之间。设矩阵 $\boldsymbol{H}_{\mathrm{A}}=[diag(\boldsymbol{G}\boldsymbol{e}_n)-\boldsymbol{G}\boldsymbol{Z}^{-1}\boldsymbol{G}^{\mathrm{T}}]$ 的最小本征值为 λ_{A}，矩阵 $\boldsymbol{H}_{\mathrm{B}}=[diag(\boldsymbol{Q}^{\mathrm{T}}\boldsymbol{e}_m)-\boldsymbol{Q}^{\mathrm{T}}\boldsymbol{Z}^{-1}\boldsymbol{Q}]$ 的最小本征值为 λ_{B}。

附录 4.9 给出了两侧节点数不同的结果。

基于附录 4.8 和附录 4.9 中所示多个深度网络的算例，可知通过网络的总质量通量可记作：

$$\boldsymbol{e}_n^{\mathrm{T}}\boldsymbol{H}_{\mathrm{A}}\boldsymbol{e}_n=\boldsymbol{e}_m^{\mathrm{T}}\boldsymbol{H}_{\mathrm{B}}\boldsymbol{e}_m=n\lambda_{\mathrm{A}}=m\lambda_{\mathrm{B}} \tag{4.414}$$

式(4.414)给出了判断任一网络是否可认为是“极深网络”的依据，即比较 $\boldsymbol{F}_{\mathrm{A}}$ 和 $\boldsymbol{F}_{\mathrm{B}}$ 最小本征值的估算值和 Mathcad“本征值”软件的计算值，若这一差值在可接受的误差范围内，则认为网络足够深。反之则需进一步增加网络深度。

令：

$$\mathbf{C}_{\mathrm{A}}=C_{\mathrm{A}}\boldsymbol{e}_n \text{ 且 } \mathbf{C}_{\mathrm{B}}=C_{\mathrm{B}}\boldsymbol{e}_m \tag{4.415}$$

C_{A} 和 C_{B} 为标量。则总传质通量可表示为：

$$\boldsymbol{e}_n^{\mathrm{T}}\boldsymbol{F}_{\mathrm{A}}=\boldsymbol{e}_m^{\mathrm{T}}\boldsymbol{F}_{\mathrm{B}}=n\lambda_{\mathrm{A}}(C_{\mathrm{A}}-C_{\mathrm{B}})=m\lambda_{\mathrm{B}}(C_{\mathrm{A}}-C_{\mathrm{B}}) \tag{4.416}$$

代入深度网络的总传质因子 v_{e} 和总传质通量 F，简化为：

$$v_{\mathrm{e}}=n\lambda_{\mathrm{A}}=m\lambda_{\mathrm{B}} \tag{4.417}$$

$$F=v_{\mathrm{e}}(C_{\mathrm{A}}-C_{\mathrm{B}}) \tag{4.418}$$

若 $m=n$，设矩阵 $\boldsymbol{G}\boldsymbol{Z}^{-1}\boldsymbol{Q}$ 的最大本征值为 λ_{C}，有：

$$\lambda_C = \lambda_A = \lambda_B \tag{4.419}$$

这些和本征值的关系仅适用于深度网络或极深网络，在这些网络中，值收敛得较好。但是，根据经验，在同一个等式中，相比于 λ_A 和 λ_B，λ_C 在方程(4.419)中的收敛性的获取更为困难。

笔者认为，这种简洁性来源于整个物料平衡矩阵中，有相当多的内部传质等式必须为0，并且具备使网络中极少数有效非零边趋于平衡的倾向[即，矩阵 $\boldsymbol{M}$ 的内部因子之和都为0，但矩阵 $\boldsymbol{M}$ 网络边缘的若干因子和(矩阵的角点)不等于0]。这同样解释了即使网络很宽，但只要是浅网络，其最小本征值的收敛性就很差。同时，计算表明深度网络的本征值可由式(4.420)~式(4.422)估算：

$$n\lambda_A = \mathbf{e}_n^{\mathrm{T}}[\,diag(\boldsymbol{G}\boldsymbol{e}_n) - \boldsymbol{G}\boldsymbol{Z}^{-1}\boldsymbol{G}^{T}\,]\boldsymbol{e}_n \tag{4.420}$$

$$m\lambda_B = \boldsymbol{e}_m^{\mathrm{T}}[\,diag(\boldsymbol{Q}^{\mathrm{T}}\boldsymbol{e}_m) - \boldsymbol{Q}^{\mathrm{T}}\boldsymbol{Z}^{-1}\boldsymbol{Q}\,]\boldsymbol{e}_m \tag{4.421}$$

$$n\lambda_C = \mathbf{e}_n^{\mathrm{T}}\boldsymbol{G}\boldsymbol{Z}^{-1}\boldsymbol{Q}\boldsymbol{e}_m \quad (n=m) \tag{4.422}$$

最后，将附录4.8中使用的具有白噪声传质因子的矩形网络替换为具有相同尺寸和排布，但所有传质因子都为 v_{eq} 的等效网络。对极深网络，随机传质因子的网络与其等效网络的总质量通量相等，传质因子 v_{eq} 见式(4.423)：

$$\nu_{eq} = (L-1)\lambda_A \tag{4.423}$$

其中，L 为总层数(即，A侧和B侧为两个外层，尚有 $L-2$ 个内层)，也就是说，可用 $L-1$ 表示网络中的层间隔数，或该网络的“总长度”。

4.3.5.3.3 等效网络效力

考虑如附录4.8中的网络，层数为500，节点数为4，令传质因子均匀分布为：

$$v = a + rnd(b) \tag{4.424}$$

令 a 为1不变，但将随机值 b 提升几个数量级。对比等效传质因子 v_{eq} 和该分布的算术平均值 v_{am}，见表4.5。结果表明，在尺寸和排布相同时，相比于均为 v_{am} 的网络，高度随机的等效网络(或真实随机网络)损失了约25%的质量传输效力，这是由于低传质因子通道阻碍了传质，且摩尔通量承袭了阻碍物附近的波纹和渗透路线。

表4.6展示了每层平板的节点数增多的结果，与之前情况类似，波纹渗透路线同样适用。

4.3.5.4 极深网络中的一级反应和扩散

4.3.5.4.1 $\boldsymbol{H}_e$ 的最小本征值

就真实催化剂而言，网络的深度和表面孔口数都非常大。极深网络中，式(4.306)中矩阵 $\boldsymbol{H}_e$ 的最小本征值与网络(催化剂)的性能密切相关。$\boldsymbol{H}_e$ 的每个对角元素都大于元素所在行所有非对角元素绝对值之和，因而 $\boldsymbol{H}_e$ 具有对角优势(即使是仅有扩散时，对角元素与所在行非对角元素绝对值之和相等)。那么，可将所有行(或孔口)的算术平均值作为 $\boldsymbol{H}_e$ 最小本征值 λ_R 的优异估算值：

$$\lambda_R = \frac{\boldsymbol{e}_N^T \boldsymbol{H}_e \boldsymbol{e}_N}{N} \tag{4.425}$$

表 4.5　经过板的扩散

(500 层，4 个节点/层)				
a	b	$v_{am}=a+b/2$	$v_{eq}=(L-1)\lambda_{min}(H_A)$	v_{eq}/v_{am}
1	1	1.5	1.47	0.98
1	5	3.5	3.10	0.88
1	10	6	5.00	0.93
1	20	11	8.58	0.78
1	100	51	39.1	0.77
1	1000	501	365	0.73
1	10000	5001	3737	0.75

表 4.6　经过宽板的扩散($L=200$，$a=1$)

b	N	v_{eq}/v_{am}
1	4	0.965
10	4	0.851
100	4	0.767
1000	4	0.736
10000	4	0.711
100000	4	0.761
1	8	0.973
10	8	0.860
100	8	0.784
1000	8	0.791
10000	8	0.753
100000	8	0.755
1	16	0.981
10	16	0.855
100	16	0.784

续表

b	N	v_{eq}/v_{am}
1000	16	0.778
10000	16	0.782
100000	16	0.790

N 为网络周围的孔口数量，式(4.425) 给出了判断任一网络是否是深度够深、扰动够小的“极深网络扰动”的依据，即比较 $\boldsymbol{H}_e$ 最小本征值的估算值与 Mathcad“本征值”软件的计算值，视其误差是否可接受。

对应于最小本征值的本征向量 $\boldsymbol{x}$ 收敛为单位向量 $\boldsymbol{e}_N$ 除以孔口数的平方根：

$$x=\frac{1}{\sqrt{N}}\boldsymbol{e}_N \tag{4.426}$$

因而可得包含传质限制的极深网络总反应速率 R：

$$R=N\lambda_R \tag{4.427}$$

对此部分小结为：

①对于非常深的网络，例如存在于真实催化剂颗粒中的网络，节点中的速率因子可以被认为是节点间传质因子的扰动。

②考察极深网络时，通过扰动可以获取极强的传质限制。

③分配给通道和节点的传质因子、速率因子和表面积可以是任意分布的，且网络节点的连接也可以是任意的。

④这里给出的解析网络的方法可以满足网络中每个节点的物料平衡。

⑤尽管 $\boldsymbol{H}_e$ 的各行和值都不相等，但 $\boldsymbol{H}_e$ 最小本征值的估算值等于各行和的算术平均值。

⑥在选取合适的极深网络的前提下，网络计算方法收敛于传统连续介质解析方法。

⑦极深网络的等效因子 η 可由式(4.428)计算：

$$\eta=\frac{N\lambda_R}{\sum_i kS_i}=\frac{\lambda_R}{\frac{1}{N}\sum_i kS_i} \tag{4.428}$$

⑧也就是说，等效因子 η 是 $\boldsymbol{H}_e$ 的最小本征值和网络速率因子算术平均值的商，因而 λ_R 还表示网络中传质限制的节点平均化学速率因子。

⑨极深网络的解收敛于经典连续介质模型的解，这使定义网络 Thiele 模数非常方便。以一平板为例：

a. 基于极深网络的有效性因子定义极深网络 Thiele 模数 ϕ_η，可由隐式方程

中计算 ϕ_η：

$$\eta=\frac{\tanh(\phi_\eta)}{\phi_\eta} \tag{4.429}$$

b. 则沿极深网络无量纲深度 ξ 的浓度分布可参见式(4.430)：

$$C=C_L\frac{\cosh(\xi\phi_\eta)}{\cosh(\phi_\eta)} \tag{4.430}$$

计算示例：

从一个计算部分结果的算例开始，考虑 4.3.3.3.3 节中图 4.4 所示的常规网络，此网络仅一侧开放。接下来考察节点和其间表面积的传质因子不是常数的情形，假定单一传质因子和单一表面积均服从均一随机分布：

令传质因子为：

$$v=1+rnd(1) \tag{4.431}$$

$rnd(1)$是 Mathcad 15 软件在（0，1）区间内生成的均匀随机数，则浓度为 C_1 和 C_2 的两个节点间的通量可记作：

$$f=v(C_1-C_2) \tag{4.432}$$

假定节点中表面积同样分布为：

$$S=1+rnd(1) \tag{4.433}$$

则节点中的反应速率可记作：

$$r=kSC \tag{4.434}$$

其中，k 为常数，代表一级速率常数。显然，若反应速率可称为扩散速率的扰动，k 的值必须足够小，使 kS/v 的值远小于 1。考虑一个具有 5 个外部节点、层深为 500 的网络(即 5 个平行并联的节点串)。为理解这两种分布的随机性，图 4.12 画出了一个特定节点串 500 个节点的表面积。由于定义，传质因子的分布相同，但实际上具体位置上是不同的。令速率常数为 0.01，从而使化学速率因子是传质因子的微小扰动。附录 4.10 展示了 Mathcad 15 软件的计算结果，与对角线元素相比，矩阵 $\boldsymbol{H}_e$ 的每一行的和值都小得多。整个网络总反应速率的精确计算值为 0.7041，而动力学速率则为 2500×0.01×1.5 = 37.5。因此，该网络的等效因子的计算值约为 1.9%。尽管如上所述，与局部扩散系数相比，化学反应速度较慢，但该网络具有很强的传质限制。$\boldsymbol{H}_e$ 的最小本征值与外部孔口数的乘积为 0.7025，这一数值

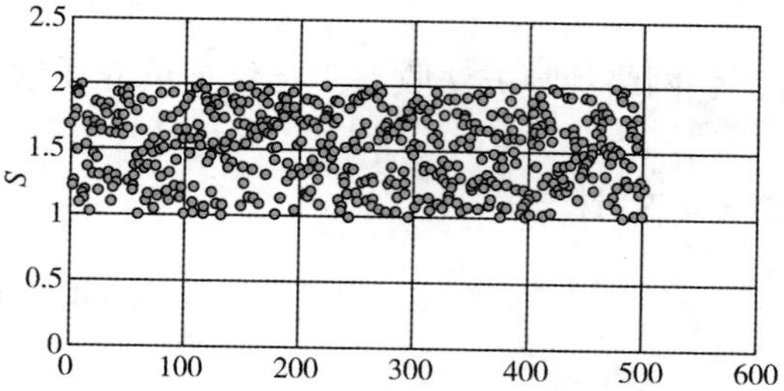

图 4.12　节点中的表面积分布

和总反应速率吻合很好地阐明了上节中提到的矩阵 $\boldsymbol{H}_e$ 最小本征值 λ_R 的实质。

从数学上看，这是相当有趣的：H 是对称的，但没有一行(列也同样)加起来是相同的值；事实上，它们都有本质上的不同。而对于 VDNP，$\boldsymbol{H}_e$ 的所有元素之和等于其最小特征值乘以网络的行数(或孔口数)，这更令人着迷，因为物料平衡矩阵的所有元素都是随机的，或者它们可以是任何其他分布，这与目前为止考虑的常规网络非常不同的是所有行的加起来却完全相同，在这种情况下，很明显这个和也是矩阵的最小特征值。

需要指出，描述扩散的极深网络矩阵 $\boldsymbol{H}_{e,D}$和描述扩散和反应的极深网络扰动矩阵 $\boldsymbol{H}_{e,R}$并不相同，但因为扰动的性质，差异不大。但是，网络仍然受传质限制，这种特性从经典连续介质方法无法直观得出。

4.3.5.4.2　极深网络情形下的扰动

本方法引入反应-扩散-体系结构参数空间的分割，且当等效因子极高或极低时，认为反应是对扩散场上的扰动。这种分割以一种很自然的方式将催化剂性能与矩阵的解相关联，且这种方式和规则网络的相同。文献中有时会提到“传质速率比反应速率慢，因而催化剂颗粒中有很强的传质限制”。这种说法可能会给初学者带来误导，因为在节点的范畴，传质总是很快，比反应快很多，传质限制纯粹是因为这些材料具备极深网络的本质特性。对于大多数商业催化剂，传质和反应总是像白噪声具有不规则性，但反应总是传质的微小扰动。上节中的算例就体现了这种扩散极深网络中的扰动，并得到了一些有意思的结论。现在，考虑更深层面上的浓度分布，探求其和经典理论的联系。考察单一节点串(像一串珍珠)，且允许每个节点的表面积有较大的幅度变化：

$$S=0.5+rnd(1.5) \tag{4.435}$$

即节点的表面积在 0.5~2.0。图 4.13 展现了沿 500 个节点的表面积分布情况。这种分布极不规则，和现实情况类似。令速率因子为：

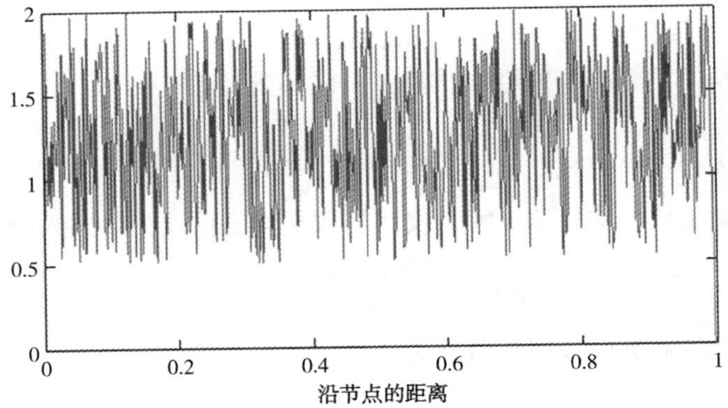

图 4.13　表面积分布

$$k = 0.000045 \tag{4.436}$$

令节点间的传质因子为：

$$v = 0.5 + rnd(1.5) \tag{4.437}$$

这里传质和表面积的分布总是相同的，显然，k 值使速率常数 kS 成为传质因子场的微小扰动。从中可以看到，传质的限制非常明显，这是由于深度网络的特性所致。图 4.14 展示了反应物浓度的计算结果（节点左端封闭，右端敞开），观察图中分布，可见：曲线形状比较正常，但仍在浓度值变化时体现一些小的凸起和扭折。尽管表面积和传质因子的值变化较大，但曲线仍显得十分平滑，这种半平滑的特性是因为考虑了扰动的特性。同时，凸起和扭折则是因为一些节点中物料平衡的闭合考虑了特别局域的值；另外，这一分布看起来和经典方法的计算结果很像：

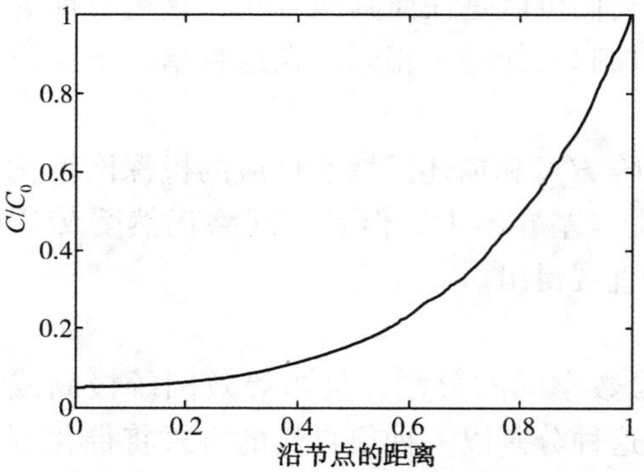

图 4.14　多段节点中的扩散和反应

$$c(x) = \frac{\cosh(\phi x)}{\cosh(\phi)} \tag{4.438}$$

其中：

$$\phi = L\sqrt{\frac{2k'}{rD_e}} \tag{4.439}$$

为了估算节点串特性中的 Thiele 模量，用一个中空的孔表示节点串，在截面上得到通量：

$$D_e \pi r^2 \Delta c_i / \Delta x_i = \nu_i \Delta c_i \tag{4.440}$$

而在表面上则有：

$$2\pi r k' \Delta x_i = kS_i \tag{4.441}$$

那么，从平均节点串特性中估算 Thiele 模量为：

$$\phi = N\sqrt{\frac{kS_{avg}}{\nu_{avg}}} \tag{4.442}$$

N 为节点总数，这里节点特性仅用算数平均值估计，再插入合适的值得到：

$$\phi = 500\sqrt{\frac{0.000045 \times 1.25}{1.25}} \backsimeq 3.354 \tag{4.443}$$

则节点串核心处的反应物浓度为：

$$C_0 = \frac{1}{\cosh(\phi)} \simeq \frac{1}{\cosh(3.354)} \simeq 0.0698 \tag{4.444}$$

图 4.15 绘制了连续介质情况下 Thiele 模数值为 3.354 时的浓度分布图，曲线形状非常平滑，与图 4.14 中所示的曲线形状非常吻合。在 4.3.5.3.1 节中，笔者已详细阐明用算术平均值表示的 v_i 并非最优方法，而应按式(4.400)对节点串使用调和平均值：

$$v_{\mathrm{h}} = 1/\left(\frac{1}{2-0.5}\int_{0.5}^{2}\frac{1}{v}\mathrm{d}v\right) = 1.5/[\ln(2)-\ln(0.5)] \backsimeq 1.082 \tag{4.445}$$

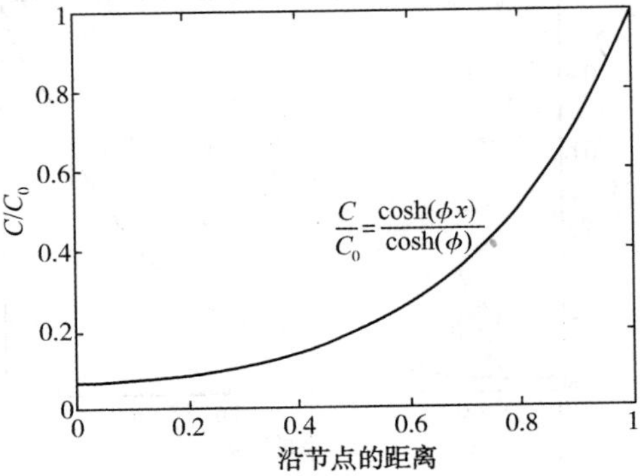

图 4.15　连续统浓度分布

代入传质因子的调和平均值，Thiele 模量值为：

$$\phi = 500\sqrt{\frac{0.000045\times 1.25}{1.082}} \simeq 3.605 \tag{4.446}$$

则节点串核心处的反应物浓度计算如下：

$$C_0 = \frac{1}{\cosh(\phi)} \simeq \frac{1}{\cosh(3.605)} \simeq 0.0543 \tag{4.447}$$

传质因子应用调和平均值是一种改进，对应的浓度计算值与图 4.14 中核心处的浓度几乎完全一致。

现在让我们看一看由网络方法得到的浓度分布范围，它是表面积和传质因子、变率带宽的函数。为满足扰动假设，保持 N 和 k 的值不变，进而展现这一变化对分布曲线的影响。

图 4.16 中，表面积做了很大的改变，使用最小值 0.1 从而忽略了过低的表

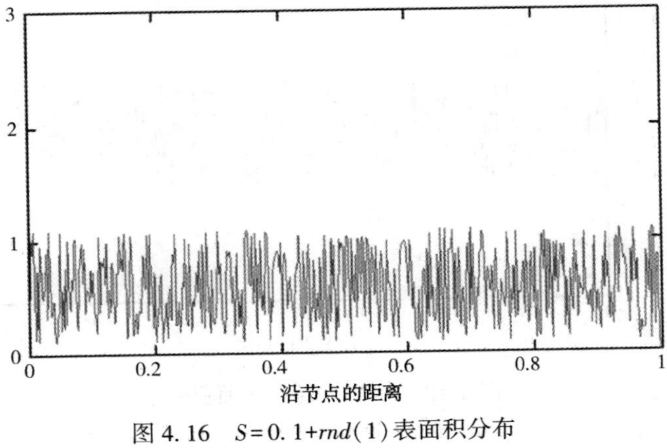

图 4.16　$S=0.1+rnd(1)$表面积分布

面积和传质因子。图 4.17 中显示了 $S=0.1+rnd(1)$ 对应的浓度分布图，此时最大值和最小值的比值很大，这一情况下浓度分布相当理想，但有一些局部不规则和物料平衡分布闭合导致的蛇形分布现象。在图 4.18 中，带宽和之前一致，但由于 $S=1+rnd(1)$，最大值和最小值的比值变小。因而在图 4.19 中，浓度分布理想得多。事实上，这个分布看起来与经典理论中的预期几乎完全一样(核心浓度的计算值为 0.0653)。在保持最小值为 0.1 的前提下，进一步增大变化范围，这使得浓度分布变得更加混乱，图 4.20、图 4.21 展示了 $S=0.1+rnd(2)$ 的情况。图 4.22、图 4.23 则对应 $S=0.1+rnd(3)$，可见此时浓度分布非常混乱。可以预见，若把最小值降低到 0，浓度分布将极其混乱，如图 4.24、图 4.25 所示，$S=rnd(1)$，但令人惊讶的是，浓度分布看起来仍非常真实。从如上案例中可见，只要极深网络扰动假设成立，浓度分布即体现良好。事实上，这种分布不仅仅能描述为良好，从极限的角度看，这一结论逼近经典连续介质方法，差别仅在于网络方法中节点的物料平衡要考虑非常局域的表面积和传质因子值，这些值变化幅度较大。如图 4.26~图 4.29 所示，只要假设更深的网络，浓度分布总会更加逼近经典连续介质方法的结论。如式(4.442)，若要增加节点数 N，则要同时调整 k(为保持 Thiele 模数一致，N 每增加一倍，k 应变为原来的 1/4)。

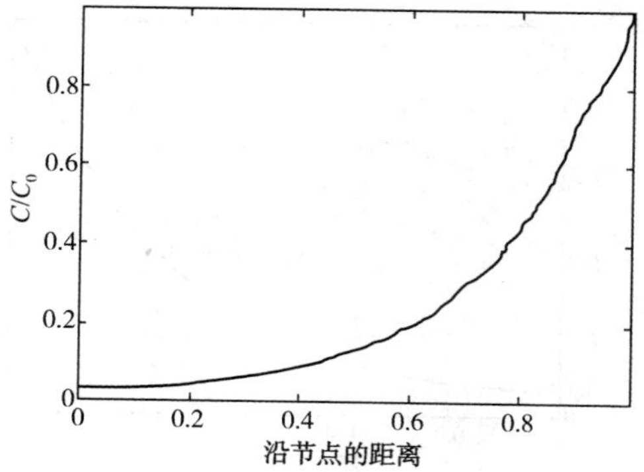

图 4.17　$S=0.1+rnd(1)$ 浓度分布

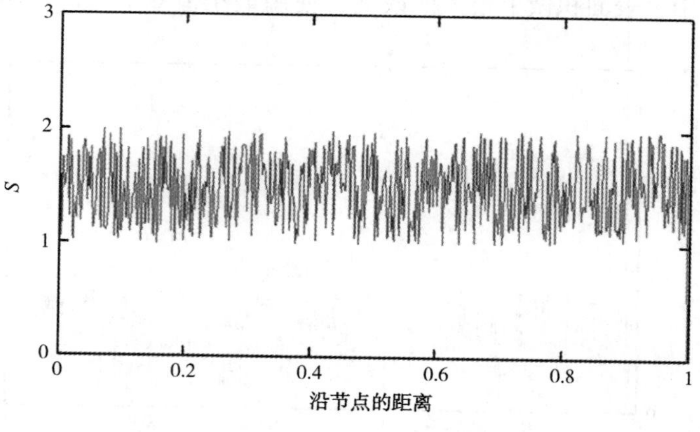

图 4.18　$S=1+rnd(1)$ 表面积分布

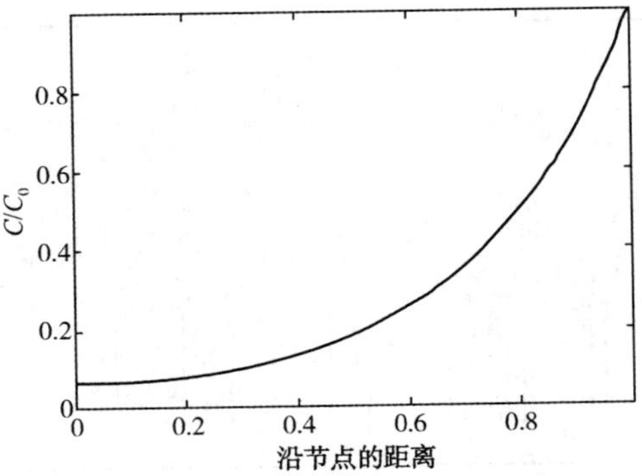

图 4. 19　$S=1+rnd(1)$浓度分布

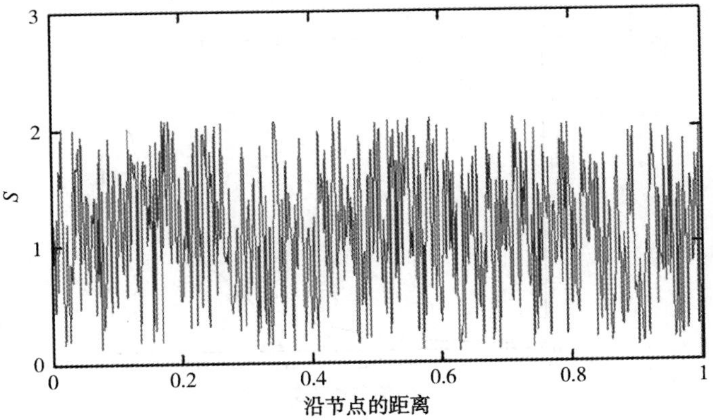

图 4. 20　$S=0.1+rnd(2)$表面积分布

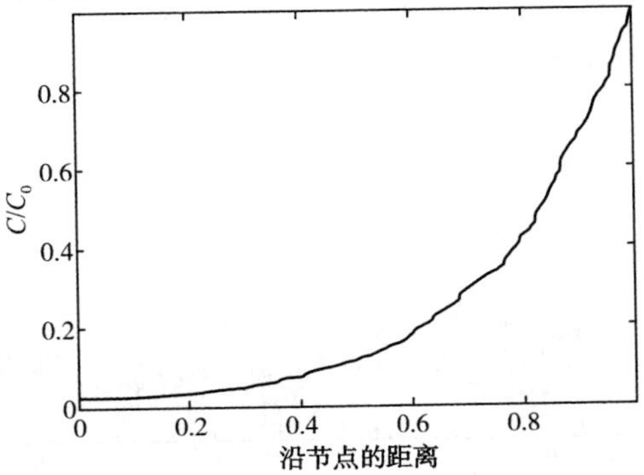

图 4. 21　$S=0.1+rnd(2)$的浓度分布

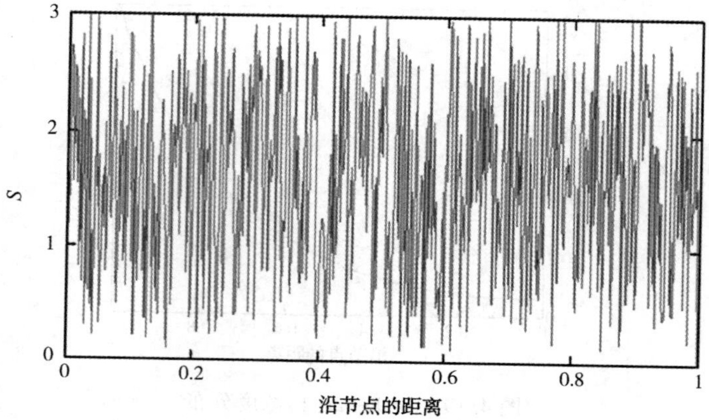

图 4.22　$S=0.1+rnd(3)$表面积分布

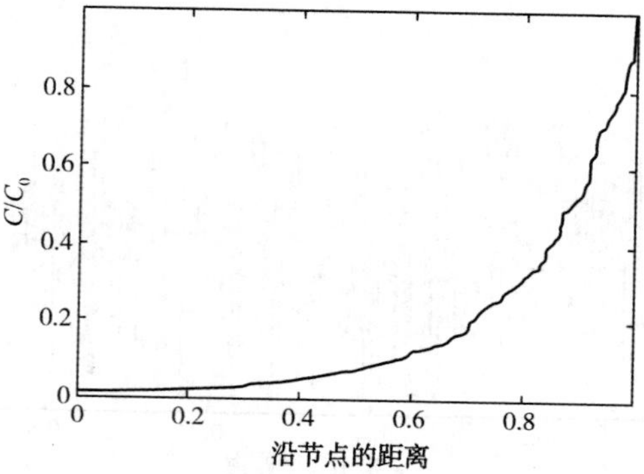

图 4.23　$S=0.1+rnd(3)$浓度剖面图

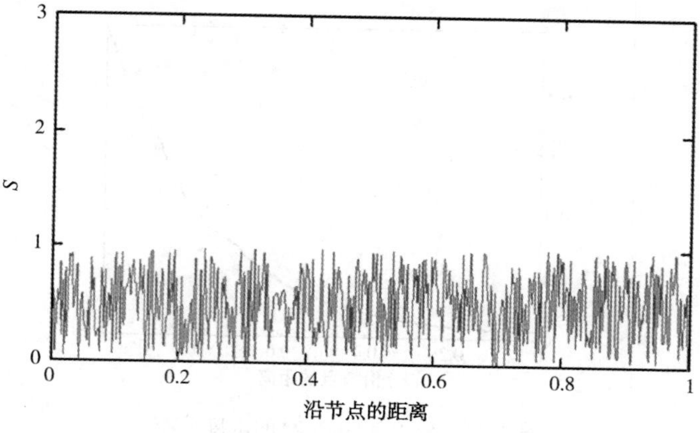

图 4.24　$S=rnd(1)$的表面积分布

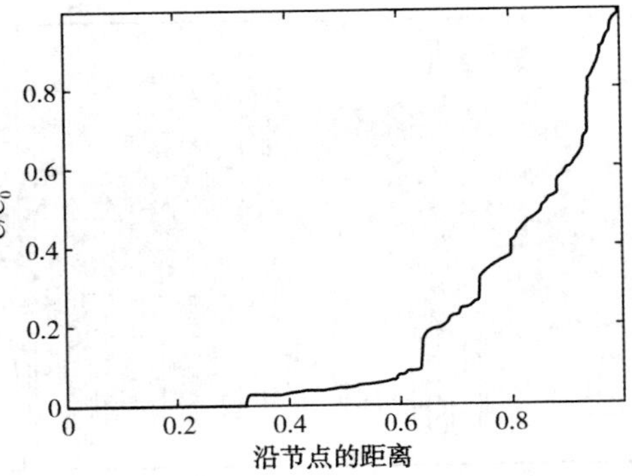

图 4.25　$S=rnd(1)$浓度分布

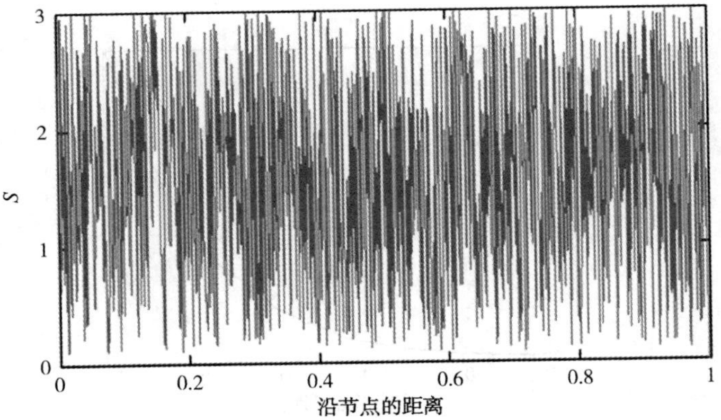

图 4.26　$S=0.1+rnd(3)$的表面积分布，其中，$N=1000$，$k=0.00001125$

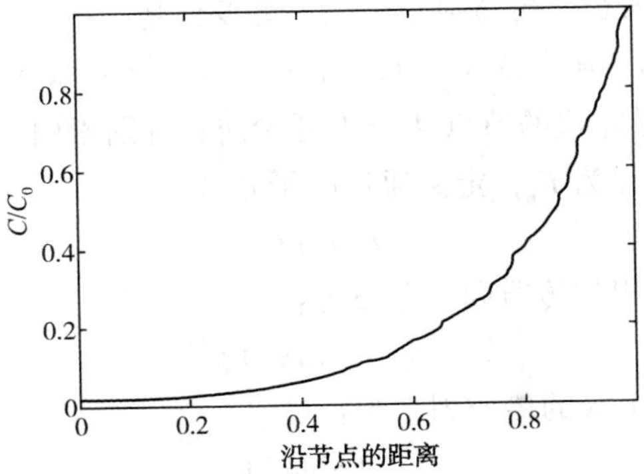

图 4.27　$S=0.1+rnd(3)$的浓度分布，其中，$N=1000$，$k=0.00001125$

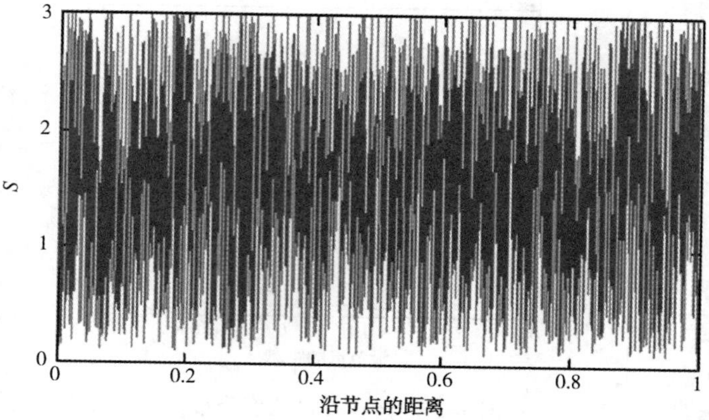

图 4. 28　$S=0.1+rnd(3)$ 的表面积分布，其中，$N=2000$，$k=0.0000028125$

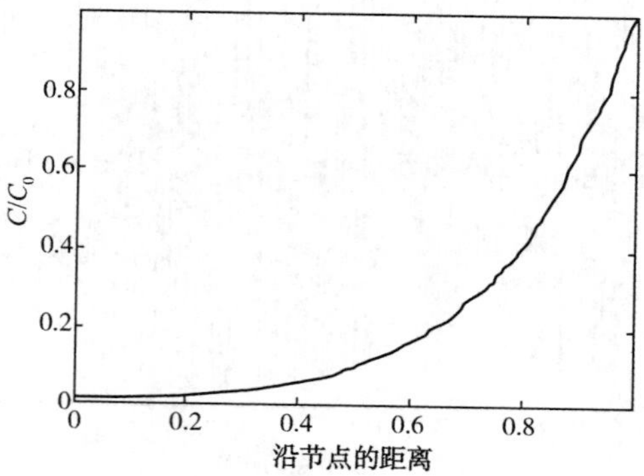

图 4. 29　$S=0.1+rnd(3)$ 的浓度分布，其中，$N=2000$，$k=0.0000028125$

4. 3. 5. 4. 3　关于节点属性的局部平均值的更多信息

对于从左到右的一串节点 $i=1, 2, \cdots, N$，设节点 N 为外部节点，浓度为 C_N（任意浓度），从最左边的节点从 $i=1$ 开始向右逐渐索引，最终索引 $i=n$，设自节点 i 向左的摩尔通量为 F_i，定义通量因子 ϕ_i：

$$F_i=\phi_i C_i \tag{4.448}$$

设节点 i 的表面积和传质因子分布为：

$$S_i=1+rnd(1) \tag{4.449}$$

设节点 $i-1$ 到节点 i 的传质因子为：

$$v_i=1+rnd(1) \tag{4.450}$$

其中，$rnd(1)$ 表示一个均匀分布在 0～1 之间的随机数。那么，表面积和传质因子的取值都在 1～2 之间。假定节点串初始端点为单个节点，且没有摩尔流量离开此节点，因而：

$$\phi_1=0 \tag{4.451}$$

从起始节点到第 2 个节点的质量传输通道的传质因子值为 v_1，依此类推。

在此排布中引入单个节点，其化学速率因子为 k，则物料平衡为：

$$F_N+kS_NC_N=(C_{N+1}-C_N)v_{N+1}=F_{N+1} \tag{4.452}$$

解 C_N 得：

$$C_N=\frac{v_{N+1}}{\phi_N+kS_N+v_{N+1}}C_{N+1} \tag{4.453}$$

则 ϕ_{N+1}可写为：

$$\phi_{N+1}=\frac{(\phi_N+kS_N)v_{N+1}}{\phi_N+kS_N+v_{N+1}} \tag{4.454}$$

式(4.454)为 Riccati 型，可化为：

$$\phi_{N+1}\phi_N+\phi_{N+1}(kS_N+v_{N+1})-\phi_Nv_{N+1}-kS_Nv_{N+1}=0 \tag{4.455}$$

这是一个变因子的二级有限差分方程，可用现有标准手段或数值方法解此方程。因 S_N、v_{N+1}均为分布变量和函数，所以 ϕ_{N+1}也是。基于极深网络扰动，可假定相比于其他几项，kS_N的值很小。正是基于此假设，可得 ϕ_{N+1}在某定值附近平衡，且随节点值变化不大。例如，对于 $k=10^{-4}$，平衡值约为 0.0146，如图 4.30 所示。由图 4.30 可见，在 250 个节点以后可达此平衡最大 ϕ 值。当然，若 $k=0$，因为不发生化学反应，ϕ_1 的值始终为 0。如果选取较小的 k，达到平衡的节点数会变多，但曲线的抖动会变少。如图 4.31 所示，当 $k=10^{-5}$时曲线更平滑，由图 4.32 可见，如果放大观察，由于仍存在物料平衡的情况，曲线仍然存在抖动。也就是说，网络方法向经典方法的结果收敛可以看作这两个解的差异逐渐变小。当然，对于图 4.32 所示的局域情况，这种不规则的现象与经典结果并不相同。如果选择较大的 k，例如 10^{-3}，如图 4.33 所示，情况则会相反。假定性质都为平均值，在无限多节点数处 ϕ_∞ 的平衡值可由二次方程(4.456)解出：

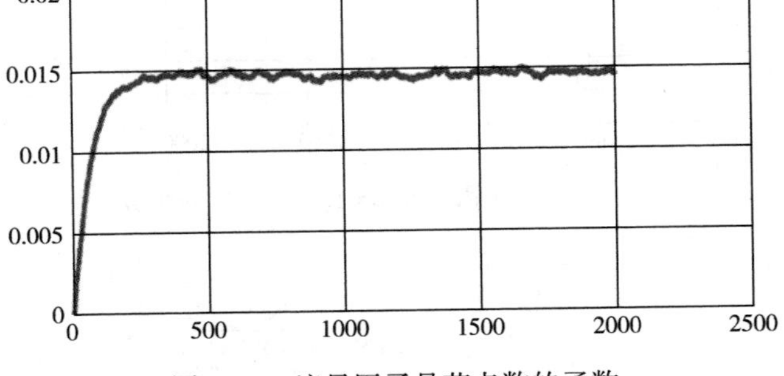

图 4.30　流量因子是节点数的函数

$$\phi_{\infty}^{2}+\phi_{\infty} kS_{\text{avg}}-kS_{\text{avg}}v_{\text{avg}}=0 \tag{4.456}$$

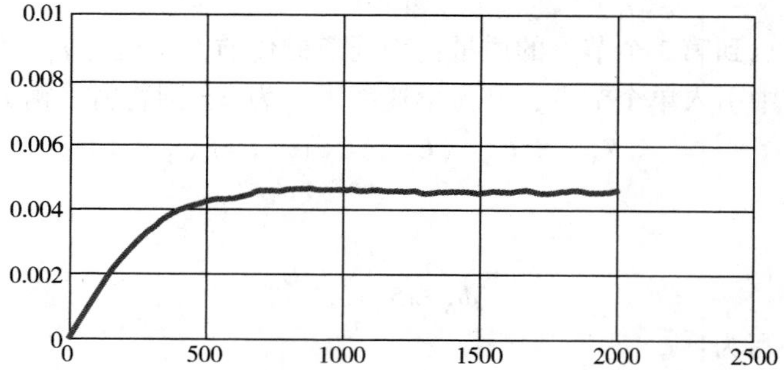

图 4.31　流量因子随 $k=10^{-5}$ 节点数的变化

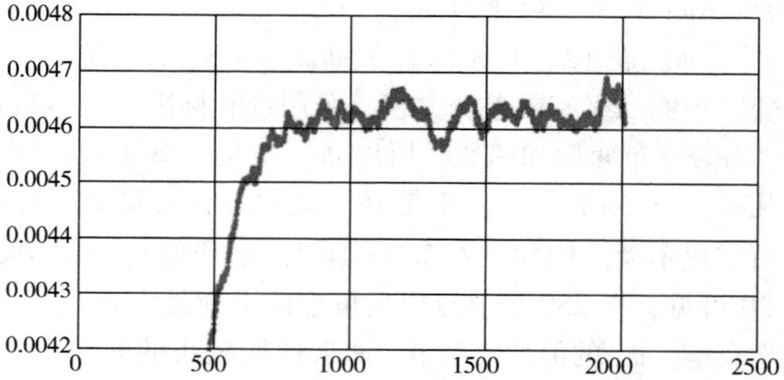

图 4.32　流量因子作为 $k=10^{-5}$(缩小轴范围)节点数的函数

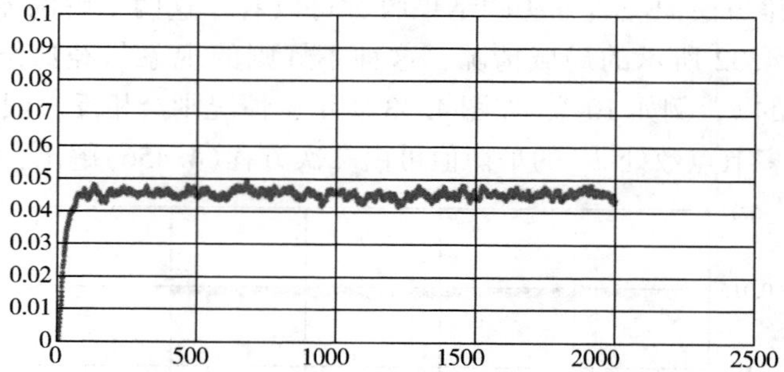

图 4.33　流量因子是 $k=10^{-3}$ 节点数的函数

由求根公式：

$$\phi_{\infty}=\frac{1}{2}\left[-kS_{\text{avg}}+\sqrt{(kS_{\text{avg}})^{2}+4kS_{\text{avg}}v_{\text{avg}}}\right] \tag{4.457}$$

对 S 和 v 应用算术平均值，在 $k=10^{-4}$ 时方程(4.411)的解为 $\phi_\infty=0.0149$。0.0149 和真实值 0.0146 非常接近。但是，如 4.3.5.4.2 节所述，对 S 和 v 应用算数平均值并非最优情况。

例如，在 4.3.5.3.1 节中，应用 v 的调和平均值显然可以得到更好的扩散因子预测结果。应用 Excel，可以得到调和平均值：

$$v_\mathrm{h}=\frac{N}{\sum\limits_{i=1}^{N}\frac{1}{v_i}}=\frac{N}{\sum\limits_{i=1}^{N}\frac{1}{[1+rnd(1)]_i}} \tag{4.458}$$

对前述案例用此方法：

$$v_\mathrm{h}=1/\left(\frac{1}{2-1}\int_1^2\frac{1}{v}\mathrm{d}v\right)=1/\ln2\simeq1.443 \tag{4.459}$$

将此调和平均值代入式(4.457)，在 $k=10^{-4}$ 时解得 $\phi_\infty=0.01463$，而在 $k=10^{-5}$ 时 $\phi_\infty=0.004645$。很明显，使用调和平均值解得 ϕ_∞ 的平衡值非常令人满意，如图 4.30、图 4.33 所示。

4.3.5.4.4　*互联平行节点串网络中的扩散和一级反应*

在 4.3.5.4.2 节中已经证明，可以使用平均传质因子的调和平均值计算节点串极深网络扰动的 Thiele 模量。但是，如图 4.4 所示，互联平行节点串的情况并不一致，这种网络中每条节点串的浓度轨迹见图 4.34～图 4.37，通过改变网络的深度容易发现，极深网络扰动是使计算结果收敛于经典结果的前提，浓度轨迹计算的 Mathcad 15 代码见附录 4.11。需要指出，计算过程对传质因子和节点表面积使用了相同的均匀分布，但这种分布非常宽，见式(4.460)：

$$v=1+rnd(100) \tag{4.460}$$

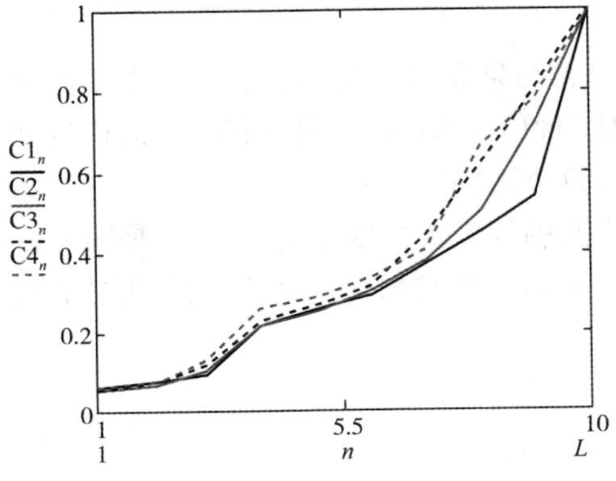

图 4.34　10 层浓度分布，每层 4 个节点

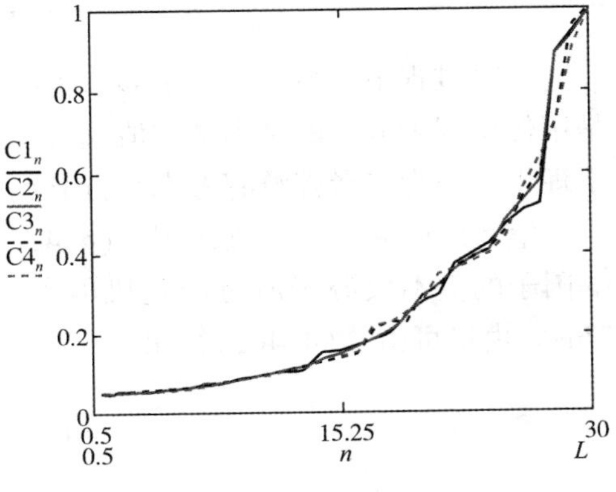

图 4.35　30 层浓度分布，每层 4 个节点

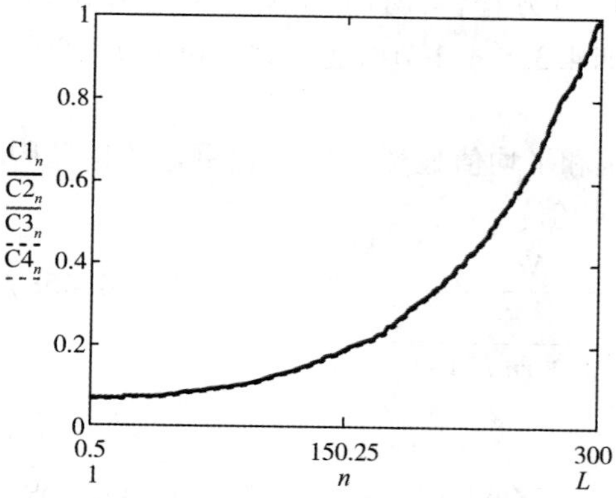

图 4.36　300 层的浓度分布，每层 4 个节点

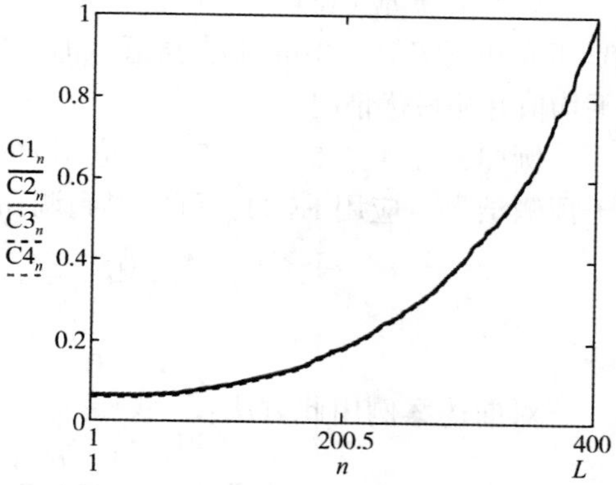

图 4.37　400 层浓度分布，每层 4 个节点

如表 4.7 所示，在保证等效因子略低于 30%的前提下，通过调节网络深度可以调节速率常数。由等效因子计算值 η 和极深网络扰动对于经典解析的收敛性，可应用隐函数定理算得整个节点串的 Thiele 模量 ϕ_η，见式(4.461)：

$$\eta=\frac{\tanh(\phi_\eta)}{\phi_\eta} \tag{4.461}$$

表 4.7　扩散和一级反应作为每层 4 个节点的层数的函数

L	k	η	ϕ_η	ϕ_{am}(v=算术平均值)	ϕ_{hm}(v=调和平均数)
10	0.15	0.277	3.60	4.06	3.24
30	0.01	0.243	4.12	3.05	4.68
300	0.0001	0.299	3.34	3.00	4.61
400	0.00006	0.286	3.49	3.12	4.76

计算过程不再赘述，基于 ϕ_η 的浓度分布结果非常理想。在表 4.7 中，无论是用传质因子分布的算术平均值(ϕ_{am})还是调和平均值(ϕ_{hm})算出的 Thiele 模量都不理想，因为二者都没有考虑平行节点串的互联情况。

笔者的研究表明，应使用式(4.423)定义的等效传质因子 v_{eq}。这正是因为这一因子的值不仅源于所有的随机因子，还考虑了互联情况。那么，随机网络的 Thiele 模量可由式(4.462)得出：

$$\phi_{eq}=(N+1/2)\sqrt{\frac{kS_{eq}}{v_{eq}}} \tag{4.462}$$

其中，S_{eq} 为表面积分布的算术平均值，见表 4.8，式(4.462)中的 Thiele 模量结果和与基于等效因子的 Thiele 模量有极好的一致性。

表 4.8　随机网络中的扩散和一级反应

(500 层，4 节点/层)									
a_S	b_S	a_v	b_v	k	v_{eq}	S_{eq}	η	ϕ_η	ϕ_{eq}
1	1	1	1	0.0001	1.46	1.50	0.327	3.04	3.04
1	1	1	1	0.001	1.46	1.50	0.104	9.65	9.61
1	2	1	2	0.00001	1.89	2.00	0.770	0.97	0.98
1	2	1	2	0.0001	1.89	2.00	0.324	3.07	3.09
1	2	1	2	0.001	1.89	2.00	0.103	9.72	9.77
1	10	1	10	0.00001	5.03	6.00	0.750	1.03	1.04
1	10	1	10	0.0001	5.03	6.00	0.306	3.26	3.28
5	3	1	1	0.00001	1.46	6.50	0.481	2.00	2.00
5	3	1	1	0.0001	1.46	6.50	0.157	6.38	6.33

4.3.5.4.5　利用极深网络扰动和经典连续介质方法的等效的更大优势

应用前述极深网络扰动向经典方法的收敛特性，可以：

①基于大小催化剂颗粒的实验数据确定等效因子。

②由式(4.461)基于隐函数定理计算 Thiele 模量。

③计算平板任一位点的无量纲浓度 v：

$$v=\frac{\cosh(\xi\phi_\eta)}{\cosh(\phi_\eta)} \tag{4.463}$$

④计算动力学速率常数与等效扩散因子的经典比值：

$$\frac{k}{D_{\mathrm{eff}}}=\frac{\phi_\eta^2}{S_{\mathrm{BET}}L^2} \tag{4.464}$$

4.3.5.4.6　极深网络扰动前提下基于 H_D 的 H_R 简明公式

对任意极深网络，设其扩散传质矩阵方程如式(4.465)所示：

$$\left|\begin{matrix} \boldsymbol{P}+diag(\boldsymbol{G}\boldsymbol{e}_n) & -\boldsymbol{G} \\ -\boldsymbol{G}^{\mathrm{T}} & \boldsymbol{Q}+diag(\boldsymbol{G}^{\mathrm{T}}\boldsymbol{e}_m) \end{matrix}\right| \left|\begin{matrix} \boldsymbol{C}_i \\ \boldsymbol{C}_e \end{matrix}\right| = \left|\begin{matrix} 0 \\ \boldsymbol{F}_e \end{matrix}\right| \tag{4.465}$$

且扩散和一级反应如式(4.66)所示：

$$\left|\begin{matrix} \boldsymbol{P}+diag(\boldsymbol{G}\boldsymbol{e}_n+k\boldsymbol{S}_i) & -\boldsymbol{G} \\ -\boldsymbol{G}^{\mathrm{T}} & \boldsymbol{Q}+diag(\boldsymbol{G}^{\mathrm{T}}\boldsymbol{e}_m+k\boldsymbol{S}_e) \end{matrix}\right| \left|\begin{matrix} \boldsymbol{C}_i \\ \boldsymbol{C}_e \end{matrix}\right| = \left|\begin{matrix} 0 \\ \boldsymbol{F}_e \end{matrix}\right| \tag{4.466}$$

解方程得：

$$\boldsymbol{\Omega}_{\mathrm{D}}=[\boldsymbol{P}+diag(\boldsymbol{G}\boldsymbol{e}_n)]^{-1}\boldsymbol{G} \tag{4.467}$$

$$\boldsymbol{H}_{\mathrm{D}}=\boldsymbol{Q}+diag(\boldsymbol{G}^{\mathrm{T}}\boldsymbol{e}_m)-\boldsymbol{G}^{\mathrm{T}}[\boldsymbol{P}+diag(\boldsymbol{G}\boldsymbol{e}_n)]^{-1}\boldsymbol{G} \tag{4.468}$$

$$\boldsymbol{\Omega}_{\mathrm{R}}=[\boldsymbol{P}+diag(\boldsymbol{G}\boldsymbol{e}_n)+diag(k\boldsymbol{S}_i)]^{-1}\boldsymbol{G} \tag{4.469}$$

$$H_R = Q + diag(G^T e_m) + diag(kS_e) - G^T[P + diag(Ge_n) + diag(kS_i)]^{-1} G \tag{4.470}$$

矩阵 H_D 是奇异的和对称的，其典型分解为：

$$H_D = V_D^T \Lambda_D V_D \tag{4.471}$$

因矩阵是奇异的，H_D 的最小本征值为 0，本征向量 v_D 的矩阵是正交的，与最小本征值相关的本征向量 v_0 为：

$$v_0 = \frac{1}{\sqrt{n}} e_n \tag{4.472}$$

当发生化学反应时：

$$H_R = V_R^T \Lambda_R V_R \tag{4.473}$$

在极深网络扰动前提下，矩阵 H_R 与 H_D 相近（即相比于反应导致的物料损失，进出网络边缘的通量大得多），H_R 和 H_D 的本征向量矩阵 V_R 和 V_D 互相收敛。除最小本征值外，相同的本征值也互相收敛。发生化学反应时，H_R 的最小本征值等于整个网络 R 上的反应物总消耗量除以外围的节点数，则有：

$$V_R \simeq V_D \tag{4.474}$$

$$\Lambda_R \simeq \Lambda_D + \begin{vmatrix} R/N & 0 \\ 0 & 0 \end{vmatrix} = \Lambda_D + \begin{vmatrix} \lambda_{\min}(H_R) & 0 \\ 0 & 0 \end{vmatrix} = \Lambda_D + \begin{vmatrix} (\Lambda_R)_{1,1} & 0 \\ 0 & 0 \end{vmatrix} \tag{4.475}$$

那么，在极深网络扰动前提下，H_R 可由一个基于 H_D 的简单公式给出：

$$H_R \simeq H_D + V_D \begin{vmatrix} \lambda_{\min}(H_R) & 0 \\ 0 & 0 \end{vmatrix} V_D^T \tag{4.476}$$

因此，另一种方案则是通过在任意网络中添加一个虚拟节点解决反应和扩散问题，见 4.3.4.4.7 节。

4.3.5.4.7　归纳与总结

本章内容可以概括在图 4.38 中，经典的连续介质方法基于催化剂孔结构均质且具各向同性的假设，在绝大多数通过挤出或压片精心制备的商业催化剂中，这种假设是成立的。但是，如果用扫描电镜观察局部情况，催化剂的孔结构是非常复杂多变的。然而，对于具有很多层数的颗粒，使用平均的方法有用且实际。将催化剂视为一个节点网络，可以写出每个节点的物料平衡。计算所有的物料平衡，可得传质和反应的详细描述，这种网络方法可能非常适用于一类“无定形催化剂”材料。

在本书中，笔者关注从纳米级到微米级的非常大的颗粒组成的网络。在这种网络中，即使颗粒尺寸仅 1mm，也应视作几千层的堆积网络。笔者将这种网络定义为极深网络或极大网络。然而，如前所证，极深网络并非大到笨拙的网络。考察这些网络时，可以采用 4.3.4.4.9 节中描述的“洋葱层”方法，这种方法速度很

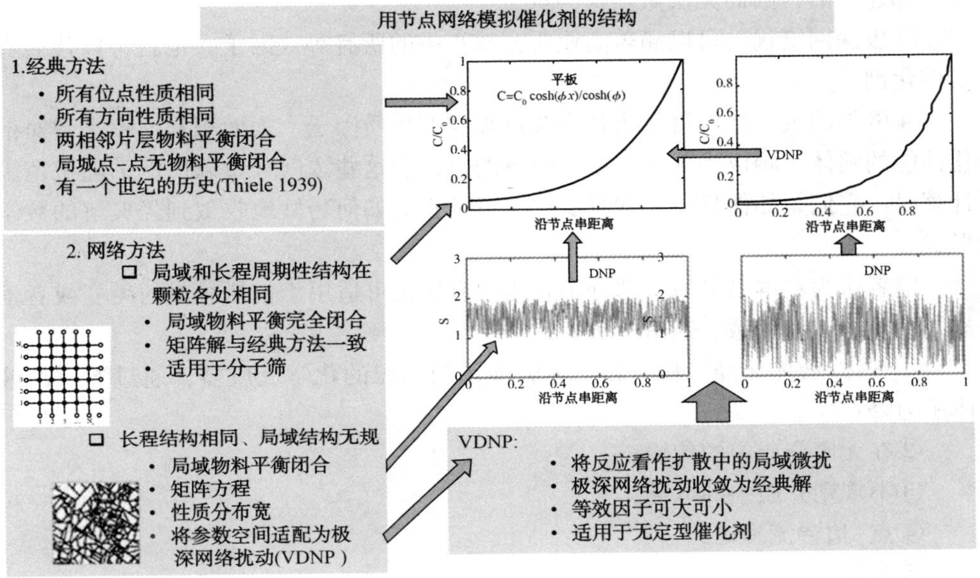

图 4. 38　经典多孔结构和极深网络架构的比较和收敛

快、效率很高。而极深网络扰动的解在可以匹配经典方法解的同时，还可以算出每个节点的物料平衡，这是一个很大的优势。第二个优势则是这种方法提供了一种利用网络等效因子计算 Thiele 模数的方案。网络计算过程综合考虑了传质特征和反应物流动时的波纹、缠绕及渗流路径。即使在网络高度不规则、节点间差异性极度多变时，扰动网络方法也可以从经典解析方法中获取有价值的信息。

笔者发现，处理极深网络和极深网络扰动的过程和实验室处理真实催化剂的过程非常类似，也许这种方法还能应用在非一级化学反应对应的网络中。在此，对扰动的概念稍做展开，催化活性的扰动可定义为，在扩散场顶部浓度梯度建立前，只要发生化学反应，即使反应量很小，反应分子也需要完成在催化或多孔材料中数十层乃至数百层的扩散。对于催化剂来说，几十纳米厚的一层就像多孔的瑞士奶酪，分子在其间发生不同方向的随机扩散。因此，反应物分子被表面位点捕获并发生反应之前需穿越很多无定形结构的阻碍，反应性能极端又不适用扰动方法的催化剂可能罕见，且这种催化剂可能受外部传质控制。

对于一般任意网络，只剩下矩阵方程，但此处不再详述。笔者所讨论的极深网络中，反应仅作为扩散场的扰动项，这时如下论述或许可以得到证明：

①极深网络和极深网络扰动方法收敛于经典连续介质解，因而经典解是网络解的特殊情况。

②网络方法可以解析每个节点中的所有物料平衡，但传统方法一开始就不是

从外部建立的，故而无法做到这一点。

③极深网络扰动可以涵盖商业研究感兴趣的所有等效因子，也就可以代表真实催化剂。

④网络的灵活性使得量化各个节点独立的传质因子、表面积和速率常数对催化性能的整体影响成为现实。令人惊讶的是，当这些浓度分布以广泛的随机范围计算时，它们是如何显得非常真实的，以及它们如何巧妙地收敛到经典解的数学形式。

笔者认为，本书最后一部分中介绍的方法也可适用于包括材料的突变或者不规则性质的其他领域。这里举例如下：

①气体/液体流经填料，如：装满催化剂颗粒的化学反应器，通过滤饼的液体压力降；

②在无序介质中的传输；

③不规则介质中的电导；

④点-边渗流理论；

⑤光散射；

⑥大城市的交通流；

⑦无序材料的强度。

符号说明

本章中对向量(小写)或矩阵(大写)符号均采用黑斜体，所有符号的定义都可在文中找到，这里仅列出一些出现频率较高的符号。

C　浓度

D　扩散因子

i，j，k　整数

f　摩尔通量

F　进入孔隙网络的周边节点传质通量

H　比传质通量矩阵

k^{+}　规则网络节点中的一级速率常数

k　不规则网络中的一级速率因子

M　归一化物料平衡矩阵

N　沿主方向的节点数

R　节点中的反应速率

S　分配给节点的表面积

x，y，z　主要方向

希腊符号

Ψ　相邻层浓度权重因子矩阵

Λ　本征值的对角矩阵

ν　传质因子

ν　Thiele 模量

Φ　模数矩阵

η　等效因子

ξ　无量纲位置

λ_{min}　矩阵的最小本征值

Ω　权重因子矩阵

参考文献

[1] Thiele，E. W.（1939）. Relation between catalytic activity and size of particle. *Industrial and Engineering Chemistry* 31：916-920.

[2] Froment，G. F. and Bischoff，K. B.（1990）. Chemical Reactor Analysis and Design，2e. N. Y：Wiley.

[3] Froment，G. F.，Bischoff，K. B.，and De Wilde，J.（2011）. *Chemical Reactor Analysis and Design*，3e，195. Wiley.

[4] Satterfield，C. N.（1980）. *Mass Transfer in Heterogeneous Catalysis*. Malabar，FL：Robert Krieger Publishing Co. original edition（1970）. Mass Transfer in Heterogeneous Catalysis. Cambridge，Massachusetts：MIT Press.

[5] Aris，R.（1975）. *The Mathematical Theory of Diffusion and Reaction in Permeable Catalysts*. Oxford University Press.

[6] Hill，C.（1977）. *An Introduction to Chemical Engineering and Reactor Design*，440-446. Wiley.

[7] Hegedus，L. L. and McCabe，R. W.（1984）. *Catalyst Poisoning*. New York：Marcel Dekker.

[8] Hegedus，L. L.，Aris，R.，Bell，A. T. et al.（1987）. *Catalyst Design-Progress and Perspectives*. Wiley.

[9] Chen，N. Y.，Degnan，T. F. Jr.，and Smith，C. M.（1994）. *Molecular Transport and Reaction in Zeolites：Design and Application of Shape Selective Catalysts*. Wiley-VCH.

[10] Becker，E. R. and Pereira，C. J.（1993）. *Computer-Aided Design of Catalysts*，Chemical Industries Series，51. Marcel Dekker.

[11] Reyes, S. C. and Iglesia, E. (1993). Simulation techniques for the design and characterization of structural and transport properties of Mesoporous materials. In: *Computer Aided Innovation of New Materials* Ⅱ (eds. M. Doyama, J. Kihara, M. Tanaka and R. Yamamoto), 1007. Elsevier Science Publishers B. V.

[12] Kirkpatrick, S. (1973). Percolation and conduction. *Reviews of Modern Physics* 45: 574.

[13] Mo, W. T. and Wei, J. (1986). Effective diffusivity in partially blocked zeolite catalyst. *Chemical Engineering Science* 41 (4): 703–710.

[14] Beeckman, J. W. (1997). A rigorous matrix approach to site percolation for rectangular two-dimensional grids. *Industrial and Engineering Chemistry Research* 36 (8): 2964–2969.

[15] Beeckman, J. W. (1991). Mathematical description of heterogeneous materials – effect of the branching direction. Symposium on Structure–Reactivity Relationships in Heterogeneous Catalysis, Boston, MA.

[16] Beeckman, J. W. (1999). Diffusion, reaction and deactivation in pore networks. 8th International Symposium on Catalyst Deactivation, Bruges.

[17] Levy, H. and Lessman, F. (1982). *Finite Difference Equations*. New York: Dover Publications.

[18] Wei, J. (1982). A mathematical theory of enhanced para–xylene selectivity in molecular sieve catalysts. *Journal of Catalysis* 76: 433–439.

[19] Albert, A. (1972). *Regression and the Moore–Penrose Pseudoinverse*. Academic Press.

[20] Beeckman, J. W. (1990). Mathematical description of heterogeneous materials. *Chemical Engineering Science* 45: 2603–2610. Elsevier, doi: https://doi.org/10.1016/0009-2509(90)80148-8.

[21] Boucher, C. (2016). Sampling Random Numbers from Probability Distribution Functions. https://uk.comsol.com/blogs/sampling-random-numbers-from-probability-distribution-functions (accessed 20 February 2020).

附录 4.1 简单网络中的扩散

$$P=\begin{pmatrix} 2 & -1.1 & -0.3 & -0.6 \\ -1.1 & 1.8 & 0 & -0.7 \\ -0.3 & 0 & 0.3 & 0 \\ -0.6 & -0.7 & 0 & 1.3 \end{pmatrix} G=\begin{pmatrix} 0 & 0 & 0 \\ 1.3 & 0 & 0 \\ 0 & 2.7 & 0.45 \\ 0 & 0 & 0 \end{pmatrix} e_3=\begin{pmatrix} 1 \\ 1 \\ 1 \end{pmatrix}$$

$$P+diag(G\cdot e_3)=\begin{pmatrix} 2 & -1.1 & -0.3 & -0.6 \\ -1.1 & 3.1 & 0 & -0.7 \\ -0.3 & 0 & 3.45 & 0 \\ -0.6 & -0.7 & 0 & 1.3 \end{pmatrix}$$

$$[P+diag(G\cdot e^3)]^{-1}=\begin{pmatrix}1.0490 & 0.5482 & 0.0912 & 0.7793\\ 0.5482 & 0.6537 & 0.0477 & 0.6050\\ 0.0912 & 0.0477 & 0.2978 & 0.0678\\ 0.7793 & 0.6050 & 0.0678 & 1.4547\end{pmatrix}$$

附录 4.2　半逆函数的性质

$$P=\begin{pmatrix}2 & -1.1 & -0.3 & -0.6\\ -1.1 & 1.8 & 0 & -0.7\\ -0.3 & 0 & 0.3 & 0\\ -0.6 & -0.7 & 0 & 1.3\end{pmatrix}$$

$$\text{eigenvals}(P)=\begin{pmatrix}0.0000\\ 0.3650\\ 2.0120\\ 3.0230\end{pmatrix}$$

$$\text{eigenvals}(P)=\begin{pmatrix}0.5000 & -0.1861 & -0.4163 & -0.7363\\ 0.5000 & -0.3166 & -0.4458 & 0.6716\\ 0.5000 & 0.8591 & 0.0729 & 0.0811\\ 0.5000 & -0.3564 & 0.7891 & -0.0165\end{pmatrix}$$

$$\text{EVAL}_0:=\begin{pmatrix}0\\ \dfrac{1}{\text{eigenvals}(P)_2}\\ \dfrac{1}{\text{eigenvals}(P)_3}\\ \dfrac{1}{\text{eigenvals}(P)_4}\end{pmatrix} P_0:=\text{eigenvecs}(P)\cdot\text{diag}(\text{EVAL}_0)\cdot\text{eigenvecs}(P)^{T}$$

$$P\cdot P_0=\begin{pmatrix}0.7500 & -0.2500 & -0.2500 & -0.2500\\ -0.2500 & 0.7500 & -0.2500 & -0.2500\\ -0.2500 & -0.2500 & 0.7500 & -0.2500\\ -0.2500 & -0.2500 & -0.2500 & 0.7500\end{pmatrix}$$

$$P_0\cdot P=\begin{pmatrix}0.7500 & -0.2500 & -0.2500 & -0.2500\\ -0.2500 & 0.7500 & -0.2500 & -0.2500\\ -0.2500 & -0.2500 & 0.7500 & -0.2500\\ -0.2500 & -0.2500 & -0.2500 & 0.7500\end{pmatrix}$$

附录 4.3　简单网络中的扩散和反应

$$P+diag(G\cdot e_3)=\begin{pmatrix}2 & -1.1 & -0.3 & -0.6\\ -1.1 & 3.1 & 0 & -0.7\\ -0.3 & 0 & 3.45 & 0\\ -0.6 & -0.7 & 0 & 1.3\end{pmatrix}\quad S=\begin{pmatrix}2\\ 0.4\\ 0.7\\ 1.3\end{pmatrix}\quad k=1$$

$$P+diag(G\cdot e_3)+\mathrm{diag}(k\cdot S)=\begin{pmatrix}4 & -1.1 & -0.3 & -0.6\\ -1.1 & 3.5 & 0 & -0.7\\ -0.3 & 0 & 4.15 & 0\\ -0.6 & -0.7 & 0 & 2.6\end{pmatrix}$$

$$[P+diag(G\cdot e_3)+\mathrm{diag}(k\cdot S)]^{-1}=\begin{pmatrix}0.29770 & 0.11340 & 0.02150 & 0.0992\\ 0.11340 & 0.34520 & 0.00820 & 0.1191\\ 0.02150 & 0.00820 & 0.24250 & 0.0072\\ 0.09920 & 0.11910 & 0.00720 & 0.4396\end{pmatrix}$$

附录 4.4　简单网络中扩散和反应的矩阵特性

$$e_4=\begin{pmatrix}1\\1\\1\\1\end{pmatrix}\quad \mathrm{He}:=diag(G^{\mathrm{T}}\cdot e_4)-G^{\mathrm{T}}\cdot[P+\mathrm{diag}(G\cdot e_3)+\mathrm{diag}(k\cdot S)]^{-1}\cdot G$$

e_3 定义见附录 4.1。

$$\mathrm{He}=\begin{pmatrix}0.7167 & -0.0288 & -0.0048\\ -0.0288 & 0.9320 & -0.2947\\ -0.0048 & -0.2947 & 0.4009\end{pmatrix}$$

$$\mathrm{He}\cdot e_3=\begin{pmatrix}0.6831\\ 0.6086\\ 0.1014\end{pmatrix}$$

$$e_3^{\mathrm{T}}\cdot \mathrm{He}\cdot e_3=1.3931$$

$$\mathrm{eigenvals(He)}=\begin{pmatrix}0.2692\\ 0.7155\\ 1.0648\end{pmatrix}$$

$$\text{eigenvecs}(He)=\begin{pmatrix}0.0360 & -0.9969 & 0.0698\\ 0.4073 & -0.0492 & -0.9120\\ 0.9126 & 0.0612 & 0.4042\end{pmatrix}$$

$$\text{Effectiveness}:=\frac{(e_3^T\cdot He\cdot e_3)}{(e_4^T\cdot k\cdot S)}$$

Effectiveness = 0.3166

附录 4.5 简单网络中的扰动

$$P+\text{diag}(G\cdot e_3)=\begin{pmatrix}2 & -1.1 & -0.3 & -0.6\\ -1.1 & 3.1 & 0 & -0.7\\ -0.3 & 0 & 3.45 & 0\\ -0.6 & -0.7 & 0 & 1.3\end{pmatrix} S=\begin{pmatrix}2\\ 0.4\\ 0.7\\ 1.3\end{pmatrix} k=0.001$$

$$P+\text{diag}(G\cdot e_3)+\text{diag}(k\cdot S)=\begin{pmatrix}2.002 & -1.1 & -0.3 & -0.6\\ -1.1 & 3.1 & 0 & -0.7\\ -0.3 & 0 & 3.451 & 0\\ -0.6 & -0.7 & 0 & 1.301\end{pmatrix} e_4=\begin{pmatrix}1\\ 1\\ 1\\ 1\end{pmatrix}$$

$$He:=\text{diag}(G^T\cdot e_4)-G^T\cdot[P+\text{diag}(G\cdot e_3)+\text{diag}(k\cdot S)]^{-1}\cdot G\ \frac{(e_3^T\cdot He\cdot e_3)}{3}$$

$=0.00146$

$$He=\begin{pmatrix}0.1973 & -0.1667 & -0.0278\\ -0.1667 & 0.5298 & -0.3617\\ -0.0278 & -0.3617 & 0.3897\end{pmatrix} He\cdot e_3=\begin{pmatrix}0.0028\\ 0.0013\\ 0.0002\end{pmatrix} \text{eigenvals}(He)=\begin{pmatrix}0.00146\\ 0.26761\\ 0.84772\end{pmatrix}$$

$$\text{Effectiveness}:=\frac{(e_3^T\cdot He\cdot e_3)}{(e_4^T\cdot k\cdot S)}$$ Effectiveness = 0.9971min [eigenvals (He)] · 3 = 0.00437

附录 4.6 随机变量

a：=0　b：=1

n：=10

i：=1..n+1　j：=2..n+1

y_1：=0　y_j：$=y_{j-1}+a+rnd(b)$　sum：$=y_n+1$

$y_i:=\frac{y_i}{sum}$　$x_1:=\frac{(i-1)}{n}$

$nn: =100$

$ii: =1..nn+1 \quad jj: =2..nn+1$

$yy_1: =0 \quad yy_j: =yy_{jj-1}+a+rnd(b) \quad sum: yy_{nn+1}$

$yy_{ii}: =\frac{yy_{ii}}{sum} \quad xx_{ii}: =\frac{(ii-1)}{nn}$

$nnn: =1000$

$iii: =1..nn+1 \quad jjj: =2..nnn+1$

$yyy_1: =0 \quad yyy_{iii}: =yyy_{ijj-1}+a+rnd(b) \quad sum: =yyy_{nnn+1}$

$yyy_{iii}: =\frac{yyy_{iii}}{sum} \quad xxx_{iii}: =\frac{(iii-1)}{nnn}$

附录 4.7 沿一条节点串上的扩散

$N: =100$ $a: =0.1$ $b: =2$ $CA: =2$ $CB: =1$ $i=1..N$ $k: =1..N+1$ $j: =1..N+2$ $eNp2j: =1$ $eNp1_k: =1$

$M_{k,k+1}: =-(a+rnd(b)) \quad M_{N+2,N+2}: =0 \quad v_k: =-M_{k,k+1}$

$ve: =(eNp1^T \cdot v^{-1})^{-1} \quad ve=0.0063559$

$M: =M+M^T-diag[(M+M^T)\cdot eNp2] \quad q: =-submatrix(M, 2, N+1, N+2, N+2,)$

$Z: =submatrix(M, 2, N+1, 2, N+1) \quad g: =-submatrix(M, 1, 1, 2, N+1)$ $ZI: =Z^{-1}$

$C: =ZI\cdot(g^T\cdot CA+q\cdot CB)$

$M_{1,1}-g\cdot ZI\cdot g^T=0.0063559 \quad g\cdot ZI\cdot q=0.0063559$

$q^T\cdot ZI\cdot g^T=0.0063559 \quad M_{N+2,N+2}-q^T\cdot ZI\cdot q=0.0063559$

$Ci_1: =CA\ Ci_{N+2}: =CB\ Ci_{i+1}: =C_i\ x_1: =0\ x_{N+2}: =1\ x_{i+1}: =x_i+\frac{1}{N+1}$

附录 4.8 节点数量相同时方形阵列的扩散

具有方形连接性的网络中侧-侧的扩散。

（*L* 层深，每层 *N* 个节点）

（Name：v2 overall mass transfer coefficient a. xmcd）

$L: =50$ $N: =5$ $M: =L\cdot N$ $i: =1..M$ $j: =1..M$ $m: =1..N$ $ii: =M-N+1..M$

$kk: =1..N-1$ $eM_i: =1$ $eN_m: =1$ $iii: =1..M-N$ $eMN_{iii}: =1$

$P_{i,j}:=\mathrm{if}\left[j=i+N\vee\left[j=i+1\wedge\left(\frac{i}{N}\right)-\mathrm{trunc}\left(\frac{i}{N}\right)\neq 0\right],\ -1-\mathrm{rnd}(1),\ 0\right]$

$P_{ii,ii}+1:=0\quad P_{kk,kk+1}:=0\quad P:=\mathrm{submatrix}(P,\ 1,\ M,\ 1,\ M)$

$MBD:=P+P^T-\mathrm{diag}[(P+P^T)\cdot eM]$

$A:=\mathrm{submatrix}(MBD,\ 1,\ N,\ 1,\ N)\quad G:=-\mathrm{submatrix}(MBD,\ 1,\ N,\ N+1,\ M-N)$

$Z:=\mathrm{submatrix}(MBD,\ N+1,\ M-N,\ N+1,\ M-N)$

$Q:=-\mathrm{submatrix}(MBD,\ N+1,\ M-N,\ N+1,\ M)$

$B:=-\mathrm{submatrix}(MBD,\ M-N+1,\ M,\ M-N+1,\ M)$

$HA:=A-G\cdot Z^{-1}\cdot G^T\ HB:=B-Q^T\cdot Z^{-1}\cdot Q$

$$HA=\begin{pmatrix}0.6183 & -0.2678 & -0.1348 & -0.1089 & -0.0762\\ -0.2678 & 0.7478 & -0.2136 & -0.1444 & -0.092\\ -0.1348 & -0.2136 & 0.7404 & -0.2348 & -0.1284\\ -0.1089 & -0.1444 & -0.2348 & 0.7636 & -0.2437\\ -0.0762 & -0.092 & -0.1284 & -0.2437 & 0.5666\end{pmatrix}$$

$$HA\cdot eN=\begin{pmatrix}0.0306\\ 0.0301\\ 0.0288\\ 0.0318\\ 0.0264\end{pmatrix}\ eN^T\cdot HA\cdot eN=0.14760$$

$N\cdot\min(\mathrm{eigenvals}(HA))=0.14758$

$$HB=\begin{pmatrix}0.6594 & -0.3083 & -0.1539 & -0.1098 & -0.0616\\ -0.3083 & 0.9127 & -0.2974 & -0.1808 & -0.9335\\ -0.1539 & -0.2974 & 0.9547 & -0.3304 & -0.141\\ -0.1098 & -0.1808 & -0.3304 & 0.9409 & -0.286\\ -0.0616 & -0.0935 & -0.141 & -0.286 & 0.605\end{pmatrix}$$

$$HB\cdot eN=\begin{pmatrix}0.0258\\ 0.0327\\ 0.032\\ 0.034\\ 0.023\end{pmatrix}\ eN^T\cdot HB\cdot eN=0.14760$$

$N\cdot\min(\mathrm{eigenvals}(HB))=0.14750$

$$Q^T \cdot Z^{-1} \cdot G^T = \begin{pmatrix} 0.005341 & 0.005257 & 0.005036 & 0.005552 & 0.004605 \\ 0.006782 & 0.006675 & 0.006395 & 0.007050 & 0.005847 \\ 0.006636 & 0.006531 & 0.006257 & 0.006898 & 0.005721 \\ 0.007045 & 0.006934 & 0.006642 & 0.007323 & 0.06074 \\ 0.004764 & 0.004689 & 0.004492 & 0.004952 & 0.004107 \end{pmatrix}$$

$eN^T \cdot Q^T \cdot Z^{-1} \cdot G^T \cdot eN = 0.14760$

$N \cdot \max(\text{eigenvals}(Q^T \cdot Z^{-1} \cdot G^T)) = 0.14852$

附录 4.9　节点数量不同时方形阵列的扩散

具有方形连接性的节点数量不同网络中侧-侧的扩散。

A 侧 *N* 个节点，*B* 侧 *NN* 个节点。

A 侧(*L* 层深；每层 *N* 个节点，*N* 最小值为 2)

L：=50 N：=3 M：=L · N i：=1⋯M j：=1. . Mm：=1. . N ii：=M−N+1⋯M

kk：=1. . N−1 eM_i：=1 eN_m：=1 iii：=1. . M−N eMN_{iii}=1 ik：=1. . N

$P_{i,j}$：$=\text{if}\left[j=i+N \vee \left[j=i+1 \wedge \left(\frac{i}{N}\right)-\text{trunc}\left(\frac{i}{N}\right)\neq 0\right],\ -1-\text{rnd}(1),\ 0\right]$

$P_{ii,ii+1}$：=0 $P_{kk,kk+1}$：=0

P：=submatrix(P，1，M，1，M) MBD：$=P+P^T-\text{diag}[(P+P^T)\cdot eM]$

B 侧(LL 层深；每层 NN 个节点，NN 最小值为 2)

LL：=50 NN：=5 MM：=LL · NN i2：=1. . MM j2：=1. . MM m2：=1. . NN

ii2：=MM−NN+1. . MM kk2：=1. . NN−1 eMM_{i2}：=1 eNN_{m2}：=1

iii2：=1. . MM−NN $eMMNN_{iii}$：=1 ikk：=1 . . MM

$PP_{i2,j2}$：$=\text{if}\left[j2=i2+NN \vee \left[j2=i2+1 \wedge \left(\frac{i2}{NN}\right)-\text{trunc}\left(\frac{i2}{NN}\right)\neq 0\right],\ -1-\text{rnd}(1),\ 0\right]$

$PP_{ii2,ii2+1}$：=0 $PP_{kk2,kk2}$+1：=0

Pp：=submatrix(P，1，M−N，1，M−N)

$Op_{ikk,iii}$：=0 $OOp_{iii,j2}$：=0PPP=submatrix（PP，1，MM，1，MM)

NEW：=augment(stack(Pp，Op)，stack(OOp，PPp))

STITCHING

$NEW_{M-2?N+ik,M-N+ik}$：=−1−rnd(1) $NEW_{kk2+M-N,kk2+M-N+1}$：=−1−rnd(1)

jh：=1. . MM+M−NeNEW$_{jh}$：=1kz：=MM+M−N

MBD：$=NEW+NEW^T-\textit{diag}[(NEW+NEW^T)\cdot eNEW]$

A：=submatrix（MBD，1，N，1，N）G：=−submatrix(MBD，1，N，N+1，kz−NN)

Z：=submatrix(MBD，N+1，kz−NN，N+1，kz−NN)

Q：=− submatrix（MBD，N+1，kz−NN，kz−NN+1，kz)

B：=−submatrix(MBD，kz−NN+1，kz，kz−NN+1，kz)

$$HA=\begin{pmatrix}0.5708 & -0.3084 & -0.2447\\ -0.3084 & 0.7207 & -0.395\\ -0.2447 & -0.395 & 0.6606\end{pmatrix}$$

$$HA\cdot eN=\begin{pmatrix}0.01761\\ 0.01725\\ 0.0209\end{pmatrix}eN^{T}\cdot HA\cdot eN=0.05576$$

$$N\cdot \min(eigenvals(HA))=0.05575$$

$$HB:=B-Q^{T}\cdot Z^{-1}\cdot Q$$

$$HB=\begin{pmatrix}0.7022 & -0.2883 & -0.1996 & -0.1117 & -0.0904\\ -0.2883 & -0.7199 & -0.2254 & -0.112 & -0.0845\\ -0.1996 & -0.2254 & 0.9047 & -0.2854 & -0.1808\\ -0.1117 & -0.112 & -0.2854 & 0.7967 & -0.2772\\ -0.0904 & -0.0845 & -0.1808 & -0.2772 & 0.6426\end{pmatrix}$$

$$HB\cdot eNN=\begin{pmatrix}0.0122\\ 0.00964\\ 0.0135\\ 0.01038\\ 0.01004\end{pmatrix}$$

$$eNN^{T}\cdot HB\cdot eNN=0.05576NN\cdot \min(eigen\ vals(HB))=0.055754$$

$$eNN^{T}\cdot Q^{T}\cdot Z^{-1}\cdot G^{T}eN=0.05576$$

附录 4.10　500 层、每层 5 个节点的极深网络中的扩散和一级反应

$$He=\begin{pmatrix}0.8462 & -0.3354 & -0.172 & -0.1006 & -0.0707\\ -0.3354 & 0.8922 & -0.2284 & -0.116 & -0.0758\\ -0.712 & -0.2284 & 0.9107 & -0.2356 & -0.1337\\ -0.1006 & -0.116 & -0.2356 & -0.8303 & -0.241\\ -0.0707 & -0.0758 & -0.1337 & -0.241 & -0.6431\end{pmatrix}$$

$$He \cdot eN = \begin{pmatrix} 0.1675 \\ 0.1366 \\ 0.141 \\ 0.1371 \\ 0.1219 \end{pmatrix}$$

$eN^T \cdot H \cdot eN = 0.7041$

$\min(\text{eigen vals}(H)) \cdot N = 0.7025$

附录 4.11　扩散和一级反应

（*L* 层深，每层 *N* 个节点）

$L = 300$ $N:=4$ $k:=0.0001$ $a:=1$ $b:=1$ $M:=L \cdot N$ $i:=1..M$ $j:=1..M$ $m:=1..N$

$ii:=M-N+1..M$ $iii:=1..M-N$ $kk:=1..L-1$ $n:=1..L$

$eN_m:=1$ $eM_i:=1$ $eMN_{iii}:=1$

$S_i:=a+\text{rnd}(b)$ $S_{ii}:=0$ $SS=\text{submatrix}(k \cdot \text{diag}(S), 1, M-N, 1, M-N)$

$P_{i,j}:=\text{if}\left[j=i+N \vee \left[j=i+1 \wedge \left(\frac{i}{N}\right)-\text{trunc}\left(\frac{i}{N}\right) \neq 0\right], -1-\text{rnd}(1), 0\right]$ $P_{ii,ii+1}:=0$

$nuavg:=a+\frac{b}{2}$　$nus:=\frac{b}{\ln\left[\frac{(a+b)}{a}\right]}$

$nuavg = 51$　$nuavg = 21.668$

$P:=\text{submatrix}(P, 1, M, 1, M)$

$MBD:=P+P^T-\text{diag}[(P+P^T) \cdot eM]$　$G:=-\text{submatrix}(MBD, 1, M-N, M-N+1, M)$

$AD:=\text{submatrix}(MBD, 1, M-N, 1, M-N)$

$BD:=\text{submatrix}(MBD, M-N+1, M, M-N+1, M)$

$OMD:=AD^{-1} \cdot G$　$HD:=BD+G^T \cdot OMD$

$MBR:=P+P^T-\text{diag}[(P+P^T) \cdot eM]+k \cdot \text{diag}(S)$

$AR:=\text{submatrix}(MBR, 1, M-N, 1, M-N)$

$BR:=\text{submatrix}(MBD, M-N+1, M, M-N+1, M)$

$OMR:=AR^{-1} \cdot G$　$HR:=BR+G^T \cdot OMD$

$eM^T \cdot k \cdot S = 6.1165$　$EFF:=\frac{eN^T \cdot HR \cdot eN}{eM^T \cdot k \cdot S}$　$EFF = 0.288$

$\min(\text{eigenvals}(HR)) = 0.42051 \quad \dfrac{(eN^T \cdot HR \cdot eN)}{N \cdot \min(\text{eigenvals}(HR))} = 1.0457$

$f(x) := EFF - \dfrac{\tanh(x)}{x} \quad x := 0.5 \quad phief := \text{root}(f(x), x)$

$phief = 3.471 \quad phiaa := \left(L + \dfrac{1}{2}\right) \cdot (k)^{0.5} \quad phiaa = 3.005$

$phihm := \left(L + \dfrac{1}{2}\right) \cdot \left(k \cdot \dfrac{a + \dfrac{b}{2}}{nus}\right)^{0.5} \quad phihm = 4.61$